中国市政设计行业 BIM 技术丛书
张吕伟　蒋力俭　总编

市政工程 BIM 应用与二次开发

上海市政工程设计研究总院（集团）有限公司　组织编写

张吕伟　主编

中国建筑工业出版社

图书在版编目（CIP）数据

市政工程 BIM 应用与二次开发/上海市政工程设计研究总院（集团）有限公司组织编写. —北京：中国建筑工业出版社，2019.5
（中国市政设计行业 BIM 技术丛书）
ISBN 978-7-112-23453-0

Ⅰ.①市… Ⅱ.①上… Ⅲ.①市政工程-计算机辅助设计-应用软件 Ⅳ.①TU99-39

中国版本图书馆 CIP 数据核字（2019）第 045884 号

本书为《中国市政设计行业 BIM 技术丛书》之一，是 BIM 软件二次开发入门书籍，对 BIM 正向设计产生背景、技术原理及在工程中应用进行详细描述，为广大具有编程能力设计人员提供开发思路和方法，对二次开发必要性和应用产生效果进行总结，共分为 10 章。

本书适用对象主要是 BIM 技术应用人员、具有编程能力设计人员，也可供设计人员作为 BIM 技术应用参考资料。

责任编辑：于　莉
责任校对：芦欣甜

中国市政设计行业 BIM 技术丛书
张吕伟　蒋力俭　总编
市政工程 BIM 应用与二次开发
上海市政工程设计研究总院（集团）有限公司　组织编写
张吕伟　主编
*
中国建筑工业出版社出版、发行（北京海淀三里河路 9 号）
各地新华书店、建筑书店经销
北京科地亚盟排版公司制版
北京京华铭诚工贸有限公司印刷
*
开本：787×1092 毫米　1/16　印张：12¾　字数：314 千字
2019 年 5 月第一版　　2019 年 5 月第一次印刷
定价：**45.00** 元
ISBN 978-7-112-23453-0
（33761）

《中国市政设计行业 BIM 技术丛书》编委会

《市政工程 BIM 应用与二次开发》编制组

《市政工程BIM应用与二次开发》参编单位

指导单位： 中国勘察设计协会

总编单位： 上海市政工程设计研究总院（集团）有限公司

主编单位： 上海市政工程设计研究总院（集团）有限公司

参编单位： 法国达索系统公司（Dassault Systémes）
奔特力工程软件有限公司（Bentley）
欧特克软件（中国）有限公司（Autodesk）
北京鸿业同行科技有限公司
北京超图软件股份有限公司

案例编写： 上海市城市建设设计研究总院（集团）有限公司
中国市政工程华北设计研究总院有限公司
中国市政工程中南设计研究总院有限公司
北京市市政工程设计研究总院有限公司
深圳市市政设计研究院有限公司
悉地（苏州）勘察设计顾问有限公司

丛书前言

在新一轮科技创新和产业变革中，信息化与建筑业的融合发展已成为建筑业发展的方向，对建筑业发展带来战略性和全局性的深远影响。BIM（建筑信息模型）技术是一种应用于工程设计、建造和管理的数字化工具，能实现建筑全生命周期各参与方和环节的关键数据共享及协同，为项目全过程方案优化、虚拟建造和协同管理提供技术支撑。BIM 技术是推动建筑业转型升级、提高市政行业信息化水平和推进智慧城市建设的基础性技术。

2017 年 2 月，国务院办公厅印发《关于促进建筑业持续健康发展的意见》（国办发［2017］19 号），明确要求加快推进 BIM 技术在规划、勘察、设计、施工和运营维护全过程的集成应用，实现工程建设项目全生命周期数据共享和信息化管理，为项目方案优化和科学决策提供依据，促进建筑业提质增效。《“十三五”工程勘察设计行业信息化工作指导意见》（中设协字［2016］83 号），要求重点开展基于 BIM 的通用、编码、存储和交付标准的研究编制工作，为行业信息化建设打好基础。当前，BIM 技术应用已逐渐步入注重应用价值的深度应用阶段，并呈现出 BIM 技术与项目管理、云计算、大数据等先进信息技术集成应用的“BIM＋”特点，BIM 技术应用正向普及化、集成化、协同化、多阶段、多角度应用五大方向发展。

BIM 技术是实现工程建设全生命周期信息共享的信息交换技术，信息处理是 BIM 技术的核心。如何组织数据并使用数据一直是 BIM 技术应用的关键，在实际操作中存在诸多问题，如 BIM 数据冗余化、数据录入唯一性、数据应用提取多样化等。要解决以上问题，需重点研究 BIM 技术中的信息交换数据内容，这正是《中国市政设计行业 BIM 技术丛书》编制的指导思想。

在中国勘察设计协会的指导下，由上海市政工程设计研究总院（集团）有限公司作为总编单位，组织全国 15 家主要市政设计院和国内外 6 家著名软件公司，撰写《中国市政设计行业 BIM 技术丛书》。丛书共由 5 个分册组成，各分册确定两个主编单位负责具体撰写工作。《市政给水排水工程 BIM 技术》《市政道路桥梁工程 BIM 技术》《市政隧道管廊工程 BIM 技术》针对市政设计行业 BIM 应用设计流程开展研究，重点在 BIM 数据交换内容，按照国际 IDM 信息交付标准思路进行撰写；《市政工程 BIM 应用与新技术》反映了市政设计行业近几年“BIM＋”应用成果，详细描述工程现场数据和信息的实时采集、高效分析、即时发布和随时获取等应用模式；《市政工程 BIM 应用与二次开发》针对市政设计行业各专业差异性、国外主流 BIM 软件中国本地化不足和局限性，介绍主流 BIM 应用软件二次开发方法，提升 BIM 应用软件使用价值。

丛书的编撰工作得到了全国诸多 BIM 专家的支持与帮助，在此一并致以诚挚的谢意。衷心期望丛书能进一步推动 BIM 技术在市政设计行业中的深化应用。鉴于 BIM 技术应用仍处于快速发展阶段，尚有诸多疑难点需要解决，丛书的不足之处敬请谅解和指正。

《中国市政设计行业 BIM 技术丛书》编委会

前 言

近年来，随着国家建筑业信息化“十三五”规划的出炉，以及住房和城乡建设部连年将 BIM 作为重点工作抓手，BIM 在工程建设领域的理论研究与实践应用逐渐深入，部分率先应用 BIM 的设计企业，已逐渐体会 BIM 应用的价值，但有些企业还没有实质推进，更多的企业还处于观望中。

2015 年 6 月，住房和城乡建设部发布了《建筑信息模型应用指导意见》（建质函［2015］159 号）。《意见》中指出，目前，BIM 在建筑领域的推广应用还存在着政策法规和标准不完善、发展不平衡、本土应用软件不成熟、技术人才不足等问题，有必要采取切实可行的措施，推进 BIM 在建筑领域的应用。

如果把三十年前使用 CAD 进行计算机辅助设计作为第一次工程设计技术革命，那么现在的 BIM 正向设计就相当于第二次工程设计技术革命。2017 年是 BIM 正向设计的里程碑之年，先后已经有多个项目完成了正向设计的实践。正向设计通俗来说，就是设计从草图开始，建模之前没有图纸，过程中也不会导出图纸，在三维环境下应用 BIM 模型完成设计、分析、工程量统计等工作，最后从 BIM 正向设计软件导出整套交付成果，如模型、图纸、视频、表格等。

目前国内 BIM 正向设计主流软件平台均为欧美公司开发，涉及设计规范、工作方式不适应，如制图方式、菜单功能、数据接口等。出于各种原因，国内曾经做过对比分析，直接应用软件进行 BIM 正向设计，比传统二维设计效率降低 50％。因此，需要对引进软件进行功能改动、调整和扩充，以适应实际的需要，即所谓对引进软件的二次开发，解决最后一公里问题。

在现有客观条件下，设计人员将长期面临二维与三维共存的设计方式，想要让已经从事多年二维设计的设计人员接受三维设计模式，必将是一个长期复杂的过程。那么如何将现有的二维设计思想转换到三维设计中，同时又尽可能地保留二维设计积累下来的经验和习惯，是现阶段 BIM 应用必须要考虑的问题。因此，利用现有引进 BIM 软件，针对某一构筑物进行定向二次开发，既能保留传统二维设计的优点，又能兼顾三维设计的优势，成为二维设计向三维设计平稳过渡的可行方案。

BIM 软件二次开发有两种模式，一种是设计院成立 BIM 开发部门进行工具的自主研发；另一种是技术外包，即与专业的软件开发公司签订开发协议，设计院提出开发需求，由软件公司来配合实现功能。这两种开发模式各有其优缺点：自主开发方式能节约成本，开发针对性强，定制化程度高，但在设计院既懂专业技术又会开发的人才稀缺；技术外包方式节省设计院时间，开发效率高，但无法形成自身的 BIM 核心能力，技术发展受制于软件公司，而且开发周期长，费用昂贵，定制化需求也经常得不到及时满足。因此，对于具备一定软件开发能力的设计院，采用自主开发的方式来定制 BIM 是更优的选择。

BIM 软件二次开发应遵循由点到面、由浅入深的原则。首先要让开发出来的功能满足大部分设计人的基本需求，能比较顺畅地使用，然后再进行扩展开发，如开发各个专业的建模工具，以满足目前快速建模的需求；之后开发与三维设计相关的工具，逐渐让设计人员脱离二维设计，最终开发逐渐介入到其他软件和平台，形成全专业的 BIM 大协同。

面向工程 BIM 软件二次开发，首先需了解工程各专业的设计思路，梳理专业需求，标准化设计流程；其次对 BIM 软件二次开发的特点、原理、方法、应用进行逐步分析，要有一个完整的认识，这样才能提高二次开发应用成功率。

BIM 软件二次开发基本方法和应用是本书主要撰写内容。对二次开发方法进行全方位的剖析，对主流 BIM 软件具有的开发功能进行深入描写，目的是为具有一定编程基础和软件使用能力的设计人员提供开发思路；本书是二次开发引导书，对开发过程只做简单描写，提供简单案例，让设计人员掌握 BIM 软件二次开发基本技能，需要深入开发可以参考相关专业书籍。

本书撰写不同于纯编写程序技巧的书籍，而是站在设计人员的角度，针对他们渴望快速了解国内主流 BIM 软件开发功能需求。本书在入门级层次，对主流 BIM 软件具有开发功能进行撰写，安排了 5 家软件公司产品（欧特克、奔特力、达索、超图、鸿业），这些软件产品涉及国内 80％的市政工程设计企业，覆盖 BIM 应用和正向设计内容。

本书是 BIM 软件二次开发入门书籍，对 BIM 正向设计产生背景、技术原理及在工程中应用进行详细描述，为广大具有编程能力的设计人员提供开发思路和方法，对二次开发必要性和应用效果进行总结，共分为 10 章。

第 1 章概述，对设计技术变革和 BIM 正向设计产生背景进行综合论述；第 2 章开发环境，对软件开发方法和原理、软件二次开发资源进行系统性论述；第 3～7 章，针对 5 家软件公司产品按独立章节进行撰写，每章节按软件功能、二次开发功能、二次开发过程进行系统性论述；第 8～10 章，按道路桥梁、水处理、地下工程独立成章，对近年来国内市政设计行业成功二次开发的案例进行汇总，对市政工程中各种类型正向设计解决方案进行详细描述。

本书在主编单位上海市政工程设计研究总院（集团）有限公司组织下，国内 5 家软件公司、5 家市政设计院及相关单位共同参与撰写工作。

本书内容力求全面、系统、简单，表现形式通俗性与专业性相结合，为具有编程能力的设计人员提供二次开发入门级指导，让他们能够在工程设计中开发一些简单实用的小程序，提高 BIM 正向设计效率。

鉴于国内 BIM 正向设计刚起步，典型案例较少，开发思路和方法还处于探索阶段，还有许多不足之处，有些内容期待将来逐步完善。

本书适用对象主要是 BIM 技术应用人员、具有编程能力的设计人员，也可供设计人员作为 BIM 技术应用参考资料。

《市政工程 BIM 应用与二次开发》编写组

目　　录

第1章　概　　述

1.1　计算机辅助设计

2015年6月由住房和城乡建设部印发的《关于推进建筑信息模型应用的指导意见》（建质函〔2015〕159号）明确指出BIM是在计算机辅助设计（CAD）等技术基础上发展起来的多维模型信息集成技术，是对建筑工程物理特征和功能特性信息的数字化承载和可视化表达。

BIM技术是传统的二维设计建造方式（2D CAD）向三维数字化设计建造方式（3D CAD）转变的革命性技术，是促进绿色建筑发展、提高建筑产业信息化水平、推进智慧城市建设和实现建筑业转型升级的基础性技术。

1.1.1　CAD技术发展

计算机辅助设计（Computer Aided Design，CAD）是用计算机系统协助产生、修改、分析和优化设计的技术。CAD技术起步于20世纪50年代后期，伴随着CAD技术的诞生，CAD产业也开始萌芽发展。从20世纪60年代至今，CAD产业经历了4个不同的时期：

（1）20世纪60年代—70年代开创时期

三维CAD系统还只是极为简单的线框造型系统。这种初期的线框造型系统只能表达基本的几何信息，不能有效地表达几何元素间的拓扑关系。

（2）20世纪70年代末—80年代中第一次发展时期

由于工业界强烈的应用需求，曲面造型和实体造型技术获得了快速的发展，出现了一批用于工业的CAD/CAM软件系统，CAD产业开始了第一次发展时期。

（3）20世纪80年代末—90年代初第二次发展时期

单用户计算机系统的普及、参数化技术和特征造型技术的发展，使得CAD产业格局又面临新一轮的变革。

（4）20世纪90年代中至今第三次发展时期

计算机软件技术得到了不断的创新和发展，计算能力的提高对CAD技术和CAD产业产生了巨大的冲击和影响，尤其是微机三维系统的快速崛起，带来了CAD产业的第三次发展时期。

CAD软件市场的几次革命性变化：第一次是绘图过程数字化，也就是甩图版；第二次是网络化，CAD软件开始工作在一个网络环境下；第三次是三维，这使得设计的结果越来越接近现实世界，我们可以查看三维的设计结果，从而大大提高了工作效率。

1.1.2　参数化设计

参数化设计（Parametric Design）是一种数字化设计方法。该方法的核心思想是把设计的全部要素都变成某个函数的变量，通过改变函数，或者说改变算法，人们能够获得不同的设计方案。

在参数化设计系统中，设计人员根据工程关系和几何关系来指定设计要求。要满足这些设计要求，不仅需要考虑尺寸或工程参数的初值，而且在每次改变这些设计参数时，需要维护各种几何和设计参数之间的关系。设计参数分为两类：其一为各种尺寸值，称为可变参数；其二为几何元素间的各种连续几何信息（约束信息），称为不变参数。参数化设计的本质是在可变参数的作用下，系统能够自动维护所有的不变参数。因此，参数化模型中建立的各种约束关系，体现了设计人员的设计意图。

在 CAD 中要实现参数化设计，参数化模型的建立是关键。参数化模型表示了实体图形的几何约束和工程约束。几何约束包括结构约束和尺寸约束。结构约束是指几何元素间的拓扑约束关系，如平行、垂直、相切、对称等；尺寸约束则是通过尺寸标注表示的约束，如距离尺寸、角度尺寸、半径尺寸等。工程约束是指尺寸之间的约束关系，通过定义尺寸变量及它们之间在数值上和逻辑上的关系来表示。

目前，参数化设计中的参数化建模方法主要有变量几何法和基于结构生成历程的方法，前者主要用于平面模型的建立，而后者更适合于三维实体或曲面模型的建立。

1.1.3 BIM 与参数化设计

参数化设计是 BIM 的一个重要思想，主要用于规划、设计阶段，它分为两个部分：参数化图元和参数化修改引擎。BIM 中的图元都是以构件的形式出现，这些构件之间的不同，是通过参数的调整反映出来的，参数保存了图元作为数字化构件的所有信息；参数化修改引擎提供的参数更改技术，使用户对工程设计或文档部分作的任何改动，都可以自动地在其他相关联的部分反映出来，采用智能构件、视图和注释符号，使每一个构件都通过一个变更传播引擎互相关联。构件的移动、删除和尺寸的改动所引起的参数变化，会引起相关构件的参数产生关联的变化，任一视图下所发生的变更都能参数化地、双向地传播到所有视图，以保证所有图纸的一致性，毋须逐一对所有视图进行修改。从而提高了设计效率和质量。

1.1.4 三维数字化设计

三维设计是新一代数字化、虚拟化、智能化设计平台的基础。它是建立在平面和二维设计的基础上，以三维设计思维，让设计目标更立体化、更形象化的一种新兴设计方法。

有别于传统的二维 CAD 设计，三维数字化设计是以三维设计为核心，并结合设计过程的具体需求（如道路等级、桥梁形式、地下空间净高、综合管廊防火等级等）所形成的一套解决方案。

三维数字化设计解决方案主要具有以下特点：

（1）方案设计

快速构建设计模型，包括三维外形和主要结构，用于多方案决策。在三维外形和主要结构的基础上，进行设备、空间管线等占位设计。

（2）详细设计

在二维 CAD 中，设计人员对于一些复杂的空间特征，需要凭借空间想象力甚至拍脑袋来决定设计，而通过三维数字化设计来表达设计的详细结构，所见即所得，更清晰直观。在设计过程中引入知识工程，加入设计规则等判断、防错机制等，在提高设计效率的同时，使得年轻设计人员也具备了资深设计人员的能力和设计经验。

（3）设计验证

对于三维虚拟产品（三维模型），在设计阶段就可以进行建造、运行、养护等虚拟模拟，验证其可建造性和可维护性，把这些问题拿到设计阶段去考虑和解决，这样有效控制了大量返工和工程变更，缩短了整个工程建设周期。

1.1.5 三维数字化设计实现

在三维软件平台基础上，建立设计规范、数据自检、高效工具、重用知识、智能设计等知识库，确保三维数字化设计的目标真正落地。

（1）建立统一的结合CAD软件使用的规范

通用建模规范、二维出图规范、标准构件建立及应用指南。

（2）建立数据标准与自动检查工具

自动检查内容包括：属性类，如参数名、参数值、物料号、单位等；建模规范类，如特征循环参照、不完全装配等；可建造性类，如有效干涉、孔到边距离等。

（3）建立统一和高效的标注工具

当前主流三维软件带有原生态二维标注功能，在符合国标要求及标注效率方面都不理想，需要在工具软件标准功能基础上，二次开发出既符合我国标准要求又高效的二维标注工具，从而全面提升三维转二维出图的效率及规范性，真正实现二维工程图与三维模型一致并相关。

（4）建立设计模板库

针对构筑物结构的相似性，为了避免重复工作，将构筑物按照模块化划分和分类，并将每一类模块设计为模板，模板包含可参数化驱动的模型和关联的二维工程图；以后在进行类似构筑物设计时，从模板库中找到相应的模板，参数化驱动调整模板主体参数，快速生成该构筑物的大部分特征三维模型和对应的工程图，大大提高设计效率。

（5）建立构筑物参数化智能设计库

在三维软件平台基础上二次开发，实现在专有的界面中选择类型及输入参数的方式，快速得到构筑物三维模型、二维工程图以及工程量清单，整体提高三维设计效率。

1.1.6 BIM与三维数字化设计

BIM的理念是实现信息共享。BIM正向设计是将BIM技术和三维数字化设计技术有效结合，并应用于工程设计各阶段，实现协同设计，以提高企业核心竞争力，是设计院必然的发展方向。BIM模型包含了工程项目所有的几何尺寸、空间关系、结构功能和性能等信息。项目不同参与方共同维护该模型，并基于相关信息进行协同工作。

BIM技术的应用并非单一软件平台的运用，而是多软件的协作，并要求BIM模型能在各软件之间无损交换、无缝链接，因此所选软件应该能够相互配合，以实现BIM技术的集成应用。

信息是BIM模型的灵魂，脱离了信息的三维模型不能称之为BIM模型，附加的信息主要包括几何设计信息和非几何属性（设计参数）。利用三维模型中的信息（设计参数），实现BIM技术应用，如工程量的自动统计与输出等。

在推行 BIM 正向设计时，必须同时形成具有法律效应的二维设计文件。因此，二维工程图与三维模型的联动与输出不仅能满足现阶段出图需要，还可极大程度地提高设计单位的工作效率与精度，为 BIM 正向设计技术的推广提供保障。

减少“二维”的工作量，给设计师“减负”，让设计师去主动“建模型”，而不是“画图纸”，这样设计院有可能从根本上普及 BIM 正向设计，逐步放弃用 BIM 做二维设计的思维。

1.2 BIM 正向设计

1.2.1 正向设计和逆向设计

在 CAD 早期时代，制造业在进行产品的造型设计时，所采用的方法主要是正向设计法（Forward Engineering，FE）；这是一个从概念设计起步到 CAD 建模、数控编程、数控加工的过程，产品造型设计的正向设计流程为：概念设计→CAD/CAM 系统→制造系统→新产品。

但对于复杂的产品，正向设计方法也显示出了它的不足，例如设计过程难度系数大、周期较长、成本高、不利于产品的研制开发，因为设计师无法完全预估产品在设计过程中会出现什么样的状况，如果每一次都因为一些局部的问题而导致整个产品推倒重来，不管从时间上还是从成本上都是不可接受的。正是在这样的背景下，自然发展并形成了逆向设计的方法。

逆向设计（Reverse Engineering，RE）通常是根据正向设计概念所产生的产品原始模型或者已有产品来进行改良，通过对产生问题的模型进行直接的修改、试验和分析得到相对理想的结果，然后再根据修正后的模型或样件，通过扫描和造型等一系列方法得到最终的三维模型。

采用逆向设计方法所得到的产品模型，因为有实际的模型参与各种试验，因此得到的结果相对于概念化推算和电脑虚拟模拟更接近真实，从而能迅速找到并确定产品的正确形态、缩短产品开发周期，产品造型设计的逆向设计流程为：产品样件→数据采集→数据处理→CAD/CAE/CAM 系统→模型重构→制造系统→新产品。

1.2.2 土木行业正向设计

正向设计与逆向设计的本质区别在于对“设计从哪里开始”这一问题的回答。在土木工程行业，正向设计是从为了实现某一功能的概念开始的，首先要对工程项目进行功能分析，在满足功能要求的前提下，选择合适的结构组合，再根据各种分析结果（结构分析、抗震分析等）来修正结构形式或者尺寸，直到满足功能要求为止，其难点在于对所设计项目的使用要求（功能）要了如指掌，并能找到合理的分析过程和结构形式。

1.2.3 BIM 正向设计必要性

近年来，无论是国家行业政策还是技术需求方面，都非常重视信息化建设以及 BIM 技术的发展。由于设计在工程全产业链中处于龙头地位，是工程最主要的信息来源，同样 BIM 正向设计也是 BIM 应用的信息源头。因此，在设计中应用 BIM 技术，对于工程全生命周期的 BIM 应用至关重要。

如果把二三十年前使用 CAD 进行计算机辅助设计作为第一次工程设计技术革命的话，

那么现在的BIM正向设计就相当于第二次工程设计技术革命。BIM正向设计的一般做法是建立一个协同工作平台，通过不断积累知识库，并结合现有软件平台进行二次开发，完成模块化、参数化的快速建模，然后转换成计算分析模型进行整体分析或局部分析，确定是否满足设计要求，一旦满足设计要求后，将形成最终的BIM设计模型，进行虚拟展示、二维出图、工程量统计等，最后交付信息化设计模型。

应用BIM进行正向设计的目标是能够直接在三维理念和环境下进行设计，即模块化参数化设计、方案优化、自动出图、图纸与模型相互关联，甚至可以与计算模型结合，同步优化，这个过程才是我们所理解的BIM正向设计。

BIM正向设计经历了3个阶段：

（1）“先建模，后出图”的BIM正向设计

因为使用“先建模，后出图”的BIM正向设计方式，保证了图纸和模型的一致性，减少了施工图的错漏碰缺，设计质量有很大的提高。

（2）全专业的BIM正向设计

实现了各专业之间设计过程的高度协调，提高了专业间设计会签效率，更加高效地把控项目设计的进度和质量。

（3）全三维的BIM正向设计

提高了设计完成度和精细度，减少了设计盲区，让模型服务后期施工成为可能，这也是BIM正向设计的最终目的。

1.2.4 BIM正向设计内容

（1）工程方案阶段

在项目投资决策阶段，BIM正向设计对确定合理的项目方案至关重要。BIM模型能通过3D方式展现，根据项目方案特点，能快速形成不同方案的模型，能自动计算不同方案的工程量、造价等指标数据，直观方便地进行方案比选，有利于建设单位更好地作出正确选择。

（2）工程设计阶段

BIM可对现有构筑物进行信息化处理，在此基础上能进行多人、多专业协同设计。BIM技术能对现有构筑物进行可视化显示，对设计管线与现状地下管线进行碰撞检查，对新建构筑物与现状管线、现状构筑物进行碰撞检测，以及对相邻构筑物的距离进行判断，在布置与调整位置的同时能获取道路、管线以及工程量等相关信息，以便随时查看、比较设计成果。

（3）工程招标阶段

建设单位或造价咨询单位可根据设计单位提供的BIM模型快速提取本项目的工程量清单，有效避免漏项和错算等情况，最大限度地减少设计阶段因工程量问题而产生纠纷。同时投标单位也可根据BIM模型快速获取工程量，并与招标文件工程量清单比较，制定出最佳的投标方案。

1.2.5 BIM正向设计流程

基于BIM的正向设计流程与传统的CAD设计流程相比，在工作流程和信息交换方面会有显著的变化。BIM设计包括同专业个体间的BIM协同、专业间的BIM协同以及不同设计阶段的BIM协同。BIM协同要求各专业团队都具备三维设计能力，设计过程中各专

业采用统一的项目模型、统一的构件数据，可以从不同的专业角度提取或操作数据。BIM 协同还要求各阶段设计人员尽可能将现阶段的数据传递到下一阶段，并确保数据模型版本的唯一性和准确性。

1. 建立 BIM 总体设计流程

以桥梁工程 BIM 设计为例。在工可阶段，根据协同平台上的道路专业工可模型，结合该阶段设计基本资料，在协同平台上进行桥梁工可设计，然后排水和照明专业根据道路和桥梁工可 BIM 模型，完成本专业工可设计，桥梁专业可以同时看到道路、排水和照明的共享模型，根据协同平台上实时更新的道路、排水、照明 BIM 模型，进行桥梁专业的更新，并最终完成桥梁工可设计。初步设计阶段和施工图设计阶段，根据上一阶段的共享模型和本阶段的设计资料，完成本阶段相应的设计。桥梁工程 BIM 总体设计流程如图 1-1 所示。

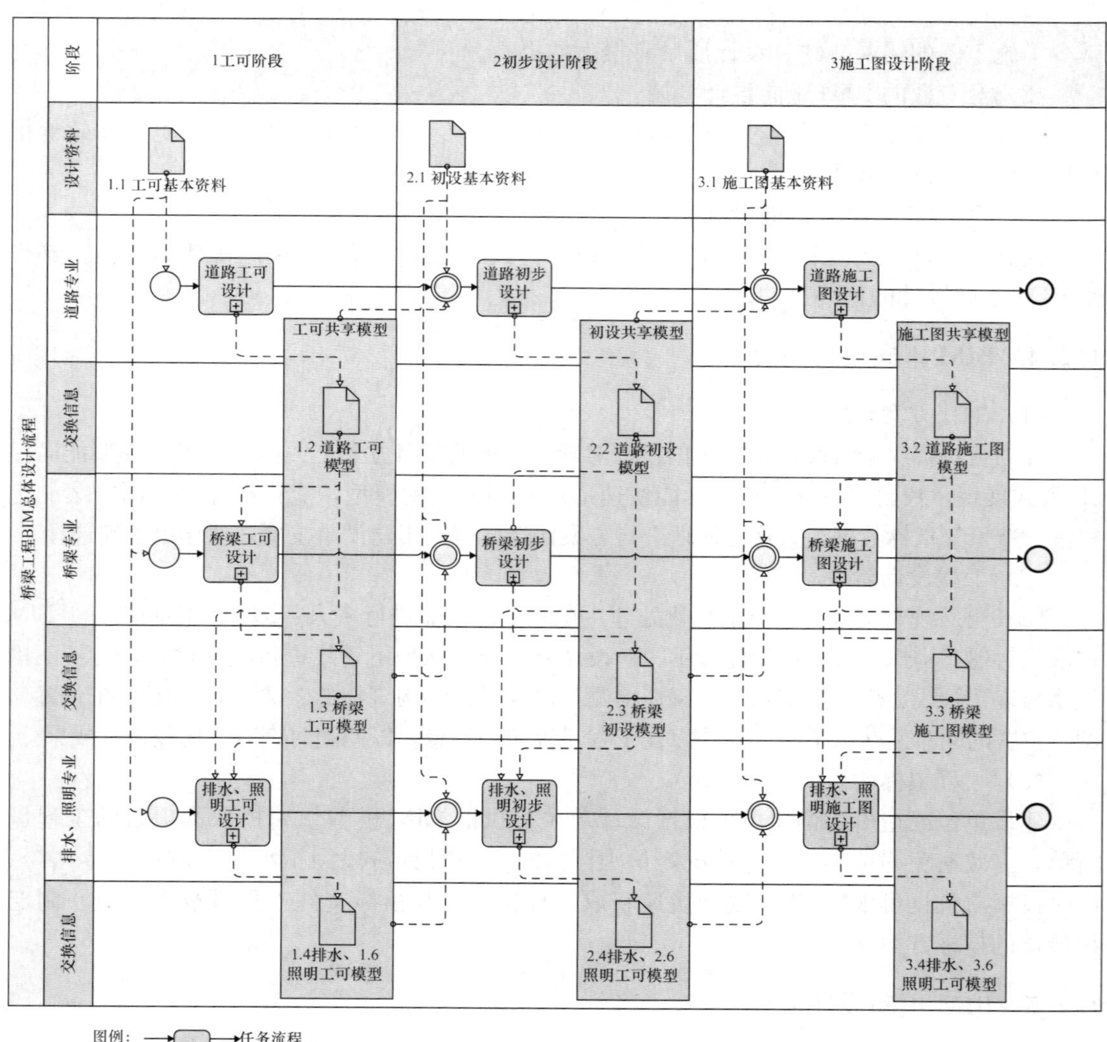

图 1-1　桥梁工程 BIM 总体设计流程

2. 建立 BIM 正向设计详细流程

以桥梁工程 BIM 设计为例。按照《市政公用工程设计文件编制深度规定（2013 年版）》确定的桥梁工程工可阶段设计原则，对桥梁工程 BIM 总体设计流程中工可阶段设计流程，展开为工可阶段 BIM 设计流程，如图 1-2 所示。

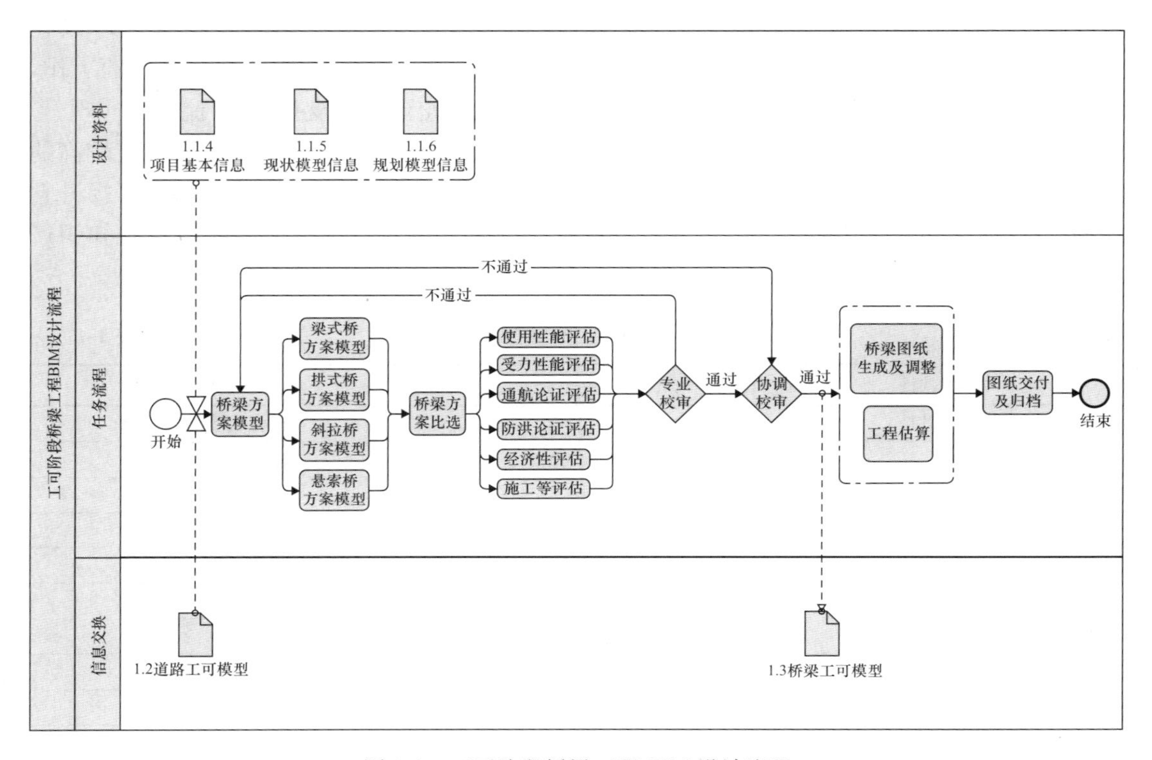

图 1-2　工可阶段桥梁工程 BIM 设计流程

1.2.6　BIM 正向设计实现困难

目前，限于 BIM 技术发展的现状和设计人员掌握 BIM 技术的程度，还很难做到完全意义上的 BIM 正向设计。大部分设计人员采用的 BIM 正向设计应用是翻模，而翻模只是 BIM 发展的一个过渡，但也有其积极的作用。例如可以集成信息，进行碰撞检查、方案优化、可视化交底等，但是 BIM 翻模的核心和主体还是依靠 CAD，而 BIM 只是附属部分，这不仅对设计人员造成了负担，而且也不符合 BIM 技术的初衷。

国内 BIM 的主流是先完成施工图，然后根据施工图建立三维模型，也就是我们现在说的翻模，完全违背了 BIM 的初衷。BIM 的初衷就是，直接在三维环境下进行设计，利用三维模型和其中的信息，自动生成所需要的图档，这个过程也就是我们现在提到的 BIM 正向设计。

现在设计院基本都在原生的国外平台进行 BIM 设计，完全跟不上国内的设计节奏，设计平台本土化差、非数字化交付成果；国外 BIM 软件自动生成的图档，不符合国内的出图要求，设计人员修改这些图档的难度不亚于自己在 CAD 上重新画一遍，自动出图效率较差。

1.2.7 BIM 正向设计软件

BIM 正向设计的实现需要依赖于多种软件产品的相互协作。有些软件适用于创建 BIM 模型（例如 Revit、MicroStation、CATIA 等），而有些软件适用于对模型进行性能分析（如 Ecotect）或者施工模拟（如 Navisworks、DELMAI 等），还有一些软件可以在 BIM 模型基础上进行造价概算或者设施维护，等等。不能期望一种软件完成所有的工作，关键是所有的软件都应该能够依据 BIM 的理念进行数据交流，以支持 BIM 流程的实现。

目前我国建设工程各阶段具有很好的应用软件基础，一批专业应用软件已具有较高的市场覆盖率，可以基于这些软件的系统架构、专业功能、标准和规范集成功能等，提升它们的 BIM 能力和专业功能，并解决各软件间信息交互性问题，即可成为我国自主知识产权的专业 BIM 软件，见表 1-1。

中国市政设计行业 BIM 应用软件状况 表 1-1

应用软件	生产商	功能
REVIT	欧特克	建模、算量、设计
CIVIL 3D	欧特克	建模、算量、设计
CATIA	达索	建模、算量、设计
MicroStation	奔特力	建模、算量、设计
PowerCivil	奔特力	建模、算量、设计
AECOsim	奔特力	建模、算量、设计
ArchiCAD	图软	建模、算量、设计
Inventor	欧特克	建模
SketchUp	天宝	建模
Rhinoceros	犀牛	建模
路立得	鸿业	道路建模、设计
管立得	鸿业	管道建模、设计
OpenRoads	奔特力	道路建模、设计
OpenBridge	奔特力	桥梁建模、设计
ContextCapture	奔特力	实景建模
Tekla structure	天宝	钢结构建模
Geopak	奔特力	地质建模
3DMax	欧特克	建模、效果图、动画渲染
Unity3D	Unity Technologies	动态展示
Lumion	Lumion	动态展示
InfraWorks	欧特克	动态展示
Fuzor	欧特克	动态展示、施工模拟
Navisworks	欧特克	动态展示、施工模拟
DELMIA	达索	施工模拟
Navigator	奔特力	施工模拟
ENOVIA	达索	协同设计和管理
ProjectWise	奔特力	协同管理
Ecotect	欧特克	性能分析

续表

应用软件	生产商	功能
ANSYS	安世亚太	性能分析
ArcGis	Esri	地理信息
BIM 360	欧特克	云平台
鸿业综合管廊	鸿业	管廊设计
探索者	探索者	结构设计
Recap	欧特克	点云处理
Skyline	Skyline	地理信息
SuperMap	超图	地理信息
CityMaker	伟景行	地理信息

1.3　BIM 应用软件二次开发

1.3.1　二次开发必要性

二次开发，简单地说就是在现有的软件上进行定制修改，扩展其功能，然后达到自己想要的功能，一般来说都不会改变原有系统的内核。

由于目前市政工程设计中所应用的 BIM 正向设计主流软件平台均为欧美公司开发的，其操作习惯和内部蕴含的设计流程是针对欧美工程公司的设计标准和设计流程的。在 BIM 正向设计软件应用过程中，与国内设计企业现有的设计标准和设计流程相冲突。因此需要对 BIM 正向设计软件进行二次开发，以符合国内设计标准和设计流程。

当下大多数设计院仅处于二维与三维共存的设计方式，即引进主流的三维工具软件后，在软件原生态的配置环境下开展基础常规应用。由于工作方式不适应，如制图方式、菜单功能、数据接口等，软件的常规用法，并不能发挥三维工具软件的最大功效，也不能最大限度地提高设计效率。往往要对引进的软件进行改动、调整和扩充，以适应实际的需要，即所谓的对引进软件的二次开发，解决最后一公里问题。

欧美公司开发的 BIM 正向设计软件，通常都有二次开发的功能，通过软件提供的接口语句和宏命令进行二次开发，如增加批量操作功能，可以很好地解决设计人员效率问题。有些宏文件通过处理，增加了操作界面，使其逐渐演变成 BIM 正向设计软件中的小工具。随着 BIM 正向设计应用的不断深入，很多 BIM 辅助设计工具软件的开发厂商，也加入到了 BIM 正向设计软件的二次开发中，使二次开发范围不断扩大，其应用也逐渐广泛。

1.3.2　二次开发要求

二次开发不仅要掌握相应的编程语言，更多的是要去分析工程各专业的设计思路，梳理专业需求，标准化设计流程，其次分析了解 BIM 正向设计软件的架构、功能及逻辑，在此基础上，进行功能的拓展。

二次开发的要求：

（1）要有编程语言基础，建议至少要熟悉 BASIC 编程语言，国外软件平台支持 VAB 开发。

（2）要熟悉软件使用功能，因为熟悉了，你才知道需要扩展的功能。

（3）要熟悉软件的数据结构、系统的框架结构、二次开发接口。欧美公司提供的软件会提供相应的开发文档SDK（Software Development Kit），对其提供的SDK中的API函数一定要了解，以利于你对SDK中函数的使用更加灵活方便。

（4）要熟悉工程项目设计的内容，针对问题进行系统的扩展和修改，以达到满足工程设计需求。

1.3.3 二次开发方式

目前，有两种方式来实现二次开发。一种是设计院成立BIM开发部门，进行自主研发；另一种是合作开发，即与专业的软件开发公司签订开发协议，设计院提出开发需求，由软件公司来配合实现其功能。

这两种开发方式各有其优缺点：

（1）自主开发方式能节约成本，开发针对性强，定制化程度高，但既懂专业技术又会开发的人才稀缺，招募困难；

（2）合作开发方式节省设计院时间，开发效率高，但无法形成自身的BIM核心能力，技术发展受制于软件公司，而且开发周期长，费用昂贵，定制化需求也经常得不到及时满足。

因此，对于具备一定软件开发能力的设计院，采用自主开发的方式来定制BIM是更优的选择。

1.3.4 二次开发模式

（1）在原系统上开发

二次开发既不是另起炉灶，也不是对原有软件的简单移植，它是继承和发展原软件设计思想，应用软件工程学的基本原理，在原有软件基础上的一种再创造。

（2）功能性开发

由于原软件与实际应用目的或规范、标准等内容上有功能差异，需对原系统进行功能增加，如建立专业图形库、数据库、符号库、标准库及设计知识库。

（3）结构性开发

为了操作简便及提高效率，需对原软件菜单结构、操作方式等进行调整和改动。

（4）适应性开发

为了增加原软件的各种适应能力（如可移植性、可扩展性、可维护性等）而进行的改动。如为适应数据库环境变化而作的变更；为适应硬件、操作系统等处理环境的变化而作的变更；为提高处理效率而作的变更（例如采用更好的算法）；为提高性能而作的变更（例如增加输出信息、改变输出格式）等。

（5）改正性开发

发现并改正原软件错误，使系统可靠地正常运行，以完成预定的目标任务，并根据实际需要完善检错、排错能力。

第 2 章　开 发 环 境

2.1　编程语言

编程语言（Programming Language）俗称“计算机语言”，可以分成机器语言、汇编语言、高级语言三大类。电脑做的每一次动作、每一个步骤，都是按照已经用计算机语言编写好的程序来执行的，程序是计算机要执行指令的集合，而程序全部都是用我们所掌握的语言来编写的。所以人们要控制计算机一定要通过计算机语言向计算机发出命令。

2.1.1　机器语言

由于计算机内部只能接受二进制代码，因此，用二进制代码 0 和 1 描述的指令称为机器指令，全部机器指令的集合构成计算机的机器语言，用机器语言编写的程序称为目标程序。只有目标程序才能被计算机直接识别和执行。但是用机器语言编写的程序无明显特征，难以记忆，不便阅读和书写，且依赖于具体机种，局限性很大，机器语言属于低级语言。

2.1.2　汇编语言

汇编语言的实质和机器语言是相同的，都是直接对硬件操作，只不过指令采用了英文缩写的标识符，更容易识别和记忆。它同样需要编程者将每一步具体操作用命令的形式写出来。

2.1.3　高级语言

高级语言是大多数编程者的选择。和汇编语言相比，它不但将许多相关的机器指令合成为单条指令，而且去掉了与具体操作有关但与完成工作无关的细节，这样就大大简化了程序中的指令。常见的高级语言有如下几种：

1. VB

Visual Basic（简称 VB）是一种由微软公司开发的包含协助开发环境的事件驱动编程语言。VB 的中心思想就是要便于程序员使用，无论是新手式者专家。VB 使用了可以简单建立应用程序的 GUI 系统，但是又可以开发相当复杂的程序。VB 拥有图形用户界面（GUI）和快速应用程序开发（RAD）系统，可以轻易地使用 DAO、RDO、ADO 连接数据库，轻松地创建 ActiveX 控件。程序员可以轻松地使用 VB 提供的组件快速建立一个应用程序。

2. VBA

Visual Basic for Applications（简称 VBA）是 Visual Basic 的一种宏语言，是微软公司开发出来在其桌面应用程序中执行通用的自动化（OLE）任务的编程语言。也可以说是一种应用程式视觉化的 Basic 脚本。

VB 与 VBA 的区别：

（1）VB 是设计用于创建标准的应用程序，而 VBA 是使已有的应用程序（如：EXCEL 等）自动化；

（2）VB 具有自己的开发环境，而 VBA 必须寄生于已有的应用程序；

（3）要运行 VB 开发的应用程序，用户不必安装 VB，因为 VB 开发的应用程序是可执行文件（*.EXE），而 VBA 开发的应用程序必须依赖于它的父应用程序，例如EXCEL；

（4）VBA 是 VB 的一个子集。

3. C#

Csharp（又被简称为“C#”）是由微软公司发布的一种面向对象的、运行于 .NET Framework 之上的高级程序设计语言。C#综合了 VB 的简单可视化操作和 C++的高运行效率特点，以其强大的操作能力、优雅的语法风格、创新的语言特性和便捷的面向组件编程的能力成为 .NET 开发的首选语言。

4. Java

Java 是一种面向对象的编程语言，它不仅吸收了 C++语言的各种优点，还摒弃了 C++里难以理解的多继承、指针等概念，因此 Java 语言具有功能强大和简单易用两个特征。Java 语言作为静态面向对象编程语言的代表，极好地实现了面向对象理论，允许程序员以优雅的思维方式进行复杂的编程。

5. Python

Python 是一种面向对象的解释型计算机程序设计语言，自从 20 世纪 90 年代初 Python 语言诞生至今，它已被逐渐广泛应用于系统管理任务的处理和 Web 编程。

6. 开发工具集

Microsoft Visual Studio（简称 VS）是微软公司的开发工具包系列产品。VS 是一个基本完整的开发工具集，它包括了整个软件生命周期中所需要的大部分工具，如 UML 工具、代码管控工具、集成开发环境（IDE）等。Visual Studio 是目前最流行的 Windows 平台应用程序的集成开发环境。最新版本为 Visual Studio 2018，基于 .NET Framework 4.7.2。支持 Visual Basic、Visual C#、Visual C++、Visual F#、Python、Java 等程序语言。

2.2 面向对象程序设计

2.2.1 概念

面向对象出现以前，结构化程序设计是程序设计的主流，结构化程序设计又称为面向过程程序设计，如图 2-1 所示。在面向过程程序设计中，问题被看作一系列需要完成的任务，函数、过程用于完成这些任务，解决问题的焦点集中于函数。其中函数是面向过程的，即它关注如何根据规定的条件完成指定的任务。

面向对象程序设计（Object Oriented Programming，OOP）可以看作一种在程序中包含各种独立而又互相调用的对象的思想，这与传统的思想刚好相反：传统的程序设计主张将程序看作一系列函数的集合，或者直接就是一系列对电脑下达的指令。面向对象程序设计中的每一个对象都应该能够接收数据、处理数据并将数据传达给其他对象，因此它们都可以被看作一个小型的“机器”，即对象。对象指的是类的实例，它将对象作为程序的基本单元，将程序和数据封装其中，以提高软件的重用性、灵活性和扩展性。

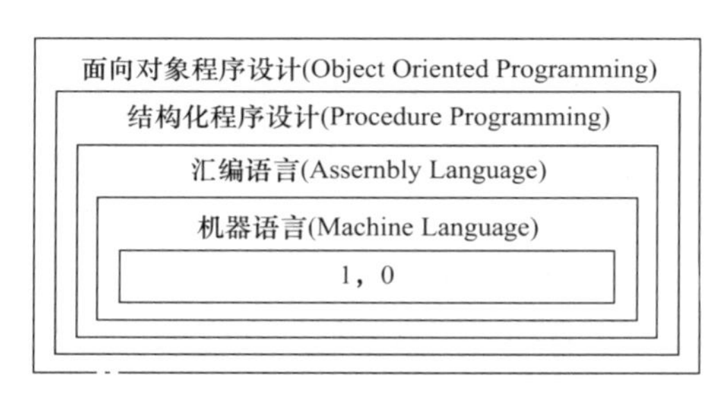

图 2-1　编程语言进展

面向对象程序设计中的概念主要包括：对象、类、数据抽象、继承、动态绑定、数据封装、多态性、消息传递。通过这些概念面向对象的思想得到了具体的体现。

2.2.2　面向对象的二次开发方法

面向对象方法的核心思想是将一切客观实体都看成对象，每个对象由数据（描述事物的属性）和作用于数据的操作（体现事物的行为）构成独立的整体。对象之间通过消息传递相互作用，而操作细节则封装在相应的对象里。继承性、封装性和多态性是对象的基本特征。

面向对象的二次开发，以对象作为基本概念，通过对象的确定、分解和分类，建立能用来进行面向对象系统分析的对象关系图。通过数据结构抽象和行为抽象，描述系统的属性，得到由对象构成的层次结构，形成对问题领域完整的语义描述，完成系统模型设计，利用一种面向对象程序设计语言（如 VB）将建立的模型转换成计算机可接受的形式，完成程序编制，实现二次开发。

2.2.3　对象

对象是要研究的任何事物。从一本书到一家图书馆，从单个整数到整数列、庞大的数据库、极其复杂的自动化工厂、航天飞机都可以看作对象，它不仅能表示有形的实体，也能表示无形的（抽象的）规则、计划或事件。对象由数据（描述事物的属性）和作用于数据的操作（体现事物的行为）构成一独立整体。从程序设计者来看，对象是一个程序模块，从用户来看，对象为他们提供所希望的行为。在对内的操作通常称为方法。

2.2.4　类

类是对象的模板。即类是对一组有相同属性和相同操作的对象的定义，一个类所包含的方法和数据，描述一组对象的共同属性和行为。类是在对象之上的抽象，对象则是类的具体化，是类的实例。类可有其子类，也可有其他类，形成类层次结构。

2.2.5　面向对象的三大基本特性

面向对象的三大基本特征是：封装、继承和多态。

(1) 封装

封装是指将某事物的属性和行为包装到对象中，这个对象只对外公布需要公开的属性和行为，而这个公布也可以是有选择性地公布给其他对象。

(2) 继承

继承是指子对象可以继承父对象的属性和行为，亦即父对象拥有的属性和行为，其子对象也就拥有了这些属性和行为。这类似于大自然中的物种遗传。

(3) 多态

多态是指允许不同类的对象对同一消息做出响应。即同一消息可以根据发送对象的不同而采用多种不同的行为方式。

2.3 二次开发资源

2.3.1 Automation

自动化（Automation）顾名思义是指“让机器在没有人工干预的情况下自动完成特定的任务”。为了完成这一目标，自动化技术的核心思想是，应用程序（Application）需要把自己的核心功能以 DOM（Document Object Model）的形式对外提供，使得别人能够通过这个 DOM 来使用该应用程序的功能。这也就是我们通常说的应用程序编程接口——Application Programming Interface，简称 API。

2.3.2 API

API 是一些预先定义的函数，目的是提供应用程序与开发人员基于某软件或硬件得以访问一组例程的能力，而又无需访问源码或理解内部工作机制的细节。

API 属于一种操作系统或程序接口，GUI 属于一种图形操作系统。两者都属于直接用户接口。有时软件公司会将 API 作为其公共开放系统。也就是说，软件公司制定自己的系统接口标准，当需要执行系统整合、自定义和程序应用等操作时，软件公司内部所有成员都可以通过该接口标准调用源代码，该接口标准被称之为开放式 API。

2.3.3 SDK

软件开发工具包（Software Development Kit，SDK）是指由第三方服务商提供的实现软件产品某项功能的工具包。如果说编程语言是程序员与设备的交流，那么 SDK 用来完成程序员与程序员之间的交流。SDK 广义上指辅助开发某一类软件的相关文档、范例和工具的集合。它可以简单地为某个程序设计语言提供 API 的一些文件。一般的工具包括用于调试和其他用途的实用工具。SDK 还经常包括示例代码、支持性的技术注解或者其他为基本参考资料澄清疑点的支持文档。

由于 SDK 包含了使用 API 的必需资料，所以人们也常把仅使用 API 来编写 Windows 应用程序的开发方式叫作“SDK 编程”。而 API 和 SDK 是开发 Windows 应用程序所必需的工具，其他编程框架和类库都是建立在它们之上的。

2.3.4 组件

一个应用程序通常是由单个的二进制文件组成的。当编译器生成应用程序之后，在对下一个版本重新编译并发行新生成的版本之前，应用程序一般不会发生任何变化。操作系统、硬件及客户需求的改变都必须等到整个应用程序被重新生成。

目前这种状况已经发生变化。开发人员开始将单个应用程序分隔成多个独立的部分，也即组件。这种做法的好处是可以随着技术的不断发展而用新的组件取代已有的组件。此时的应用程序可以随新组件不断取代旧组件而渐趋完善。而且利用已有的组件，用户还可以快速地建立全新的应用。

2.3.5 COM

COM（Componet Object Model），即组件对象模型，是关于如何建立组件以及如何通过组件建立应用程序的一个规范，说明了如何动态交替更新组件。

COM是开发软件组件的一种方法。组件实际上是一些小的二进制可执行程序，它们可以给应用程序、操作系统以及其他组件提供服务。开发自定义的COM组件就如同开发动态的、面向对象的API，多个COM对象可以连接起来形成应用程序或组件系统。组件可以在运行时刻，在不被重新链接或编译应用程序的情况下被卸下或替换掉。Microsoft的许多技术，如ActiveX、DirectX以及OLE等都是基于COM而建立起来的，并且Microsoft的开发人员也大量使用COM组件来定制他们的应用程序及操作系统。

COM所含的概念并不止是在Microsoft Windows操作系统下才有效。COM并不是一个大的API，它实际上像结构化编程及面向对象编程方法那样，也是一种编程方法。在任何一种操作系统中，开发人员均可以遵循“COM方法”。

2.3.6 ActiveX

ActiveX是Microsoft对于一系列策略性面向对象程序技术和工具的称呼，其中主要的技术是组件对象模型（COM）。ActiveX控件是用于互联网的很小的程序，有时称为插件程序。它们允许播放动画，或帮助执行任务。

在实现中，ActiveX控件是一个动态链接库（DLL）模块，它包括在容器（包括COM程序接口的应用程序）当中。这种可重复使用的组件技术可以加快开发速度和质量。

2.3.7 DLL

DLL（Dynamic Link Library），即动态链接库。经常会看到一些 .dll格式的文件，这些文件就是动态链接库文件，其实也是一种可执行文件格式。与 .exe文件不同的是，.dll文件不能直接执行，它们通常由 .exe在执行时装入，内含有一些资源以及可执行代码等。其实Windows的三大模块就是以DLL的形式提供的（Kernel32. dll，User32. dll，GDI32. dll），里面就含有了API函数的执行代码。

2.3.8 .NET

.NET是微软的新一代技术平台，即Microsoft XML Web services平台。XML Web services允许应用程序通过Internet进行通信和数据共享，而不管所采用的是哪种操作系统、设备或编程语言。Microsoft .NET 平台提供创建 XML Web services 并将这些服务集成在一起之所需。对个人用户的好处是无缝的、吸引人的体验。

Web Services 是 .NET 的核心技术。XML 是新一代的程序之间通信的数据传输格式，Web Services 是新一代的计算机与计算机之间通用的数据传输格式，可让不同运算系统更容易进行数据交换。

2.3.9 .NET Framework

.NET Framework 是用于 Windows 的新托管代码编程模型。它将强大的功能与新技术结合起来，用于构建具有视觉上引人注目的用户体验的应用程序，实现跨技术边界的无缝通信，并且能支持各种业务流程。

.NET Framework 是一个框架，支持生成和运行下一代应用程序和 XML Web services 的内部 Windows 组件。.NET Framework 具有两个主要组件，这两个组件是用 .NET 语言编写的程序运行的基本支撑：

（1）公共语言运行库（Common Language Runtime，CLR），它是所有 .NET 程序语言公用的执行时期组件。

（2）.NET Framework 类库，它提供了所有 .NET 程序语言所需要的基本对象。

要想在某台计算机上运行 .NET 编写的程序，就必须事先安装 .NET Framework。.NET Framework 是一个中间件，这个中间件将 .NET 高级语言转换成机器语言。没有 .NET 运行环境就运行不了 .NET 程序。

2.3.10 Microsoft Visual Studio

Microsoft Visual Studio（简称 VS）是微软公司的开发工具包系列产品。VS 是一个基本完整的开发工具集，它包括了整个软件生命周期中所需要的大部分工具，如 UML 工具、代码管控工具、集成开发环境（IDE）等。所写的目标代码适用于微软支持的所有平台，包括 Microsoft Windows、Windows Mobile、Windows CE、.NET Framework、.NET Compact Framework、Microsoft Silverlight 及 Windows Phone。

（1）Visual Studio 是目前最流行的 Windows 平台应用程序的集成开发环境。最新版本为 Visual Studio 2018，基于 .NET Framework 4.7 。

（2）Visual Studio 将软件开发项目中涉及的所有任务合并到一个集成开发环境中，同时提供创新功能，使用户能够更高效地开发任何应用程序。

（3）Visual Studio 中，代码编辑器支持 C#、VB.NET、C++、HTML、JavaScript、XAML、SQL 等语言，全部都具有语法突出显示与 IntelliSense 代码完成功能。

2.4 VS 集成开发简介

2.4.1 操作界面

1. 主界面

Visual Studio 2015 运行后的第一个界面一般称为主界面，如图 2-2 所示。

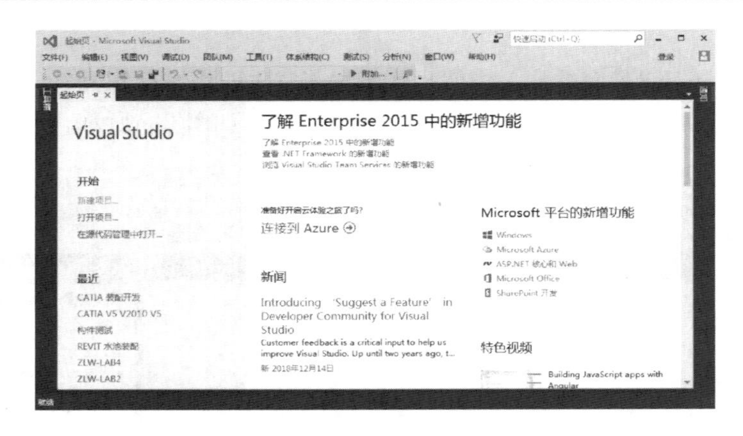

图 2-2　Visual Studio 2015 主界面

2. 菜单栏

菜单栏位于 Visual Studio 2015 界面的最上边，菜单可以有下一级，可以展开，一般情况下，菜单是没有图标的，如图 2-3 所示。

图 2-3　菜单栏

3. 工具栏

工具栏一般位于菜单栏的下面，由图标组成（没有图标的一般有文字说明），工具栏的工具一般没有下一级，主要是为了操作方便而留下的快捷图标，如图 2-4 所示。

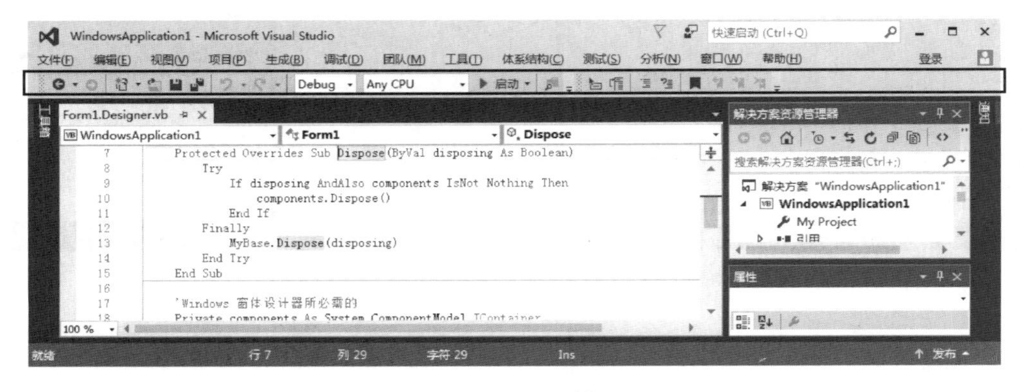

图 2-4　工具栏

4. 状态栏

位于 Visual Studio 最底端的一栏就是状态栏，它主要用来标识光标位置的行号、列号以及当前行的字符数（注：一个 tab 键只占一个字符），如图 2-5 所示。

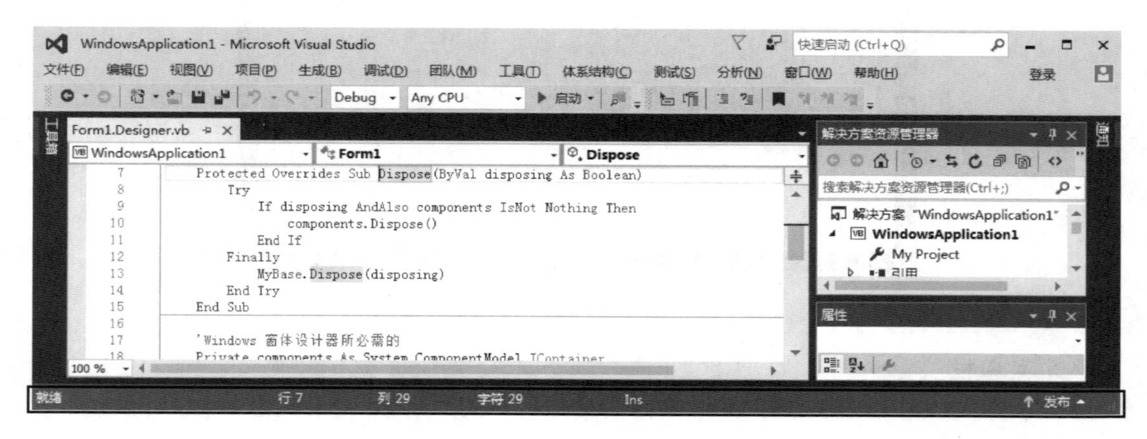

图 2-5　状态栏

2.4.2　常用功能

1. 文件菜单

所有跟文件有关的操作如新建、添加文件、项目、解决方案等都在文件菜单里面进行，文件菜单还可以进行保存、查看和切换至最近打开的项目或者解决方案、打印等操作，如图 2-6 所示。

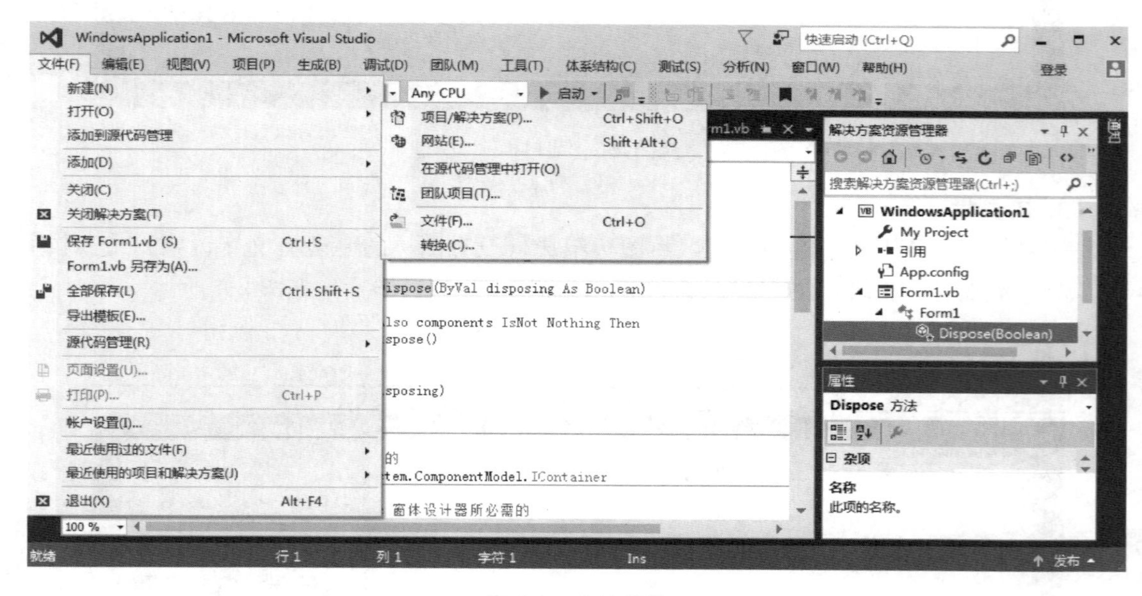

图 2-6　文件菜单

2. 视图区域

经常使用的视图区域，如图 2-7 所示。

图 2-7　视图区域

（1）代码编写：编写代码；

（2）解决方案资源管理器：管理项目文件；

（3）属性：类对象的属性值输入区；

（4）错误列表：查看警告、错误和系统消息；

（5）输出：编译、链接过程以及这个过程中产生的一些消息。

3. 编译

执行跟编译相关的操作，全部在生成解决方案完成，如图 2-8 所示。

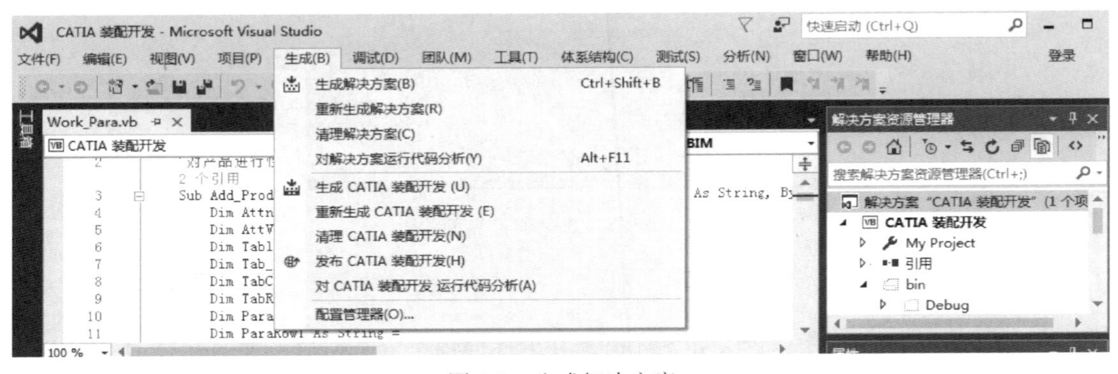

图 2-8　生成解决方案

（1）解决方案

1）清理解决方案：删除掉编译过程产生的所有临时文件，包括最后生成的文件；

2）生成解决方案：对修改了的内容进行重新的编译、链接操作；

3）重新生成解决方案：相当于先执行清理解决方案，再执行生成解决方案。

（2）项目文件

项目编译形成文件目录，如图 2-9 所示。

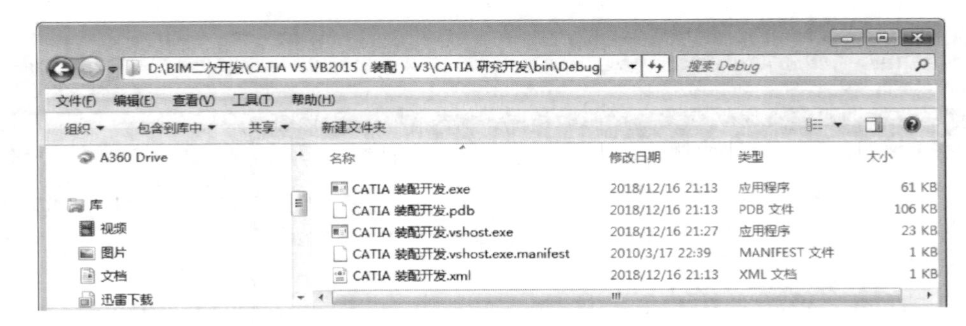

图 2-9　项目编译形成文件目录

2.4.3　新建项目

新建项目，根据个人能力选择相应软件工具。选择 Visual Basic 开发工具，选择 Windows 窗体应用程序，同时要输入项目名称 test，如图 2-10 所示。

图 2-10　新建项目界面

2.4.4　开发环境

Windows 窗体应用程序进入开发环境，开发环境提供一个窗口，如图 2-11 所示。

2.4.5　增加模块

简单的应用程序可以只有一个窗体，应用程序的所有代码都驻留在窗体模块中。而当应用程序庞大复杂时，就要另加窗体。最终可能会发现在几个窗体中都有要执行的公共代码。因为不希望在两个窗体中重复代码，所以要创建一个独立模块，它包含实现公共代码的过程。独立模块应为标准模块。此后可以建立一个包含共享过程的模块库。增加模块菜单如图 2-12 所示。增加模块类型如图 2-13 所示。

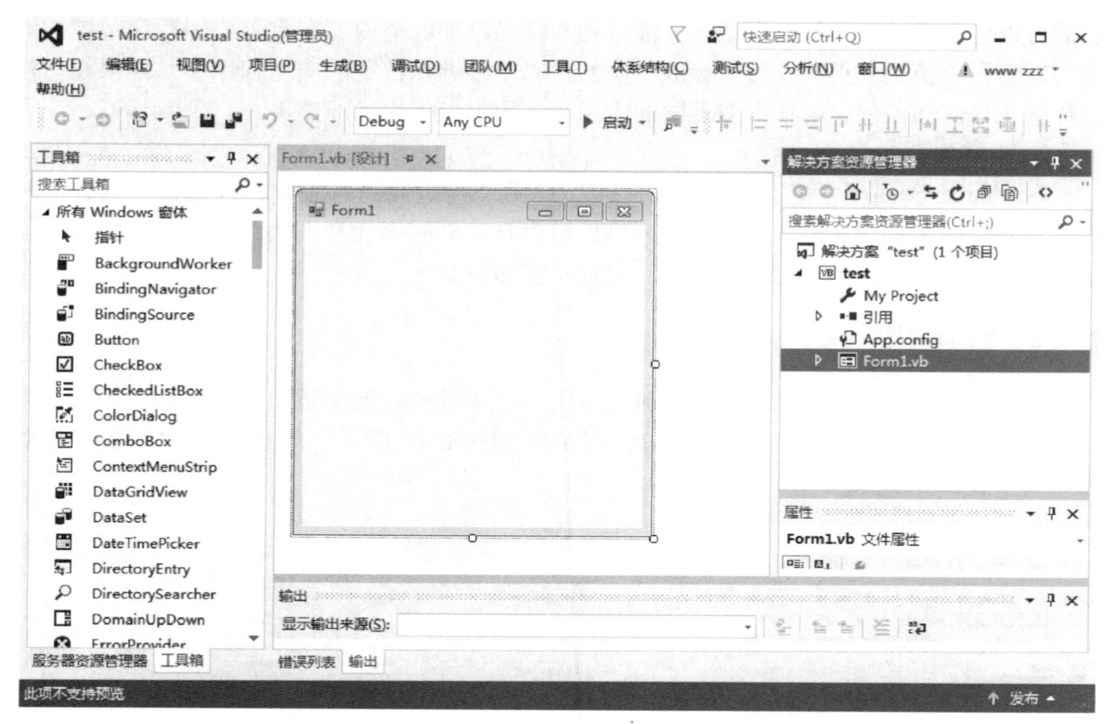

图 2-11　开发环境

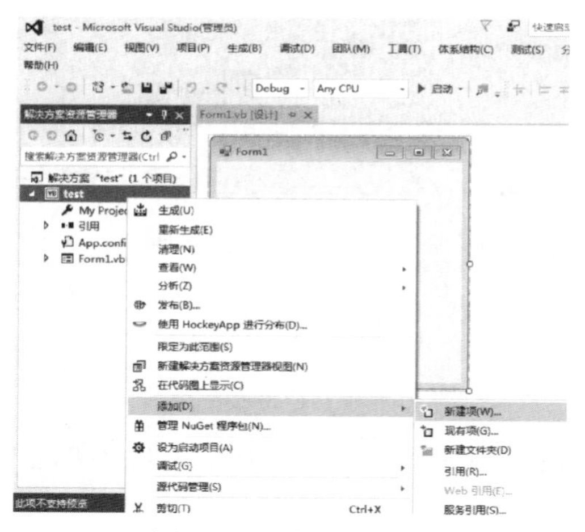

图 2-12　增加模块菜单

图 2-13　增加模块类型

1. 窗体模块

窗体模块（文件扩展名为 .FRM ）是大多数 Visual Basic 应用程序的基础。窗体模块可以包含处理事件的过程、通用过程以及变量、常数、类型和外部过程的窗体级声明。如果要在文本编辑器中观察窗体模块，则还会看到窗体及其控件的描述，包括它们的属性设置值。写入窗体模块的代码是该窗体所属的具体应用程序专用的；它也可以引用该应用程序内的其他窗体或对象。

2. 标准模块

标准模块（文件扩展名为 .BAS）是应用程序内其他模块访问的过程和声明的容器。

它们可以包含变量、常数、类型、外部过程和全局过程的全局（在整个应用程序范围内有效的）声明或模块级声明。写入标准模块的代码不必绑在特定的应用程序上，如果没有用名称引用窗体和控件，则在许多不同的应用程序中可以重用标准模块。

3. 类模块

在 Visual Basic 中类模块（文件扩展名为 .CLS）是面向对象编程的基础。可在类模块中编写代码建立新对象。这些新对象可以包含自定义的属性和方法。实际上，窗体正是这样一种类模块，在其上可安放控件、可显示窗体窗口。

2.4.6 增加引用

在 VS 开发的过程中，需要引用别人的代码，这时候就需要添加引用达到目的。需要引入的动态链接库存到电脑上。增加引用菜单如图 2-14 所示。增加引用动态链接库如图 2-15 所示。

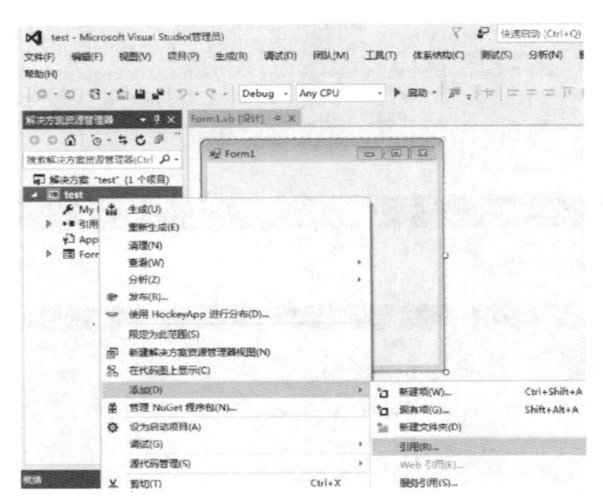

图 2-14 增加引用菜单

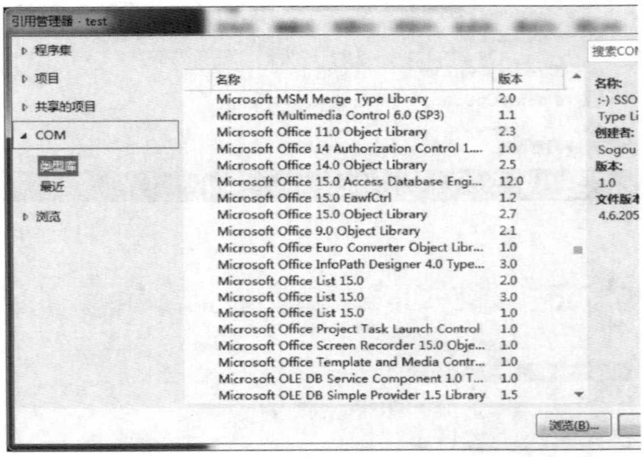

图 2-15 增加引用动态链接库

2.4.7 编写第一个小程序

1. 新建项目

File（文件）—>New（新建）—>Project...（项目），即可以新建一个编程项目。如图 2-16 所示。

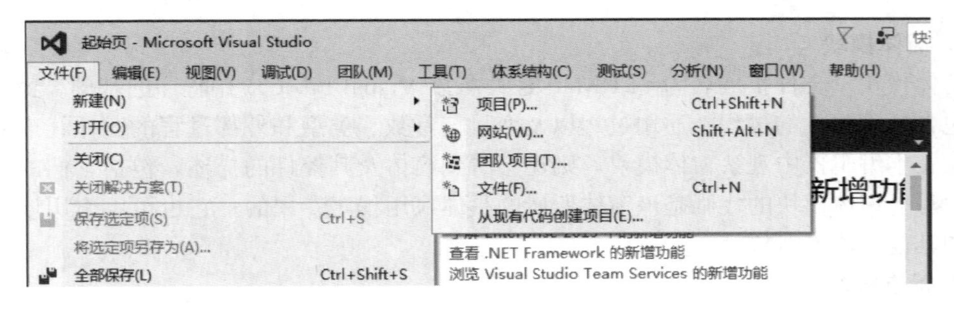

图 2-16 新建项目菜单

2. 新建项目中的设置

点选 Visual Basic，选 Windows 窗体应用程序，在下方的名称（Name）框里，将默认的 WpfApplication1 名字改成“test”。如图 2-17 所示。

图 2-17　新建项目设置

3. 修改窗体标题

项目建立，缺省提供一个空白的 Windows 窗体。在它的边框上点击，然后到屏幕右下角的属性（Properties）子窗口中，滚动到外观（Appearance）一节里，找到 text（窗口标题）框，把默认的 mainWindow 标题名称改成“计算器”，如图 2-18 所示。

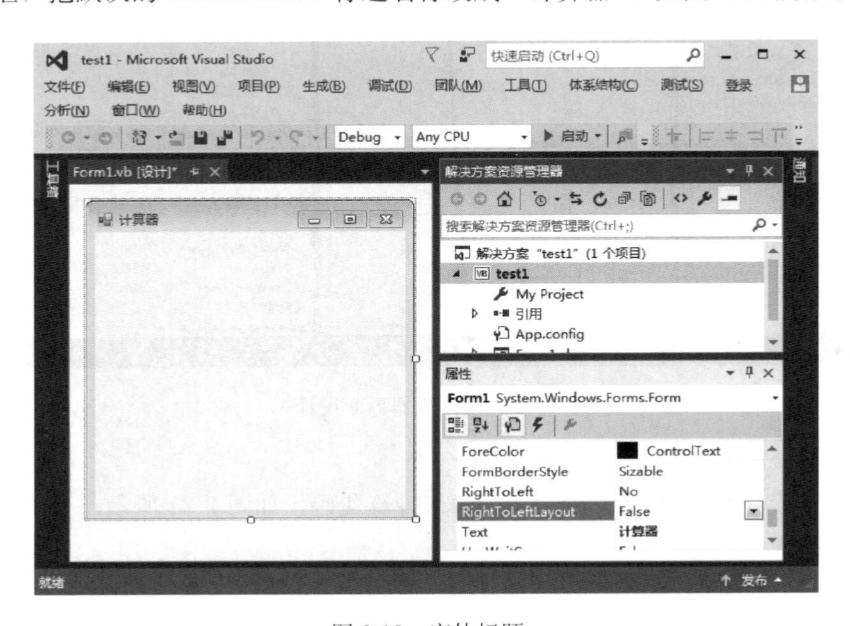

图 2-18　窗体标题

4. 窗体放置控件

点击 Visual Studio 工具箱窗口，选择“TextBox”控件，用鼠标把它拖放到窗体里。如图 2-19 所示。

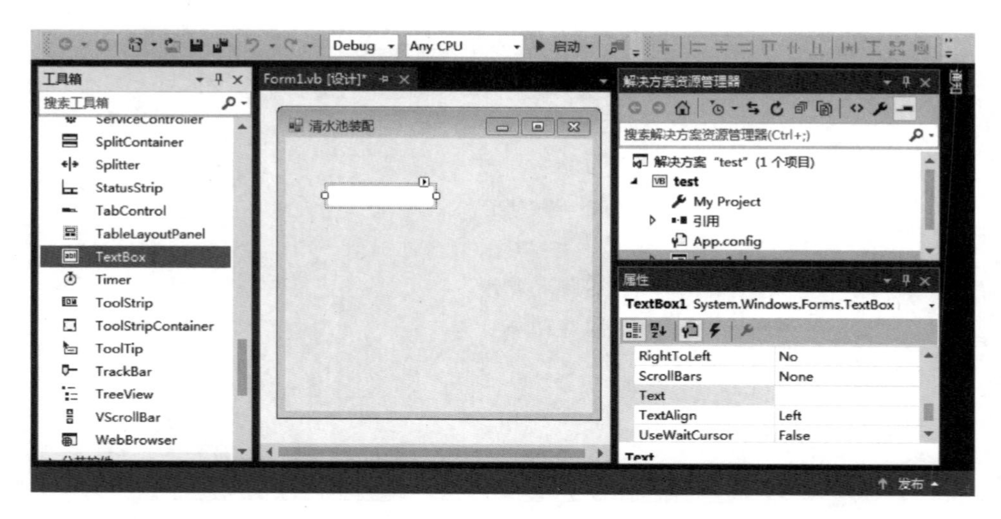

图 2-19　窗体放置控件

5. 继续添加控件

用与第 4 步相同的方法，往“计算器”窗体里放置 3 个 label（标签）、3 个 TextBox（输入框图）、2 个 Button（普通按钮），并且修改 label（标签）属性。如图 2-20 所示。

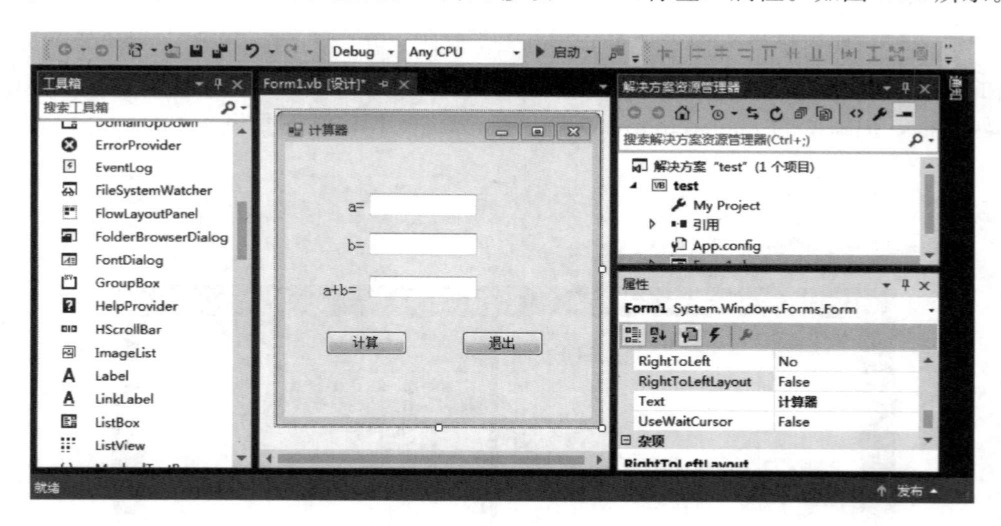

图 2-20　计算器界面设计

6. 进入编程写代码模式

双击“计算”按钮，激活编程窗口，输入计算代码，如图 2-21 所示。

7. 运行程序

直接按键盘上的 F5 键，程序开始运行，如图 2-22 所示。输入 2 和 3，点击“计算”按钮，计算结果为 5，如图 2-23 所示。

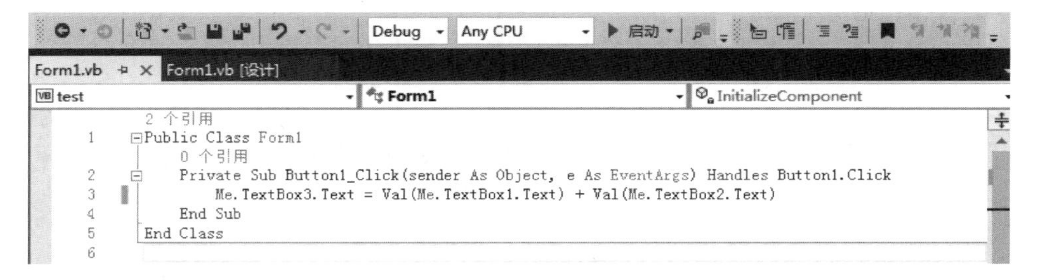

图 2-21　代码模式

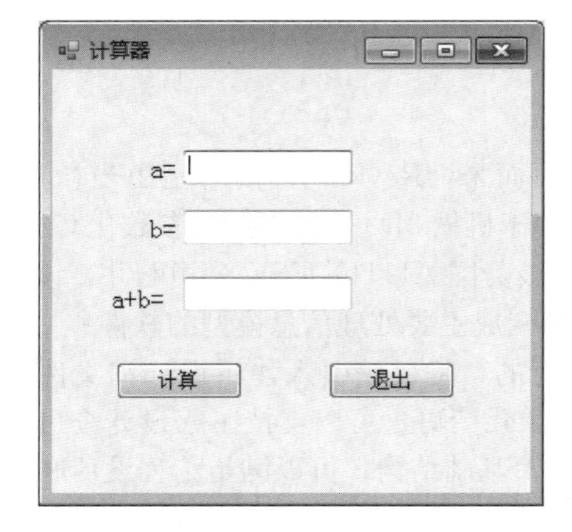

图 2-22　计算器界面

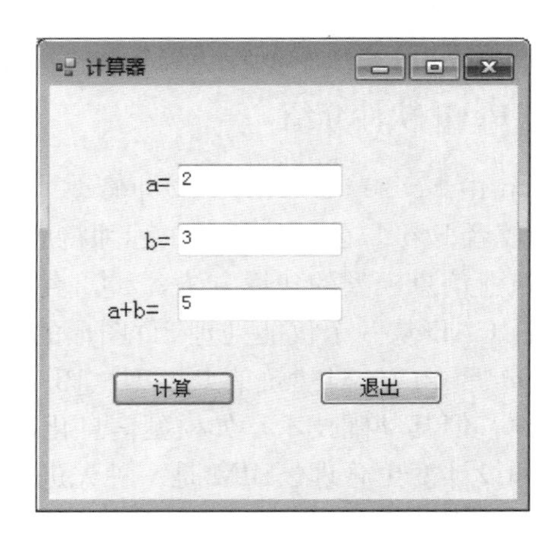

图 2-23　计算结果

第3章　欧特克（Autodesk）平台

3.1　Autodesk 软件平台二次开发概述

3.1.1　Revit 软件介绍

Revit 由 revise instantly（立即修改）的缩写而来，Revit 软件前身是由当初机械 3D CAD 佼佼者 Pro/E 公司的软件工程师将原本应用于机械 3D CAD 市场的参数化 CAD 技术引入建筑业信息模型的建模方法，2002 年 Revit 被美国 AUTODESK 公司购并，该软件将机械设计 CAD 从一个仅能处理 2D 图形的软件转变成主要处理信息模型的软件。

Revit 是专门针对建筑信息模型（BIM）设计的，是最先引入建筑设计和文件管理支持的软件。但其基础技术，如模型信息化以及参数化变更，可以支持工程设计全过程的信息建立和设计变更管理。BIM 是一种先进的数据库基础结构，可以满足工程设计和协同管理的信息需求。Revit 软件提供的信息基础结构功能，可以满足工程项目的全过程 BIM 应用，为业主单位提供可视化与数据化的决策依据。

Revit 系列产品可将 BIM 信息互相传递，以此达到协同设计的目的，例如建筑师将建筑形状或隔间等信息设计完成后可从 Revit Architecture 传送数据至 Revit MEP，提供信息给空调机电设计单位使用，如此实现了在虚拟数字环境中的协同作业。

Revit 相关软件都是参数化的，参数化是指模型的所有元素之间的关系，这些关系可实现协同设计和设计变更管理功能。这些关系可由 Revit 软件自动建立，也可由设计人员二次开发建立。

3.1.2　Revit 软件二次开发

Revit 系列的所有产品都提供 API（Application Programming Interface）功能，提供给第三方开发者集成它们的应用程序。Revit 系列产品的 API 非常相似，因此它们被集成到一个总的 API——Autodesk Revit API（简称 Revit API）。

Revit API 提供与软件图形界面相同的功能，用 API 开发的第一步是学会使用 Revit 软件，建议在使用 Revit API 前先熟悉 Revit 系列的几个产品及其功能。

1. Revit 二次开发目标

在 Revit 二次开发之前，须了解开发目标，对开发项目进行适当评估，不要盲目开始，否则可能会使开发工作陷入困境，甚至导致项目流产，通过对 Revit 二次开发，能达到下列目标：

（1）用插件自动完成重复的工作；

（2）自动检测错误；

（3）获取工程数据来分析或者生成报告；

（4）导入外部数据来创建新元素或设置参数；

（5）集成其他应用程序，包括分析软件到 Revit 软件；

（6）自动创建 Revit 软件文档。

2. Revit API 可以实现的功能

在使用 API 之前，必须了解 API 能实现哪些功能，以下是 Revit API 可以实现的功能：

（1）访问模型的图形数据；

（2）访问模型的参数数据；

（3）创建、修改、删除模型元素；

（4）创建插件完成对 UI 的增强；

（5）创建插件完成一些重复工作。

除了认识 Revit API 的适应范围外，还需要理解 Revit 软件应用于工程设计的工作流程。虽然对工作流程的理解并不是完全必须的，但是不了解工作流程很难开发出良好的真正满足用户需求的 API 应用程序。

3. Revit 宏可以实现的功能

宏是一种程序，旨在通过实现重复任务的自动化来节省时间。每个宏可通过执行一系列预定义的步骤来完成特定任务。这些步骤应该是可重复执行的，操作是可预见的。例如，可以定义宏，用于向项目添加轴网、旋转选定对象，或者收集有关结构中所有房间的面积信息，以下是 Revit 宏可以实现的功能：

（1）定位 Revit 内容并将其提取到外部文件；

（2）优化几何图形或参数；

（3）创建多种类型的图元；

（4）导入和导出外部文件格式；

4. Revit API 和 Revit 宏的区别

RevitAPI 提供了应用程序编程接口，可以把 API 定义在 Revit 宏中运行。Revit API 和 Revit 宏之间的区别，见表 3-1。

Revit API 和 Revit 宏之间的区别　　表 3-1

特性或功能	Revit API	Revit 宏
声明	必须实现 IExternalCommand 接口及其 Execute 方法	在 ThisApplication 或 ThisDocument 类中声明不带参数的公共方法和空返回类型
Application 对象	通过 externalCommandData. Application 访问 Application 对象	C＃、VB. NET、Ruby 和 Python 中的 Application 关键字指向应用程序级宏的 Application 对象。对于文档级宏，Document. Application 指向 Application 对象
功能区	API 外部应用程序可以通过一个外部应用程序来为每个外部命令创建	不受支持

5. Revit SDK

安装 Revit 系列产品（由要开发的应用程序主体而定，Revit API 在安装 Revit 系列产品时会自动安装）。

安装 Revit SDK（Software Development Kit）。SDK 包含最重要的 API 开发参考指

南，文件名为 RevitAPI. chm。同时也包含很多官方的开发范例，这些对于 API 开发入门和一些常见问题的解决有非常大的作用，充分利用 SDK 将使工作事半功倍。

安装微软 Visual Studio 2008/2010 或 Visual Studio 2008/2010Express Edition。如果只是要使用 VSTA，则不必安装这些软件。

6. RevitLookup

RevitLookup 是 Revit 开发的插件，如图 3-1 所示，不用写代码就可以直观地看到 API 的对象。它包含在 RevitSDK. zip 压缩包中。

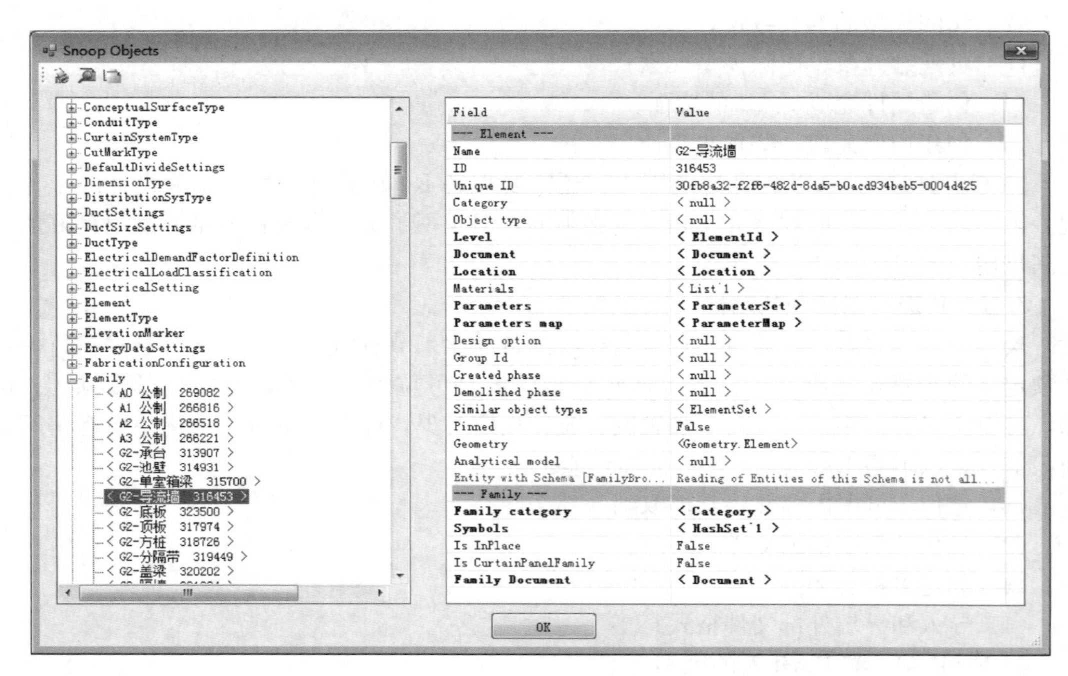

图 3-1　RevitLookup 软件界面

3.1.3　Navisworks 软件介绍

Navisworks 是模型管理软件，而非设计软件。换句话讲，设计软件解决的是模型创建的任务，而模型是否满足施工要求、有无问题，模型的信息如何与下游（进度、施工方、监理方、供应商等）对接，则需要管理软件。工程管理有着越来越多领域要进行超量规模的模型检查、多工作的协调；需要施工前的项目、进度和角色管理，要在更短的时间内形成最终方案。同时处于下游的现场施工也要求越来越高的模型质量保证，要求和设计模型紧密关联，实时状态跟踪，而 Navisworks 软件就扮演了这些角色，实现了诸多方面的模型审查和管理，将模型和现实的工作流紧密结合。Navisworks 软件虽然是为施工行业而诞生，但其实它没有很强的行业性，任何行业都可以用得到。

Navisworks 具备以下几个方面的能力：

（1）模型聚合

工程各个环节可能用到不同的设计软件，文件格式相当丰富。当进行模型管理时，需要将它们集成到一起，例如，水暖电设计是否合理要在建筑环境中进行问题排查，设备模型和建筑模型需要聚合，面临的问题是，能否把不同格式的模型聚合起来。Navisworks 提供了多达60几种的文件格式解释器，能够打开这些文件，获取其中的模型和数据。

（2）模型查看

由于工程设计、建筑、基础设施等领域的模型体量都很大，加之模型聚合，如何能高效地进行模型查看和浏览，是一个突出的问题。而 Navisworks 底层的特殊算法，很好地解决了这个困难。当然，模型越大，速度越慢，但 Navisworks 实时漫游引擎在这方面有着独到的处理，让用户体验保持最佳。

（3）全方位项目审阅

Navisworks 有着几乎所有的项目审阅功能：属性查看、模型树、注释、超链接、红线标记、测量、场景动画、对象动画等。

（4）碰撞检测

模型管理的一项重要任务是问题的排查，其中一项是模型的构件之间有无干涉碰撞。有碰撞了，利用 Navisworks 的碰撞检测功能，可以直观地看到碰撞的位置、参与碰撞的对象，得到碰撞报告，并获知它们来自哪些设计方，反馈给设计方做修改。

（5）算量

Navisworks 能自动提取出模型中对象的相关信息，并提供多种算量模板，能让对象、尺寸、材料、价格等信息关联起来。也支持其他格式文件的算量管理。

（6）数据库链接

DataTool 工具可以获取外部数据源的信息，这些信息和对象（构件）做对应，将外部的信息作为附加属性显示在属性面板里。简单的几句 SQL 语句就可以实现。

3.1.4 Navisworks 软件二次开发

1. 开发模式

Navisworks 本身不能创建模型，只是聚合已有的模型，提供的 API 能力都是对模型的审阅和管理。Navisworks 提供了 .NET、COM 和 NwCreate 3 种 API。而我们通常所说的 Navisworks API 其实指的只是 COM 或 .NET，因为 NwCreate 的功能比较特殊。

COM API：这是以前就提供的接口。它能完成大部分产品所具有的功能。

.NET API：这是2011版本开始提供的。用来逐渐取代 COM API。但并不是简单地把 COM 功能搬过来，而是从底层写起，并且增加了很多 COM 没有的功能。

自从 .NET API 诞生后，Navisworks 只在 .NET 里增加新功能，COM API 只做维护。但是还有部分 COM 功能，.NET 暂时没有提供，但可以通过 COM Interop 去访问。换句话讲，可以在 .NET API 里调用到 COM 的能力。两种 API 开发方式对比，见表 3-2。

Navisworks 二次开发方式对比 表 3-2

API 能力	COM	.NET
模型聚合	√	√
模型基本信息访问	√	√
模型结构树	√	√

续表

API 能力	COM	.NET
对象属性访问	√但 API 结构繁琐	√ API 结构清晰
对象查找	√但 API 结构繁琐	√ API 结构清晰
LINQ 查找	×	√
对象用户自定义属性添加和修改	√	×但可以通过 COM Interop 使用
自动化 API	√	√
材质和渲染	× 2015 之前有 Presenter API，2015 后去除	×
工程进度管理和操作	×	√
导入外部工程进度	×	√
碰撞检测	√功能有限	√功能完备
浏览模式	√	√
注释	×	√
算量	×	√
文档数据库	×	√
控件	√ ActiveX 控件	√ .NET 控件
访问和添加超链接	√	×但可以通过 COM Interop 使用
访问和添加快速属性	√	×但可以通过 COM Interop 使用
剖面	√功能很有限	×但可以通过 COM Interop 使用
全局选项	×部分可通过注册表操作	×部分可通过注册表操作
用户交互	×	√目前仅插件支持
临时图形	×	√
支持 WPF	×	√
Ribbon	×	√
面板	×	√
视点操作	√	√
相机操作	√功能有限	√功能完备
属性集操作	√	√
场景动画	×可部分利用保存视点	×可部分利用保存视点
对象动画	×可部分利用对象位置变换	×可部分利用对象位置变换
对象颜色	√	√
对象透明度	√	√
对象位置变换	√	√
添加自定义模型 *	×	×
加载自定义文件 *	×	×

2. Navisworks API 访问方式

插件（Plugin）：很常规的形式，集成到 Navisworks 里，拓展其能力。COM 也有插件，但是太难用，而且样式很少，建议直接用 .NET 的插件。

控件（Control）：也就是提供了查看器，可以嵌入到独立程序里。无论 COM 或 .NET 的控件底层都用到了 Navisworks 的显示引擎，所以模型漫游操作性能和产品是一样的。

自动化程序（Automation）：能开启 Navisworks 进程，执行自定义操作。一般是进行批量处理工作，比如把很多源 CAD 文件批量导出为 nwd 文件，或批量修改。虽然 .NET 和 COM 都有这种方式，但还是建议大家直接用 .NET。

3. Navisworks SDK

从 Navisworks 2013 版开始，SDK 做成单独的安装包，可以从开发者中心（全球）下载。安装后也是放在 Navisworks 的安装路径下。这里面有帮助文档和例子。按照 API 类型分为 COM、.NET、NwCreate（包括 Nwcreate 的头文件与库文件）。

.NET：C:\Program Files\Autodesk\Navisworks Manage 2015\api\NET\documentationNET\API.chm 里的 Developer Guide，这个章节介绍 API 访问方式如何编写代码以及对应的例子。这个 chm 也包含了对象手册、用法介绍。例子都分类了，可以找到自己最关心的内容，如图 3-2 所示。

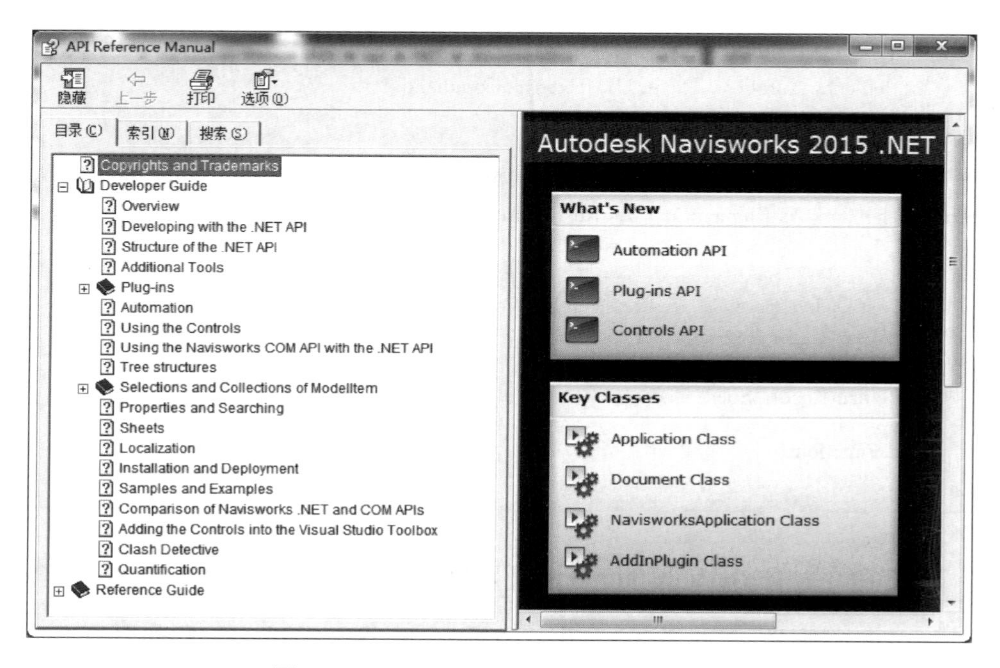

图 3-2　Navisworks API 开发文档 API.chm

3.2 Revit 软件二次开发功能

3.2.1 开发模式

Revit 使用两种方式来扩展其功能。

方式一：外部命令（IExternalCommand）

功能：添加一个 Revit 命令；

描述：由用户点击按钮来启动命令；

使用最频繁。

方式二：外部应用（IExternalApplication）

功能：可以添加菜单和工具条，或其他初始化命令；

描述：在启动和关闭 Revit.exe 时自动执行；

一般会用到，用量不多。

3.2.2 外部命令：IExternalCommand

外部命令 IExternalCommand 是 Revit API 提供给开发者的通过外部命令来扩展 Revit 时必须要实现的接口。在 IExternalCommand 接口中必须重写其中的抽象函数 Execute ()；换句话说，该函数是 IExternalCommand 接口的入口函数，必须重写。该函数的具体形式如下：

```
'创建一个类（COMM _ Water _ Pool）
Public Class COMM _ Water _ Pool

'创建一个接口（IExternalCommand）
    Implements Autodesk. Revit. UI. IExternalCommand

'重写其中的抽象函数（Execute）
    Public Function Execute（commandData As ExternalCommandData，ByRef message As
String，elements As ElementSet） As Result Implements IExternalCommand. Execute

'执行代码
        TaskDialog. Show（"Revit"，"Hello World"）

'返回执行结果
        Return Result. Succeeded

    End Function
End Class
```

3.2.3 外部命令：IExternalCommand 开发案例

创建一个简单的 Revit 外部命令程序“Revit2016＋VS2015”的流程如下：

（1）新建一个类库/Class Library 工程；
（2）引用 Revit 接口定义文件 RevitAPI. dll 和 RevitAPIUI. dll；
（3）将 Copy Local 属性设置为 False；
（4）命名空间引用；
（5）为命令类加属性；
（6）新建类从 IExternalCommand 派生；
（7）重载 Execute 方法；
（8）在 Execute 中添加代码来实现命令功能；
（9）编译程序；
（10）Add-In Manager 插件文件建立；
（11）Add-In Manager 插件文件拷贝到指定目录；
（12）使用外部命令。

1. 新建一个类库/Class Library 工程

打开 VS（Visual Studio），点击新建项目→Visual Basic→类库，然后输入程序名称，如 Hello World，点击确定，如图 3-3 所示。

2. 引用 Revit 接口定义文件

点击项目→添加引用→浏览，如图 3-4 所示。在 Revit 安装目录下找到“RevitAPI. dll”和“RevitAPIUI. dll”并添加，如图 3-5 所示。

图 3-3　Hello World 新建项目界面　　　　图 3-4　引用 Revit 接口

3. 修改复制本地属性

在“解决方案资源管理器”中，右键“RevitAPI”和“RevitAPIUI”，点击“属性”，将属性“复制本地”改为 False，如图 3-6 所示（如果不修改此项属性，则会将大量引用文件复制到输出目录中）。

在“解决方案资源管理器”中，修改类名，默认为 Class1（如果不想修改类名，可以跳过此步骤）。

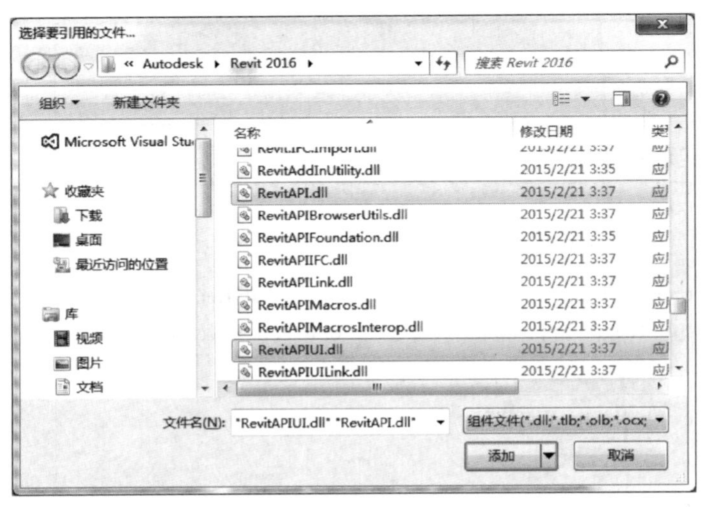

图 3-5　选择 Revit 接口文件

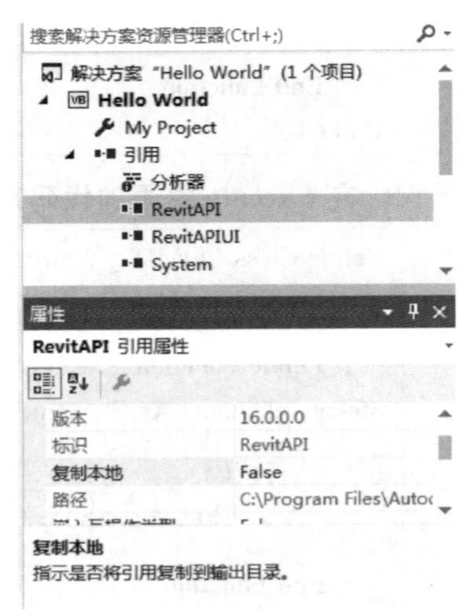

图 3-6　修改引用文件属性

4. 命名空间引用

```
'命名空间引用
Imports Autodesk. Revit. DB
Imports Autodesk. Revit. UI
Imports Autodesk. Revit. Attributes
Imports Autodesk. Revit. UI. Selection
```

5. 类属性

```
'类属性
<Transaction (Autodesk. Revit. Attributes. TransactionMode. Manual)>
<Regeneration (Autodesk. Revit. Attributes. RegenerationOption. Manual)>
<Journaling (Autodesk. Revit. Attributes. JournalingMode. NoCommandData)>
```

6. 新建类从 IExternalCommand 派生

```
'创建一个类 (HelloWorld)
Public Class HelloWorld

'创建一个接口 (IExternalCommand)
    Implements Autodesk. Revit. UI. IExternalCommand

End Class
```

7. 重载 Execute 方法

```
Public Class COMM _ Water _ Pool
    Implements Autodesk. Revit. UI. IExternalCommand

'重写其中的抽象函数 (Execute)
Public Function Execute (commandData As ExternalCommandData, ByRef message As String,
elements As ElementSet) As Result Implements IExternalCommand. Execute

'返回执行结果
        Return Result. Succeeded

    End Function
End Class
```

8. 在 Execute 中添加代码来实现命令功能

```
Public Class COMM _ Water _ Pool
    Implements Autodesk. Revit. UI. IExternalCommand

    Public Function Execute (commandData As ExternalCommandData, ByRef message As
String, elements As ElementSet) As Result Implements IExternalCommand. Execute

    '执行代码
        TaskDialog. Show ("Revit","Hello World")

    End Function
End Class
```

9. 编译程序

完成以上步骤后，便可以启动项目了，项目编译完之后，类库文件（Hello World. dll）便输出到 Debug 文件夹中（D：\Revit 二次开发\Hello World\Hello World \bin\Debug）。

10. Add-In Manager 插件文件建立

```
<? xml version="1.0"encoding="utf-8"standalone="no"? >
<RevitAddIns>
<AddIn Type="Command">
<Assembly>D：\Revit 二次开发 \ Hello World \ Hello World\bin\Debug \ HelloWorld. dll
</Assembly>
<AddInId>239BD853-36E4-461f-9171-C5ACEDA4E721</AddInId>
<FullClassName>HelloWorld. Class1</FullClassName>
<Text>HelloWorld</Text>
<VendorId>NAME</VendorId>
<VendorDescription>Your Company Info</VendorDescription>
</AddIn>
</RevitAddIns>
```

这是一个后缀为 . addin 的文件，文件名与项目名称一致，如“Hello World. addin”。

XML 标签说明：

AddIn：命令类型。

Assembly：需要加载的程序集的完整路径。

AddInId：这一项在 VS 的工具→创建 GUID 中获得。

FullClassName：类名。注意：得填写完整的“命名空间 . 类名”。

Text：Revit 中插件的名称。

VendorId：开发商 Id，可以自己随意取名。

VendorDescription：插件的描述信息（可不写这项）。

11. Add-In Manager 插件文件拷贝到指定目录

C：\Users\zhanglvwei\AppData\Roaming\Autodesk\Revit\Addins\2016\

其中\Users\zhanglvwei\是本机用户名。

12. 使用外部命令

完成以上所有步骤后，打开 Revit 应用程序，附加模块→外部工具→，就可以看见你的 Hello World 插件了，如图 3-7 所示，外部命令执行结果，如图 3-8 所示。

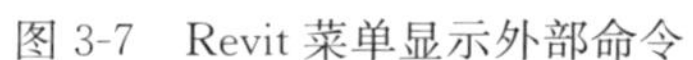

图 3-7　Revit 菜单显示外部命令

图 3-8　外部命令执行结果

3.2.4 外部命令：IExternalCommand 开发完整代码

```
1   '命名空间引用
2   Imports Autodesk.Revit.UI
3   Imports Autodesk.Revit.DB
4   Imports Autodesk.Revit.Attributes
5   '类属性
6   <Transaction(TransactionMode.Manual)>
7   <Regeneration(RegenerationOption.Manual)>
8   <Journaling(JournalingMode.NoCommandData)>
9   '新建类从IExternalCommand派生
10  Public Class HelloWorld
11      Implements IExternalCommand
12      '重载Execute方法
13      Public Function Execute(commandData As ExternalCommandData, ByRef message As String, elements As ElementSet) As Result _
14          Implements IExternalCommand.Execute
15          '添加执行代码
16          TaskDialog.Show("Revit", "Hello World")
17          Return Result.Succeeded
18      End Function
19  End Class
```

3.2.5 外部应用：IExternalApplication

相对于外部命令而言，外部应用的实现更为直接，需要在 addin 模块中进行注册该外部应用；外部应用随着 Revit 程序的启动而启动，随着 Revit 程序的关闭而退出。因此这个函数的实现在实现 IExternalApplication 的接口之后，需要重写 OnStartup（）和 OnShutDown（）这两个函数。IExternalApplication 接口函数的定义形式如下：

```
'创建一个类，实现（IExternalApplication）的接口
Public Class GJ _ APP ：Implements IExternalApplication
'重写（OnShutDown）
Public Function OnShutdown（application As UIControlledApplication） As Result Implements
IExternalApplication. OnShutdown
    Return Result. Succeeded
End Function
'重写（OnStartup）
Public Function OnStartup（application As UIControlledApplication） As Result Implements
IExternalApplication. OnStartup
    Return Result. Succeeded
End Function

End Class
```

3.2.6 外部应用：IExternalApplication 开发案例

创建一个简单的 Revit 外部应用程序“Revit2016＋VS2015”的流程如下：

（1）新建一个类库/Class Library 工程（同外部命令）；

（2）引用 Revit 接口定义文件 RevitAPI. dll 和 RevitAPIUI. dll（同外部命令）；

（3）将 Copy Local 属性设置为 False（同外部命令）；

（4）命名空间引用（同外部命令）；

（5）为命令类加属性（同外部命令）；

（6）新建类从 **IExternalApplication** 派生；

（7）重载 OnStartup 函数和 OnShutDown 方法；
（8）在 OnShutup 中添加代码来实现菜单命令功能；
（9）编译程序（同外部命令）；
（10）Add-In Manager 插件文件建立；
（11）Add-In Manager 插件文件拷贝到指定目录（同外部命令）；
（12）使用外部应用（同外部命令）。

1. 新建类从 IExternalApplication 派生

```
'创建一个类（GJ _ APP）
Public Class GJ _ APP
'创建一个接口（IExternalApplication）
Implements Autodesk. Revit. UI. IExternalApplication
End Class
```

2. 重载 OnStartup 函数和 OnShutDown 方法

```
Public Class GJ _ APP
Implements Autodesk. Revit. UI. IExternalApplication

Public Function OnShutdown（application As UIControlledApplication） As Result Implements
IExternalApplication. OnShutdown
    Return Result. Succeeded
End Function

Public Function OnStartup（application As UIControlledApplication） As Result Implements
IExternalApplication. OnStartup
Return Result. Succeeded
End Function
```

3. 在 OnShutup 中添加代码来实现菜单命令功能

```
Public Function OnStartup（application As UIControlledApplication） As Result Implements
IExternalApplication. OnStartup
'定义菜单按钮
    Dim rvtRibbonPanel As RibbonPanel = application. CreateRibbonPanel（"构件测试"）
    Dim data As PulldownButtonData = New PulldownButtonData（"Options", "构件测
试"）
'定义菜单控件文件路径
    Dim item As RibbonItem = rvtRibbonPanel. AddItem（data）
    Dim optionsBtn As PulldownButton = item
'定义菜单按钮
    optionsBtn. AddPushButton（New PushButtonData（"房屋", "房屋构件测试...",
mPath,"构件测试.COMM _ HOUSE"））
```

```
    optionsBtn. AddPushButton (New PushButtonData ("水池", "水池构件测试...", mPath, "构件测试.COMM_Water_Pool"))
    optionsBtn. AddPushButton (New PushButtonData ("查询","查询构件参数...", mPath,"构件测试.COMM_Parameter_Sele"))
    optionsBtn. AddPushButton (New PushButtonData ("选择","选择结果显示...", mPath,"构件测试.COMM_ShowElementData"))
    optionsBtn. AddPushButton (New PushButtonData ("修改","选择修改显示...", mPath,"构件测试.COMM_ChangePara"))
    optionsBtn. AddPushButton (New PushButtonData ("构件","加载构件数据库...", mPath,"构件测试.COMM_LODE_Family"))
Return Result. Succeeded
End Function
```

4. Add-In Manager 插件文件建立

```
<? xml version="1.0"? >
<RevitAddIns>
      <AddIn Type="Application">
      <Assembly>D:\Revit二次开发\构件测试COMMAND\清水池\bin\Debug\构件测试.dll</Assembly>
      <ClientId>fc967b5d-0247-4436-8951-b3ac50f68f77</ClientId>
      <FullClassName>构件测试.GJ_APP</FullClassName>
      <Name>构件测试</Name>
      <VendorId>ADSK</VendorId>
      <VendorDescription>Autodesk, www.autodesk.com</VendorDescription>
   </AddIn>
</RevitAddIns>
```

这是一个后缀为.addin的文件，文件名与项目名称一致，如“构件测试.addin”。

5. 使用外部应用

完成以上所有步骤后，打开Revit应用程序，附加模块→外部工具，就可以看见构件测试插件了，如图3-9所示，构件测试外部应用执行结果，如图3-10所示。

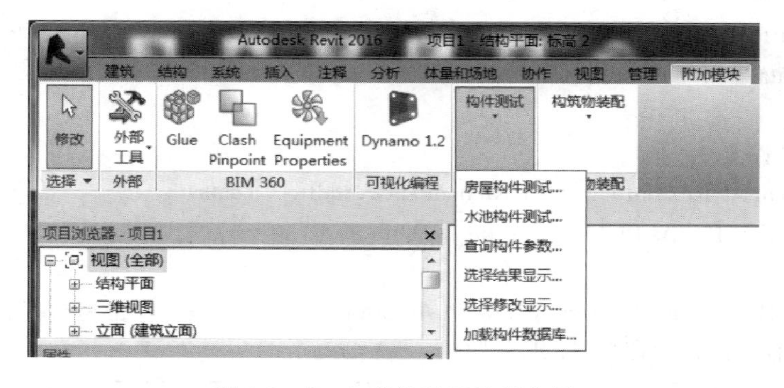

图 3-9 Revit 菜单显示外部应用

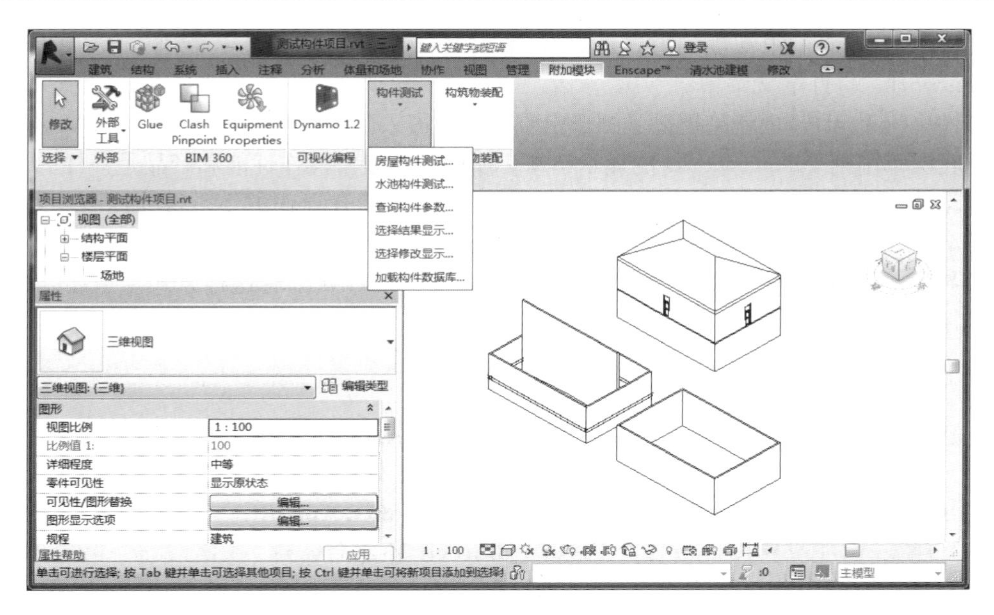

图 3-10 外部应用执行结果

3.2.7 外部应用：IExternal Application 开发完整代码

```
1   '命名空间引用
2   Imports Autodesk.Revit.UI
3   Imports Autodesk.Revit.Attributes
4   Imports Autodesk.Revit.DB
5   '类属性
6   <Transaction(TransactionMode.Manual)>
7   <Regeneration(RegenerationOption.Manual)>
8   Public Class GJ_APP
9   '新建类从IExternalApplication派生
10  Public Function OnStartup(application As UIControlledApplication) As Result Implements IExternalApplication.OnStartup
11      Implements IExternalApplication
12      '定义菜单Guid
13      Dim mappId As AddInId = New AddInId(New Guid("fc967b5d-0247-4436-8951-b3ac50f68f77"))
14      '定义菜单控件文件路径
15      Dim mPath As String = "D:\Revit二次开发\构件测试COMMAND\清水池\bin\Debug\构件测试.dll"
16     '定义菜单按钮
17     Dim rvtRibbonPanel As RibbonPanel = application.CreateRibbonPanel("构件测试")
18     Dim data As PulldownButtonData = New PulldownButtonData("Options", "构件测试")
19    '定义子菜单按钮
20     Dim item As RibbonItem = rvtRibbonPanel.AddItem(data)
21     Dim optionsBtn As PulldownButton = item
22
23     optionsBtn.AddPushButton(New PushButtonData("房屋", "房屋构件测试...", mPath, "构件测试.COMM_HOUSE"))
24     optionsBtn.AddPushButton(New PushButtonData("水池", "水池构件测试...", mPath, "构件测试.COMM_Water_Pool"))
25     optionsBtn.AddPushButton(New PushButtonData("查询", "查询构件参数...", mPath, "构件测试.COMM_Parameter_Sele"))
26     optionsBtn.AddPushButton(New PushButtonData("选择", "选择结果显示...", mPath, "构件测试.COMM_ShowElementData"))
27     optionsBtn.AddPushButton(New PushButtonData("修改", "选择修改显示...", mPath, "构件测试.COMM_ChangePara"))
28     optionsBtn.AddPushButton(New PushButtonData("构件", "加载构件数据库...", mPath, "构件测试.COMM_LODE_Family"))
29
30  Return Result.Succeeded
31  End Function
32
33
```

3.3 Navisworks 软件二次开发功能

3.3.1 开发模式

Navisworks API 分为 3 种，分别是：插件（Plugin）、控件（Control）和自动化（Automation）。

插件（Plugin）：很常规的形式，集成到 Navisworks 里，拓展其能力，大多表现为一个 Navisworks 的自定义菜单。

控件（Control）：也就是提供了图形引擎，可以嵌入到独立程序里。无论 COM 或 .NET 的控件底层都用到了 Navisworks 的显示引擎，所以模型漫游操作性能和产品是一样的。

自动化程序（Automation）：自动化是指运行一个没有界面的 Navisworks，形式也算是把 Navisworks 集成到我们的程序里，一般是进行批量处理工作，比如把很多源 CAD 文件批量导出为 nwd 文件，或批量修改。虽然 .NET 和 COM 都有这种方式，但还是建议大家直接用 .NET。

3.3.2 插件（Plugin）开发案例

创建一个简单的 Navisworks Plugin "Navisworks2016＋VS2015" 的流程如下：

（1）新建一个类库/Class Library 工程（同 Revit 外部命令）；

（2）引用 Navisworks 接口文件 **Autodesk. Navisworks. Api. dll**；

（3）将 Copy Local 属性设置为 False（同 Revit 外部命令）；

（4）命名空间引用；

（5）类加属性；

（6）新建类，继承自 **Autodesk. Navisworks. Api. Plugins. AddInPlugin**；

（7）重载 Execute 方法；

（8）在 Execute 中添加代码来实现命令功能；

（9）编译程序；

（10）插件文件拷贝到指定目录；

（11）使用插件。

1. 引用 Navisworks 接口文件

点击项目→添加引用→浏览，如图 3-11 所示。在 Navisworks 安装目录下找到 "Autodesk. Navisworks. Api. dll"，如图 3-12 所示。

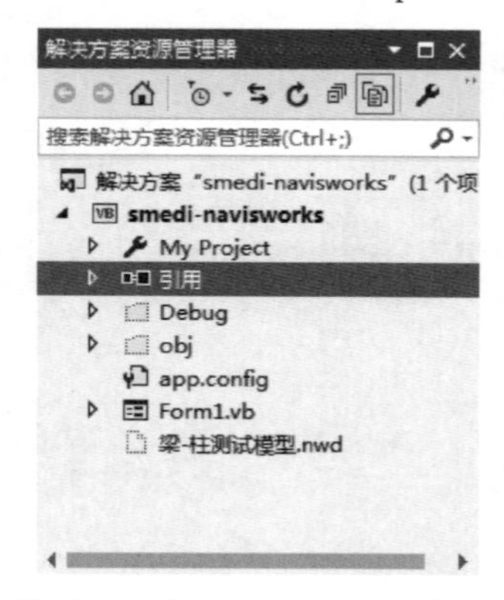

图 3-11　引用 Navisworks 接口

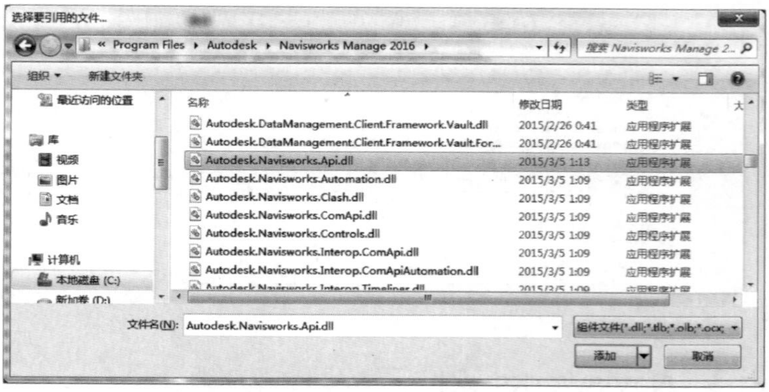

图 3-12　选择插件 Navisworks 接口文件

2. 命名空间引用

```
'命名空间引用
Imports System. Windows. Forms
Imports Autodesk. Navisworks. Api. Plugins
```

3. 类属性

```
'类属性
<PluginAttribute ("BasicVBPlugIn. ABasicVBPlugin","ADSK", _
                ToolTip: ="BasicPlugIn. ABasicVBPlugin tool tip", _
                DisplayName: ="Hello World - VB",
                Options: =PluginOptions. None) >
```

4. 新建类从 AddInPlugin 派生

```
'创建一个类（HelloWorld）
Public Class HelloWorld
    Inherits Autodesk. Navisworks. Api. Plugins. AddInPlugin
    Public Overrides Function Execute (ByVal ParamArray parameters () As String) As
Integer
        Return
End Function
End Class
```

5. 重载 Execute 方法

```
Public Class HelloWorld
    Inherits Autodesk. Navisworks. Api. Plugins. AddInPlugin
Public Overrides Function Execute (ByVal ParamArray parameters () As String) As Integer
'执行代码 MessageBox. Show ("Hello World")
        Return 0
    End Function
End Class
```

6. 编译程序

完成以上步骤后，便可以启动项目了，项目编译完之后，类库文件（HelloWorld. dll）便输出到了 Debug 文件夹中（D:\Navisworks 二次开发\Hello World\Hello World\bin\Debug）。

7. 插件文件拷贝到指定目录

打开 Plugins 文件夹，一般在这里 C:\Program Files\Autodesk\Navisworks Manage 2016\Plugins，创建一个和生成的 dll 同名的文件夹，把生成的 dll（HelloWorld. dll）拷贝到该文件夹，最后完成的插件文件所在位置为：C:\Program Files\Autodesk\Navisworks Manage 2016\Plugins\HelloWorld\ HelloWorld. dll。

8. 使用插件

完成以上所有步骤后，打开 Navisworks 应用程序“工具附加模块”就可以看见 Hello World 插件了，如图 3-13 所示，插件命令执行结果，如图 3-14 所示。

图 3-13　Navisworks 菜单显示插件命令

图 3-14　插件命令执行结果

3.3.3　插件（Plugin）开发完整代码

```
1   Imports System.Windows.Forms
2   Imports Autodesk.Navisworks.Api.Plugins
3
4   <PluginAttribute( "BasicVBPlugIn.ABasicVBPlugin", "ADSK", _
5                     ToolTip:="BasicPlugIn.ABasicVBPlugin tool tip", _
6                     DisplayName:="Hello World - VB",
7                     Options:=PluginOptions.None)>
8   Public Class HelloWorld
9       Inherits Autodesk.Navisworks.Api.Plugins.AddInPlugin
10
11      Public Overrides Function Execute(ByVal ParamArray parameters() As String) As Integer
12          MessageBox.Show("Hello World")
13          Return 0
14      End Function
15
16  End Class
```

3.3.4　控件（Control）开发案例

创建一个简单的 Navisworks Control “Navisworks2016＋VS2015” 的流程如下（32 位系统）：

（1）新建一个项目；

（2）引用 Navisworks 接口文件 **Autodesk. Navisworks. Controls. dll**；

（3）将 Copy Local 属性设置为 False（同 Revit 外部命令）；

（4）增加 Navisworks 控件 “ViewControl”、“documentControl”；

（5）控件 “ViewControl”、“documentControl” 关联；

（6）新程序模块；

（7）执行程序。

1. 新建一个项目

打开 VS（Visual Studio），点击新建项目→Visual Basic→Windows 窗体应用程序，然后输入程序名称，如模型游览，如图 3-15 所示，点击确定，进入开发环境，如图 3-16 所示。

2. 引用 Navisworks 接口定义文件

点击项目→添加引用→浏览，如图 3-17 所示。在 Navisworks 安装目录下找到 “Navisworks. Api. dll” 和 “Navisworks. Controls. dll” 并添加，如图 3-18 所示。

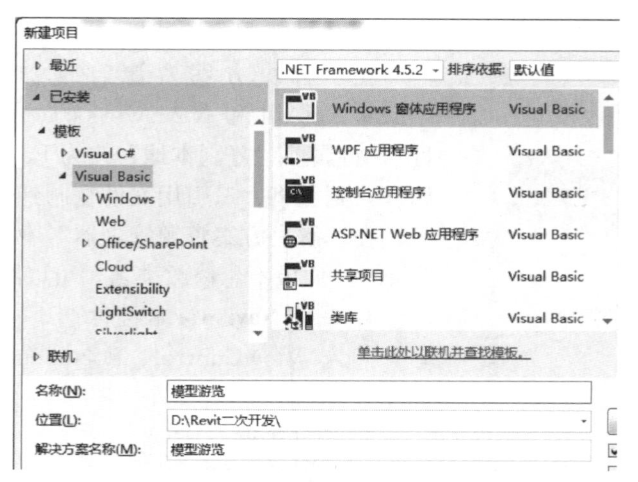

图 3-15 模型游览新建项目界面

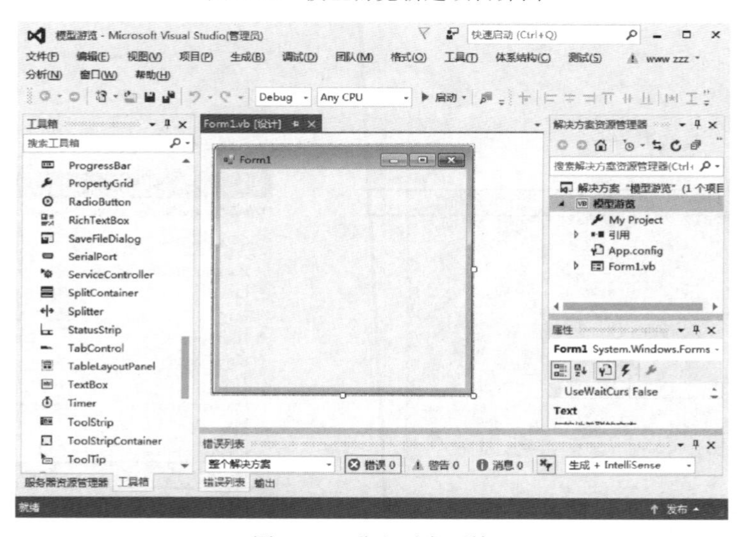

图 3-16 进入开发环境

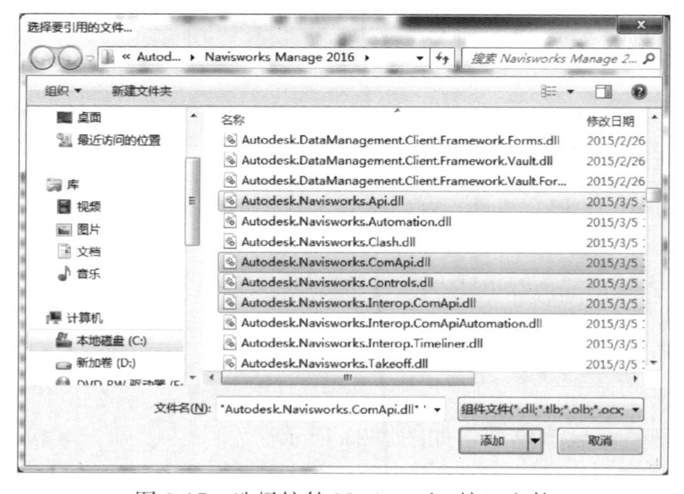

图 3-17 选择控件 Navisworks 接口文件

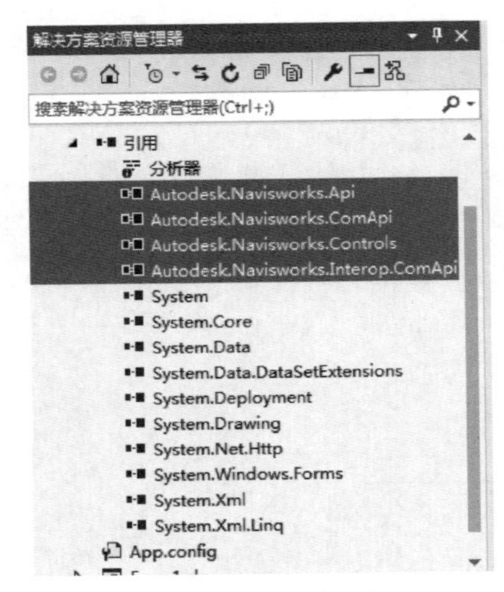

图 3-18　引用文件

3. 修改复制本地属性

在“解决方案资源管理器”中，右键 Navisworks. Api. dll 和 Navisworks. Controls. dll，点击“属性”，将属性“复制本地”改为 False（如果不修改此项属性，则会将大量引用文件复制到输出目录中）。

在“解决方案资源管理器”中，修改类名，默认为 Class1（如果不想修改类名，可以跳过此步骤）。

4. 增加 Navisworks 控件

插入 ViewControl、documentControl 2 个控件，如图 3-19 所示。

5. 控件关联

ViewControl 与 documentControl 关联，如图 3-20 所示。

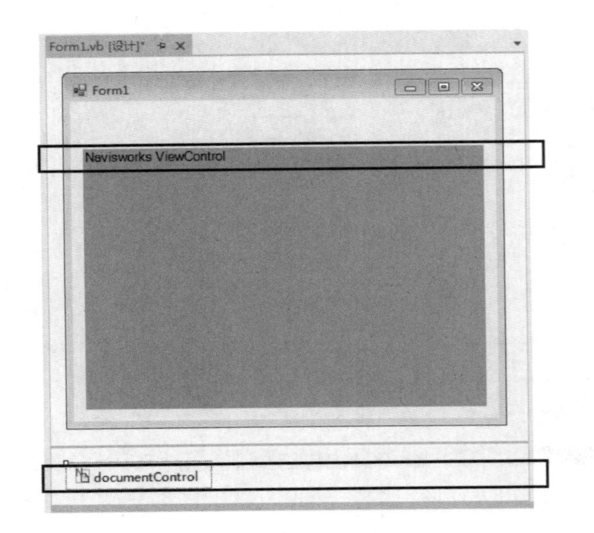

图 3-19　Navisworks 控件插入

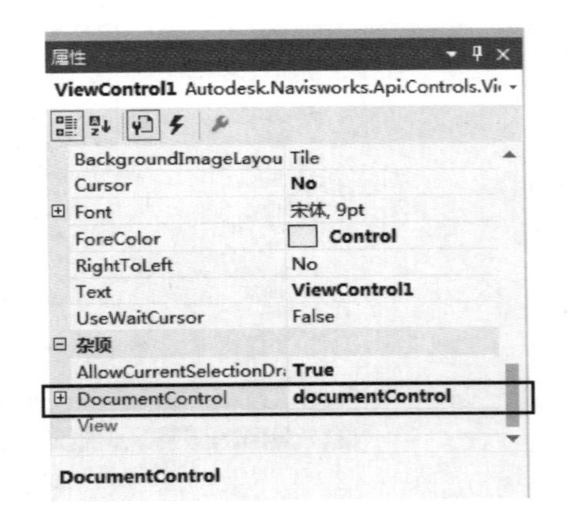

图 3-20　ViewControl 关联控件

6. 新程序模块

添加按钮“打开模型”，在按钮中增加如下代码：

```
Private Sub Button1 _ Click (sender As Object, e As EventArgs) Handles Button1. Click
ViewControl1. DocumentControl. SetAsMainDocument ()
ViewControl1. DocumentControl. Document. OpenFile ( “D: \梁-柱测试模型 . nwd”)
End Sub
```

7. 执行程序

点击“打开模型”，显示模型，如图 3-21 所示。

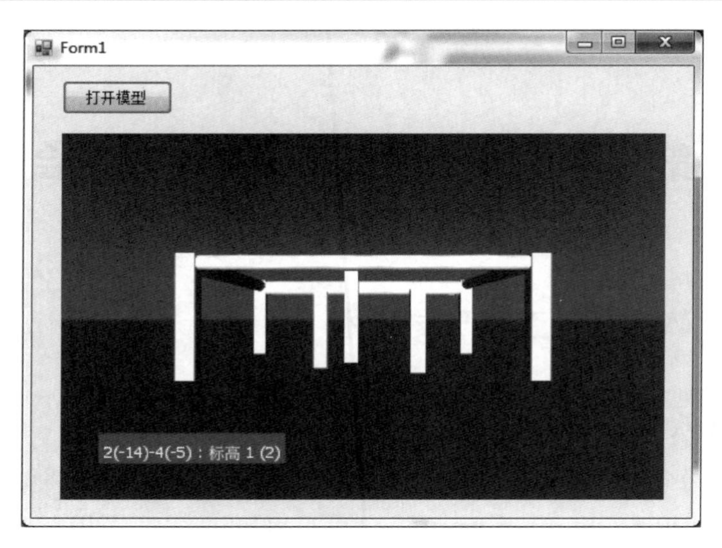

图 3-21　程序执行结果

3.3.5　控件（Control）开发完整代码

```
Imports NwControl = Autodesk.Navisworks.Api.Controls

Public Class Form1

    Private Sub Form1_Disposed(ByVal sender As Object, ByVal e As System.EventArgs) Handles Me.Disposed
        'Finish use of the API
        NwControl.ApplicationControl.Terminate()
    End Sub

    Public Sub New()
        'Set to single document mode
        NwControl.ApplicationControl.ApplicationType = NwControl.ApplicationType.SingleDocument

        'Initialise the API
        NwControl.ApplicationControl.Initialize()

        ' This call is required by the Windows Form Designer.
        InitializeComponent()

        ' Add any initialization after the InitializeComponent() call.

    End Sub

    Private Sub Button1_Click(sender As Object, e As EventArgs) Handles Button1.Click
        Me.ViewControl1.DocumentControl.SetAsMainDocument()
        Me.ViewControl1.DocumentControl.Document.OpenFile("D:\梁-柱测试模型.nwd")
    End Sub
```

第 4 章　奔特力（Bentley）平台

4.1　Bentley 软件平台二次开发概述

4.1.1　Bentley 软件平台介绍

Bentley 是一家专注于开发建造和管理基础设施软件的全球领先的软件公司，基础设施领域包括公路、桥梁、机场、摩天大楼、工业厂房和电厂以及公用事业网络等。Bentley 在基础设施资产的整个生命周期内针对不同的职业，包括工程师、建筑师、规划师、承包商、制造商、IT 管理员、运营商和维护工程师的需求提供量身定制的解决方案。这些专业人士将在基础设施资产的整个生命周期内使用这些资产从事相关的工作。每个解决方案均由构建在一个开放平台上的集成应用程序和服务组成，旨在确保各工作流程和项目团队成员之间的信息共享，从而实现数据互用性和协同工作。

Bentley 不仅致力于为其用户提供功能全面的集成软件，还专注于提供卓越的服务和支持。作为一家全球性的专业服务公司，Bentley 的团队可提供全天候技术支持，通过产品培训、在线讲座和学术课程提供持续不断的学习机会，见证对当前和未来几代基础设施专业人员做出的承诺。

MicroStation 是一个可互操作的、强大的 CAD 平台，集二维绘图、三维建模和工程可视化于一体的完整的解决方案。MicroStation 是 Bentley 工程软件系统有限公司在建筑、土木工程、交通运输、加工工厂、离散制造业、政府部门、公用事业和电信网络等领域解决方案的基础平台，具有强大的功能，其他专业软件都是在 MicroStation 基础上开发完成的。

4.1.2　MicroStation 二次开发

MicroStation 支持 VBA、.NET（主要就是 C#）和 C/C++3 种最常用的开发语言。这 3 种开发语言的学习难度由低到高，功能则是由弱到强。常见的开发方式有 MDL、VBA 和 Addins 等。MDL 功能强大，但开发难度较大。VBA 开发相对简单，但功能不如 MDL，代码的保护性也差。而 Addins 结合了两者的优点，可充分利用 .NET 的各种优势，在保证功能强大的前提下大大提高开发速度。Addins 是一种全新的开发方式，完全基于 .Net 平台，可以使用 C#、VB. NET 和 C++. NET 语言编程。它可以使用 Win-Form 开发出美观实用的用户界面，对于 Addins 还没有封装的功能，可以调用 MDL 函数来实现。Addins 编译生成的是 dll 文件，可以直接被 MicroStation 使用。

MicroStation 提供了非常多样的接口，在其 SDK 中公开有数千个类和函数，能让开发者从界面到底层对 MicroStation 软件的各个方面实现控制。比如在 SDK 中提供有命令监控和过滤机制，能让我们的程序监控并分门别类地影响（如拒绝）所有内部或外部程序发出的命令。

4.2　MicroStation 软件二次开发功能

4.2.1　开发环境

目前 MicroStation 主要有两个版本 V8i 和 CE（CONNECT Edition）在用。两个版本都需要在 Windows7 及以上版本运行。V8i 为 32 位程序，可以在 Windows32 或 64 位下运行；CE 为 64 位程序，仅能在 Windows64 位下运行。除了对操作系统 Windows 的要求外，针对 2 个版本和 3 种开发语言的开发环境见表 4-1。

开发环境　　表 4-1

开发语言	MicroStationV8i	MicroStation CE
VBA 环境	MicroStation V8i	MicroStation CE
. NET（C＃）开发环境	MicroStation V8i Visual Studio 2005、2008、2010	MicroStation CE Visual Studio 2015
C/C＋＋开发环境	MicroStation V8i Visual Studio 2005、2008、2010 MicroStation V8i SDK	MicroStation CE Visual Studio 2015 MicroStation CE SDK

4.2.2　开发流程

本书采用基于 C＃的 Addins 二次开发来介绍 MicroStation 二次开发，基本流程如图 4-1 所示。

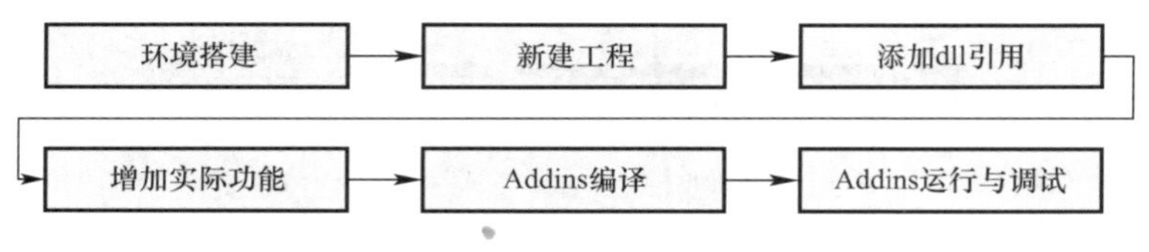

图 4-1　基于 C＃的 Addins 二次开发流程

4.2.3　Addins 基本结构

要使一个 . NET 程序集能够作为 Addins 在 Mstn 下运行，Addins 程序集需要包含：

（1）一个派生于 Bentley. MicroStation. Addin 的类；

（2）该派生类必须提供一个单参数（IntPtr 类型的 MDL 描述符）的构造函数，且该构造函数需要链接到基类构造函数上；

（3）该派生类必须覆盖 Addin 基类中的虚方法 Run（）。

4.2.4　创建简单的 Addins 程序

本案例采用的开发环境为 MicroStation V8i SS4 ＋ VS2010，下同。

（1）启动 VS2010，新建一个类库工程，如图 4-2 所示，. NET Framework 版本设置为 3. 5。

图 4-2　项目建立界面

（2）在解决方案资源管理器中右击 mytool 项目，在弹出的菜单中选择属性打开项目属性窗体，如图 4-3 所示。在生成页面下的输出路径中选择 Mstn 下的 mdlapps 文件夹，默认路径为 C：\ Program Files（x86）\ Bentley \ MicroStation V8i（SELECTseries）\ MicroStation\mdlapps，如图 4-4 所示。

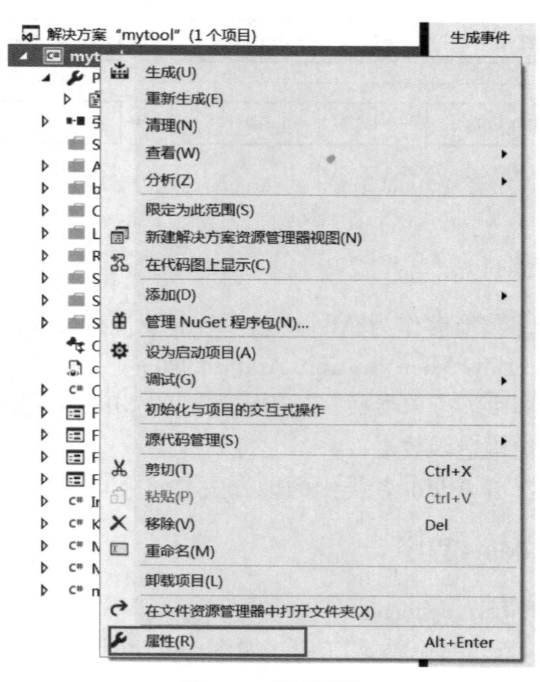

图 4-3　项目属性

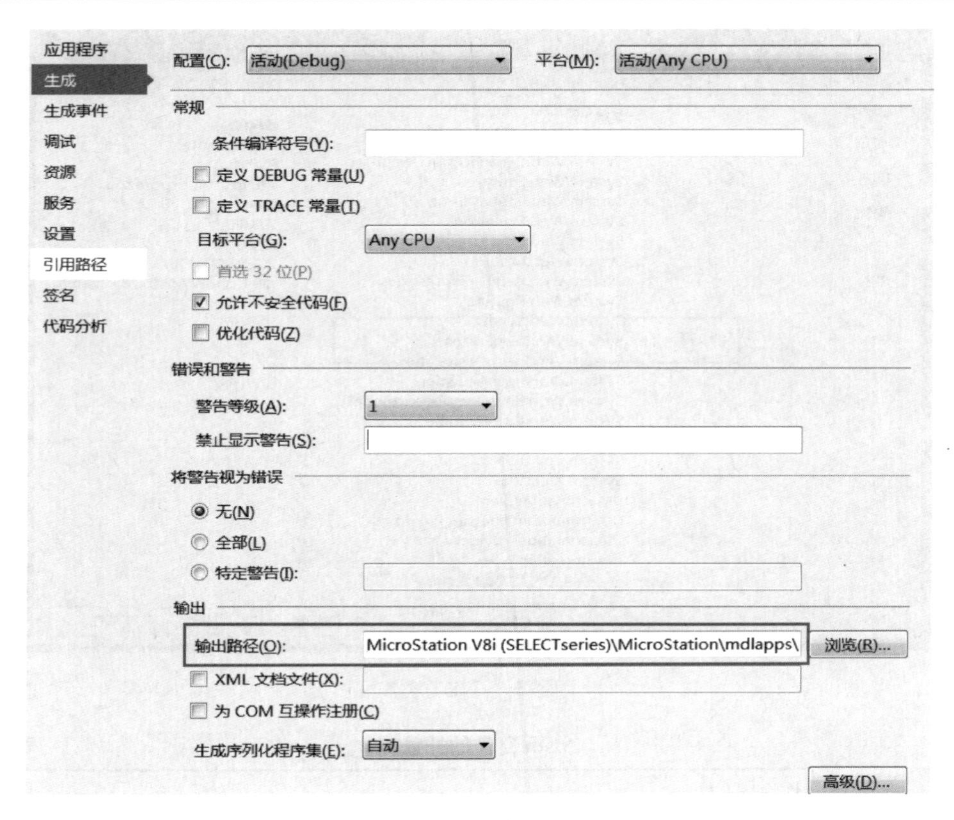

图 4-4　输出路径设置

（3）添加引用，在解决方案资源管理器中右击引用，在弹出的菜单中选添加引用，如图 4-5 所示。本步中需要添加两类引用：一类是 .NET 类库，如图 4-6 所示；另一类是 Mstn 自带的托管库，Mstn 自带的托管库在其安装目录及其子目录 assemblies 中，常用的引用见表 4-2。

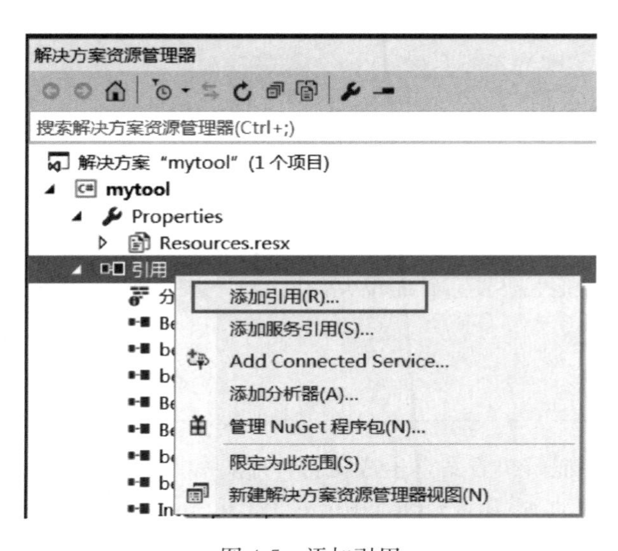

图 4-5　添加引用

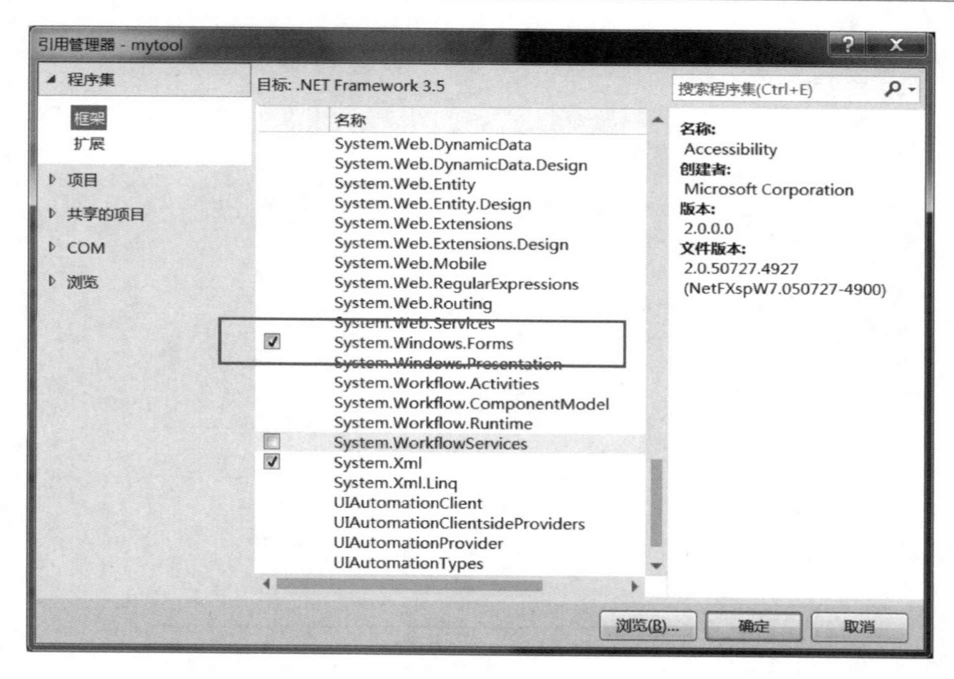

图 4-6 .NET 类库

Mstn 自带的托管库 表 4-2

库连接文件	库连接文件
1. bentley. General. 1. 0. dll	5. bentley. MicroStation. Hosting. dll
2. bentley. interop. microstationdgn. dll	6. bentley. microstation. interfaces. 1. 0. dll
3. bentley. microstation. dll	7. bentley. windowing. dll
4. bentley. MicroStation. General. dll	8. ustation. dll

(4) 修改主程序代码如下：

```
internal sealed class mytool: Bentley. MicroStation. AddIn
    {
        private mytool (System. IntPtr mdlDesc): base (mdlDesc)
        {
        }
        protected override int Run (System. String [] commandLine )
        {
            MessageBox. Show ("HelloWord");
            return 0;
        }
}
```

(5) 编译，点击生成解决方案，生成执行程序，如图 4-7 所示。

(6) 运行程序，启动 Mstn，点击 Utilities→Key-in 可以打开命令键入对话框，键入 mdl load mytool 并回车，此时弹出一个写着 Hello World 的消息框弹，如图 4-8 所示。

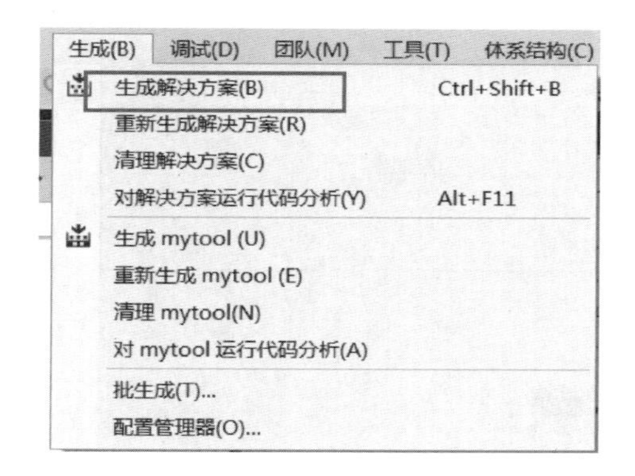

图 4-7　生成执行程序

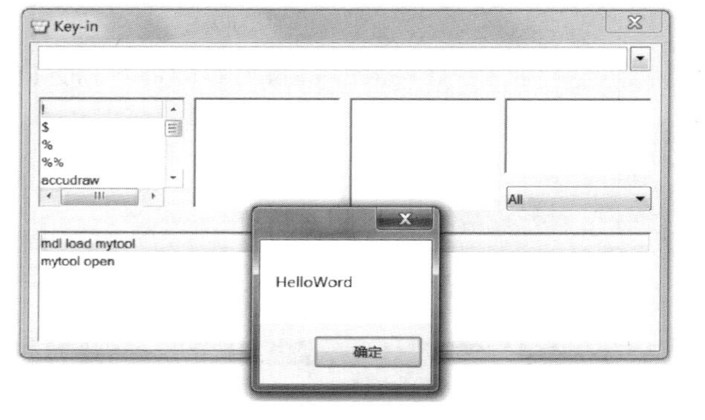

图 4-8　Hello World 消息框执行结果

4.2.5　创建简单元素

（1）在 VS 下新建一个类 CreateElement，如图 4-9 所示。

（2）增加一个线串，修改 CreateElement. cs 代码如下：

```
class CreateElement
    {
        public static void CreateLineString ()
        {
            Bentley. Interop. MicroStationDGN. Application app = Utilities. ComApp;
            Point3d p1=app. Point3dFromXY (100, 200);
            Point3d p2=app. Point3dFromXY (200, 300);
            Point3d p3=app. Point3dFromXY (300, 100);
            Point3d p4=app. Point3dFromXY (400, 100);
            Point3d p5=app. Point3dFromXY (500, 500);
            Point3d [] thisLineP=new Point3d [] {p1, p2, p3, p4, p5 };
            LineElement thisLine= app. CreateLineElement1 (null, ref thisLineP);
            thisLine. Color=1;
            thisLine. LineWeight=2;
            app. ActiveModelReference. AddElement (thisLine);
        }
    }
```

（3）修改 mytool. cs 文件代码如下：

```
    internal sealed class mytool : Bentley. MicroStation. AddIn
    {
        private mytool (System. IntPtr mdlDesc): base (mdlDesc)
        {
        }
        protected override int Run (System. String [] commandLine)
```

```
            {
                CreateElement.CreateLineString ();
                return 0;
            }
}
```

(4) 执行结果如图 4-10 所示。

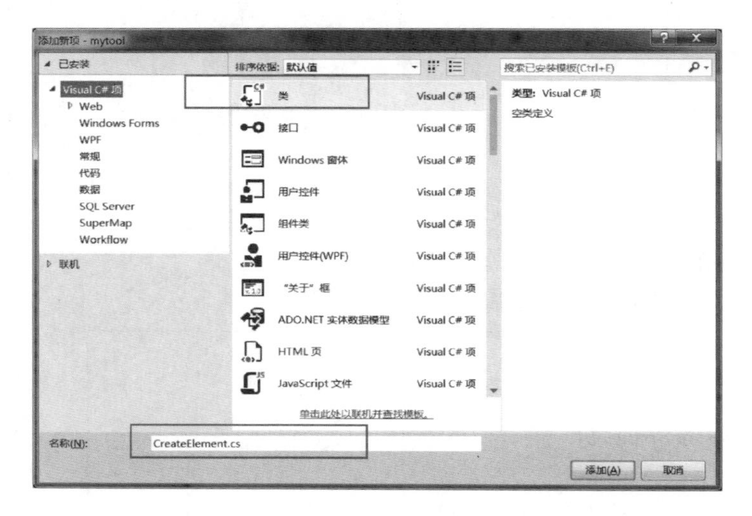

图 4-9　项目类建立界面

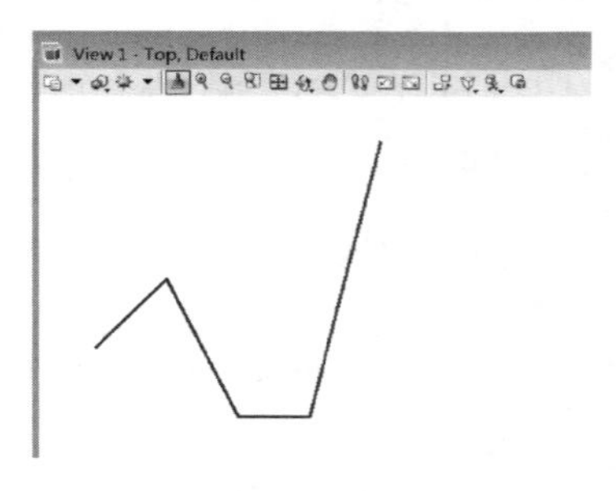

图 4-10　折线图形执行结果

4.2.6　创建 Windows 窗体

(1) 在 VS 下新建一个 Windows 窗体 FrmMain，如图 4-11 所示。

(2) 在窗体上添加所需控件，添加了"确定"按钮和"关闭"按钮。如图 4-12 所示。

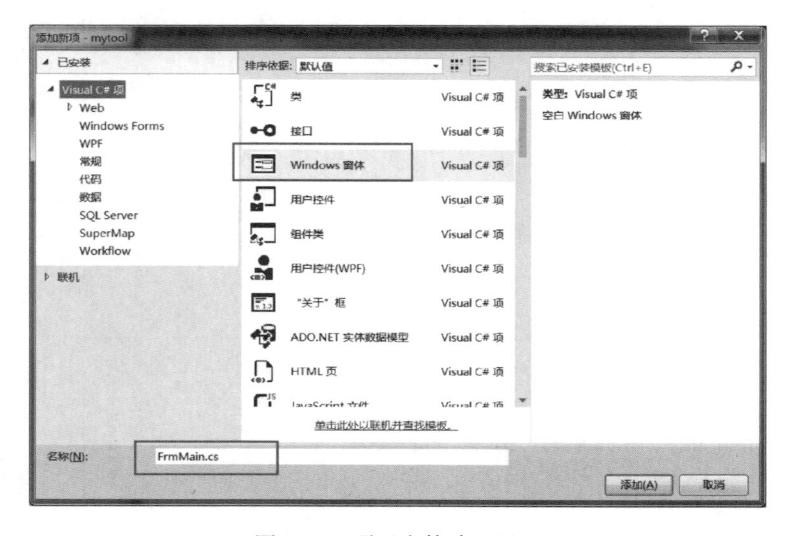

图 4-11　项目窗体建立界面

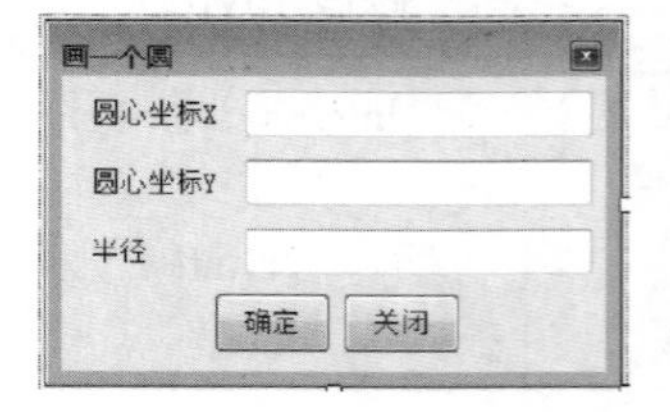

图 4-12　窗体界面布置

（3）为使窗体在Mstn中浮于其他窗体之上，需要该窗体派生于Bentley. MicroStation. WinForms. Adapter类，修改FrmMain. cs代码如下：

```
using BMW = Bentley. MicroStation. WinForms;
using BMI = Bentley. MicroStation. InteropServices;
using BCOM = Bentley. Interop. MicroStationDGN;
namespace mytool
{
    // public partial class FrmMain : Form
    public partial class FrmMain : BMW. Adapter
    {
        public FrmMain ()
        {
            InitializeComponent ();
        }
        private void button_ok_Click (object sender, EventArgs e)
        {
        }
        private void button_close_Click (object sender, EventArgs e)
        {
        }
    }
}
```

（4）添加“确定”按钮单击事件的业务代码如下：

```
private void button_ok_Click (object sender, EventArgs e)
        {
            double result;
            if (double. TryParse (textBoxX. Text. Trim (), out result) ==false | |
                double. TryParse (textBoxY. Text. Trim (), out result) ==false | |
                double. TryParse (textBoxR. Text. Trim (), out result) ==false)
        {
              MessageBox. Show (" 数据格式不对", " 信息提示");
              return;
        }
        double X = Convert. ToDouble (textBoxX. Text);
        double Y = Convert. ToDouble (textBoxY. Text);
        double R = Convert. ToDouble (textBoxR. Text);
        BCOM. Application app = Utilities. ComApp;
        Point3d centerP= app. Point3dFromXYZ (X, Y, 0);
        Point3d p1= app. Point3dFromXYZ (X + R, Y, 0);
```

```
        Point3d p2= app. Point3dFromXYZ (X - R, Y, 0);
        Point3d p3= app. Point3dFromXYZ (X, Y + R, 0);
        EllipseElement thisEllipse= null;
        thisEllipse= app. CreateEllipseElement1 (null, ref p1, ref p2, ref p3);
        thisEllipse. Color = 3;
        thisEllipse. LineWeight = 2;
        app. ActiveModelReference. AddElement (thisEllipse);
    }
```

(5) 修改 mytool. cs 文件代码如下：

```
public static mytool s _ addin=null;
    public static BCOM. Application s _ comApp=null;
    private mytool (System. IntPtr mdlDesc): base (mdlDesc)
    {
        s _ addin=this;
    }

    protected override int Run (System. String [] commandLine )
    {
        FrmMain thisFrmMain=new FrmMain ();
        thisFrmMain. AttachAsTopLevelForm (mytool. s _ addin, true);
        thisFrmMain. Show ();
        return 0;
    }
```

(6) 执行结果如图 4-13 所示。

图 4-13　圆形图形执行结果

4.2.7　调试 Addins

Addins 应用程序是基于 . NET 框架的程序集，它会被装载到一个应用程序域内来运行。当使用 MDL LOAD 命令加载了一个 Addins 程序后，它被加载到了默认应用程序域 DefaultDomain 中，此时程序集是不能被直接卸载的，也就无法重新被加载。

为了不退出 MicroStation 实现 Addins 程序集的加载和卸载，使用 MDL LOAD***,, MyDomain 加载程序集，使用 CLR UNLOAD DOMAIN MyDomain 卸载程序集，这样就保证了程序集可以反复加载和卸载。CLR 对于大多数 Addins 应用程序有效，因此能大大方便调试程序。

Addins 调试有两种方法：

方法一：

（1）在项目属性页面中设置输出路径为 C:\Program Files（x86）\Bentley\MicroStation V8i（SELECTseries）\MicroStation\mdlapps，此路径为默认路径，如图 4-14 所示。

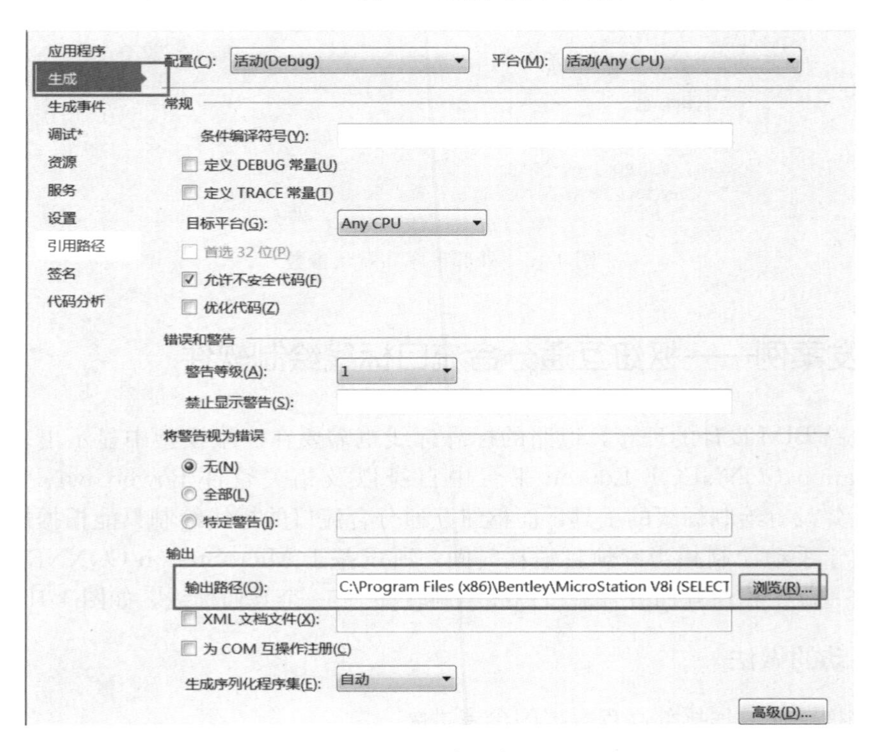

图 4-14　默认路径

（2）设置外部程序和默认参数，外部程序为 Mstn V8i SS4 的 ustation. exe，默认路径为 C:\Program Files（x86）\Bentley\MicroStation V8i（SELECTseries）\MicroStation\ustation. exe，命令行参数指定一个测试 dgn 文件，如图 4-15 所示。

（3）按 VS2010 的调试方法进行调试即可。

方法二：

采用附加进程的方式进行调试。启动 MicroStation，在程序的代码上设置断点，在 VS 中选菜单 Debug（调试）→Attach to Process（连接到进程），在弹出的“连接到进程”对话框中的“进程列表”中选择 ustation. exe。回到 MicroStation，在 Key-in 中键入 MDL LOAD***,, MyDomain，此时程序进入调试状态。当点击调试工具栏的停止按钮后，Addins 程序退出，如果需要进行下一次调试，键入 CLR UNLOAD DOMAIN MyDomain 卸载程序，然后再重新加载程序进行调试。这样就不需要反复打开和关闭 MicroStation 软件。

图 4-15　外部程序和默认参数

4.3　开发案例——枢纽互通分合流口标线绘制软件

基于道路 BIM 设计的理念，道路的标志标线也需要在三维模型中显示出来。但是目前 MicroStation CONNECT Edition 平台中自身以及相关软件 PowerCivil、OpenRoads Designer 等并没有绘制标线的工具，而枢纽互通分合流口的标线绘制只能根据规范要求手动绘制。由于手动绘制相当麻烦且消耗时间，所以基于 MicroStation CONNECT Edition 平台开发出一款“枢纽互通分合流口标线绘制软件”。一个互通标线，如图 4-16 所示。

4.3.1　手动的做法

（1）先把互通的连接部高程数据图参考进来。

（2）绘制行车道实线和虚线。

（3）按规范要求绘制一个标线箭头（用多边形绘制）和标线箭头的中心轨迹，如图 4-17 所示。

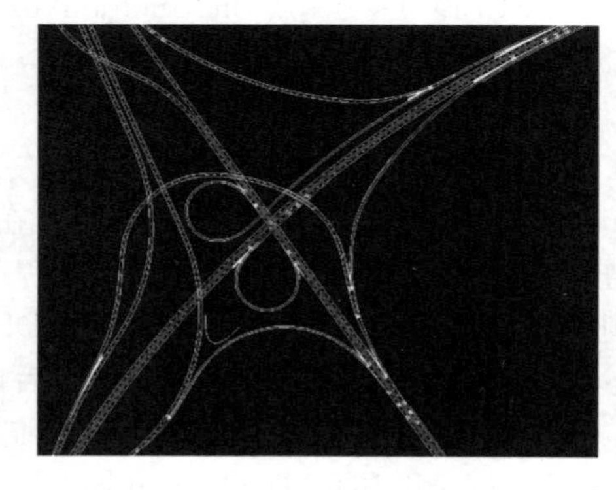

图 4-16　互通标线简图

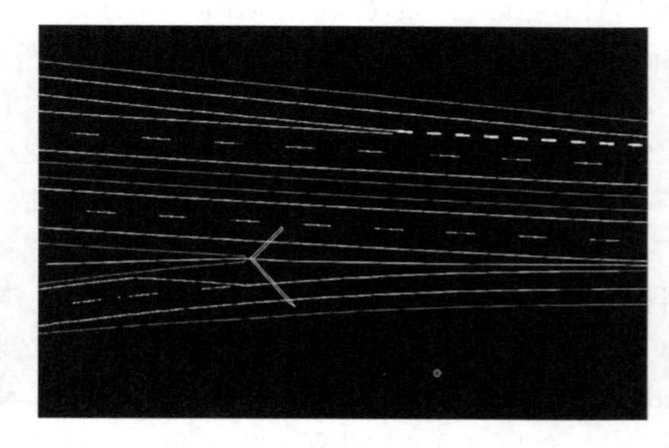

图 4-17　按规范要求绘制标线箭头

（4）利用阵列命令沿箭头轨迹线阵列出所有的标线箭头，如图 4-18 所示。

（5）由于标线箭头不能直接剪切，所以需要一个一个手动调。最后调成实际需要的标线，如图 4-19 所示。

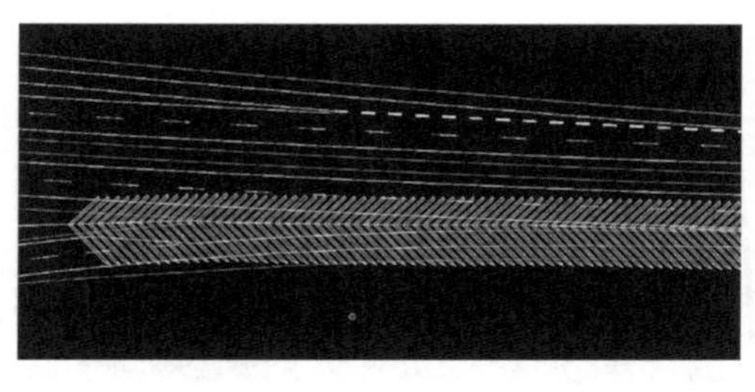

图 4-18　利用阵列命令绘制标线箭头

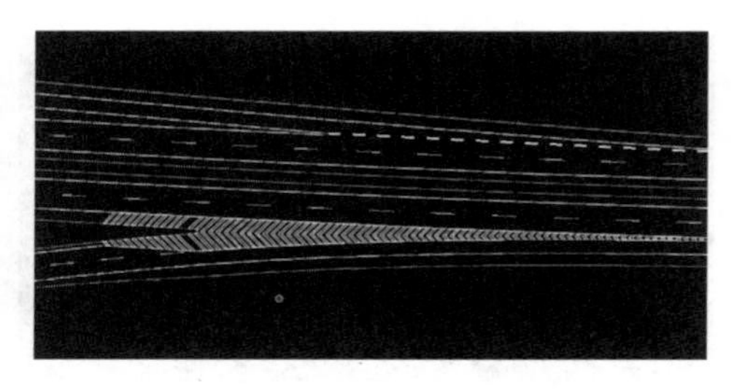

图 4-19　实际需要的标线

（6）按（1）～（5）的步骤绘制出所有的分合流口标线。

手动绘制分合流口标线非常不方便且消耗时间，像这样的一个互通，光绘制分合流口标线大概需要 4d 的时间，而且非常考验工程师的耐心。

4.3.2　软件实现功能

根据规范要求，基于 MicroStation CONNECT Edition 平台开发的“枢纽互通分合流口标线绘制软件”，能快速地把分合流口标线绘制出来。开发流程如图 4-20 所示。

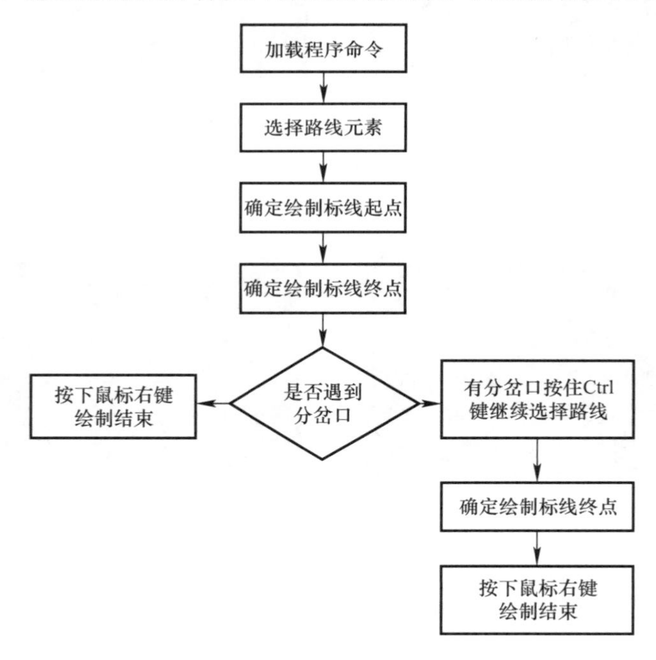

图 4-20　开发流程

操作流程：

（1）MicroStation CONNECT Edition 软件打开设计文件模型后，该工具会被自动加载。

首先需要将代码生成的 . ma 文件和 . dll 文件加载到 MicroStation CONNECT Edition 安装目录下，根据设计需求，使用步骤如下：首先设计人员利用鼠标左键先后选择两条路线元素，然后确定绘制标线的起点和终点，最后点击鼠标右键结束命令。当在绘制标线的过程中遇到第三条路线时，标线会自动截断，如图 4-21 所示。

（2）选择其中要绘制标线的两条路线，如图 4-22 所示。

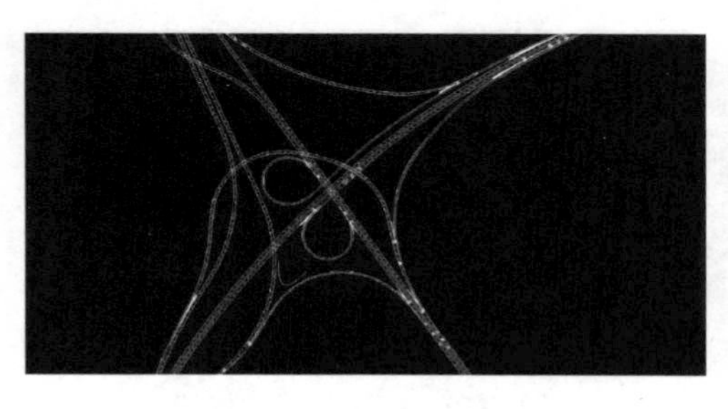

图 4-21 设计文件模型图

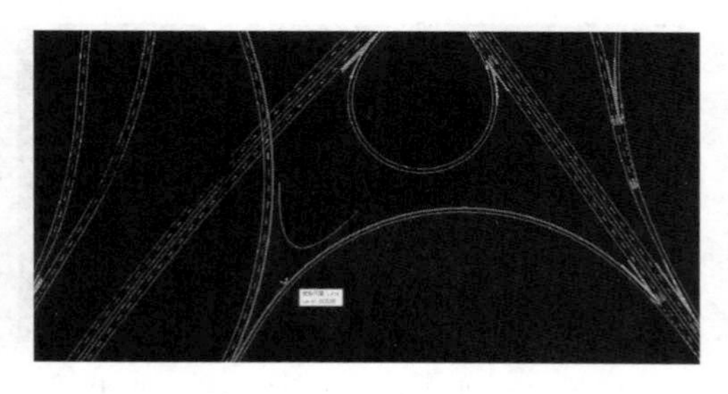

图 4-22 选中路线元素图

（3）路线选中后，用鼠标左键确定绘制标线的起点，如图 4-23 所示。

（4）继续用鼠标左键确定绘制标线的终点，如图 4-24 所示。

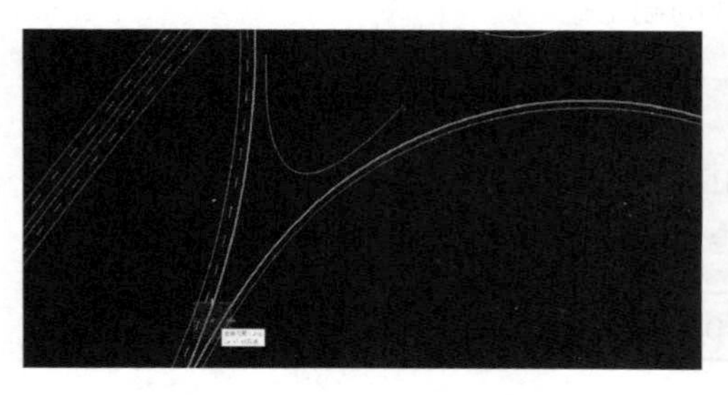

图 4-23 确定标线起点图

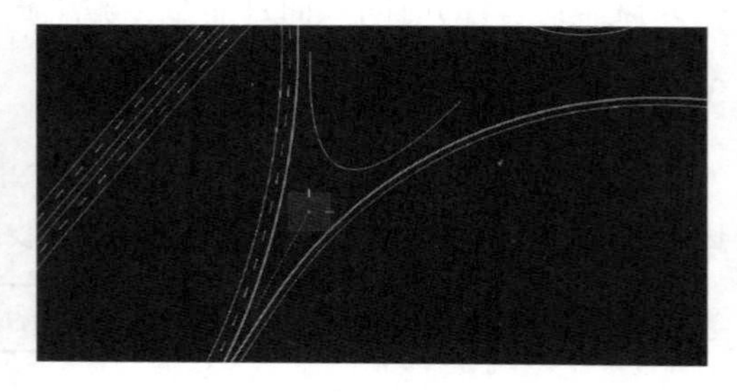

图 4-24 确定标线终点图

（5）确定终点位置后标线开始绘制，如果鼠标一直往前移动，则标线继续绘制，按鼠标右键则结束绘制功能，如图 4-25、图 4-26 所示。

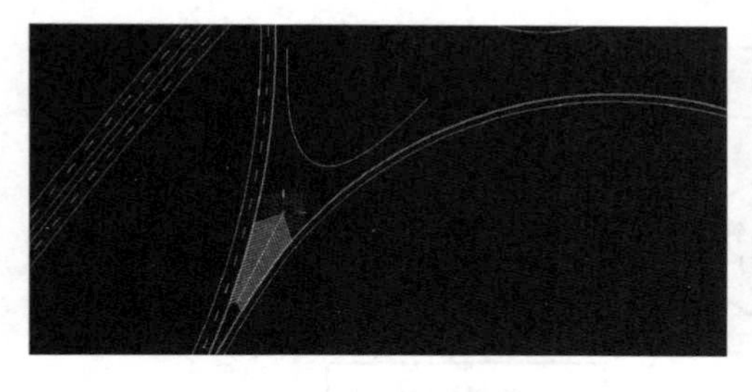

图 4-25 终点位置绘制标线图

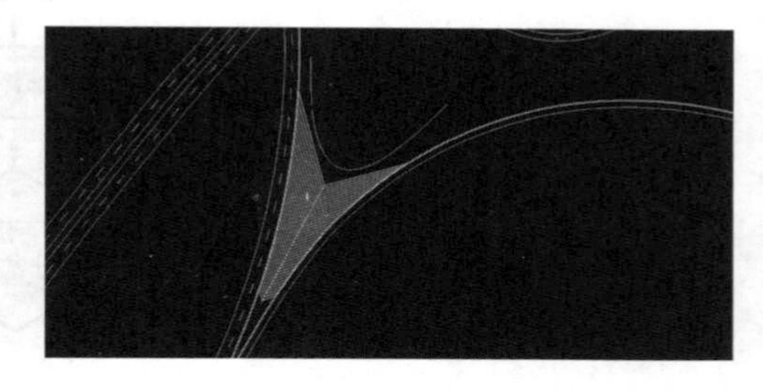

图 4-26 绘制标线图

（6）如果在绘制标线的过程中遇到分岔口，设计人员可以按住 Ctrl 键，继续选择分岔口路线，然后利用鼠标左键确定绘制标线终点，则标线遇到分岔口路线时会自动断开，如图 4-27 所示。

（7）如果在绘制标线的过程中，终点位置超过了预期的位置，按住 Ctrl+Z 键可以撤销到前一个鼠标点位置，标线也返回到前一个鼠标点位置，如图 4-28 所示。

（8）当点击鼠标右键时，则该功能命令结束，标线绘制完成，如图 4-29 所示。

利用“枢纽互通分合流口标线绘制软件”绘制如图 4-16 所示的互通分合流口标线，需要 40min 左右的时间。这大大提高了工程师的工作效率。

图 4-27　分岔口绘制标线图

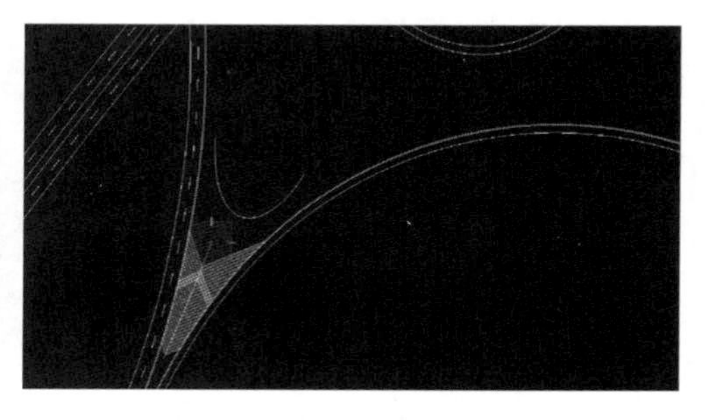

图 4-28　改变终点位置图

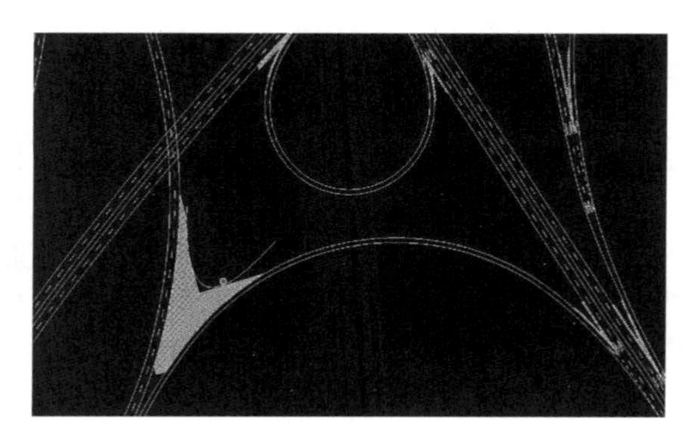

图 4-29　绘制标线结束图

案例提供单位：河南省交通规划设计研究院股份有限公司。

第 5 章　达索（Dassault）平台

5.1　CATIA 软件二次开发概述

5.1.1　软件介绍

CATIA 是法国达索公司的 CAD/CAE/CAM 一体化软件，从 1981 年到 1988 年相继推出了 V1、V2、V3、V4 版本，1999 年推出了 V5 版本。广泛应用于航空航天、汽车制造、造船、机械制造、电子、电器、机械设计、消费品行业，它的集成解决方案覆盖了所有的产品设计与制造领域，其特有的 DMU 电子样机模块功能及混合建模技术更是推动着企业竞争力和生产力的提高。CATIA 提供方便的解决方案，可整合所有工业领域的大、中、小型企业需要。

2012 年达索系统推出 3DEXPERIENCE 平台概念，如图 5-1 所示，极大地扩展了达索系统的云产品，已成为云端提供的最大产品创新平台产品。

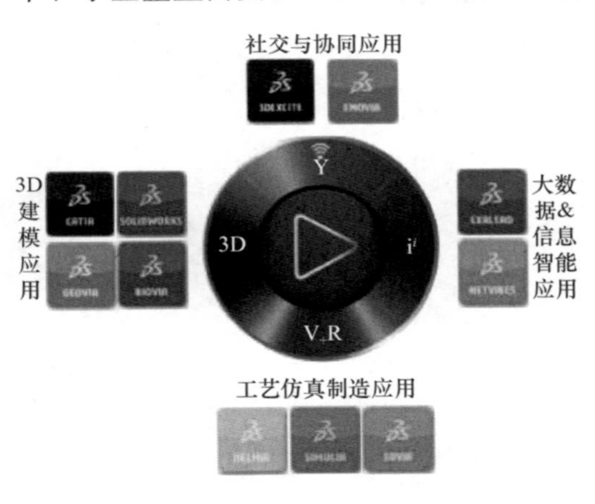

图 5-1　达索系统 3DEXPERIENCE 平台

CATIA V6 提供了新一代的协同设计软件，通过 3DEXPERIENCE 平台，可为数字化企业的产品开发工作建立环境。在这个环境中，可以对产品开发过程的各个方面进行仿真，并能够实现工程人员和非工程人员之间的电子通信。产品整个开发过程包括概念设计、详细设计、工程分析、成品定义和制造乃至成品在整个生命周期中的使用和维护。

1. 达索系统的 3DEXPERIENCE 平台

达索系统的 3DEXPERIENCE 平台提供了 API 支持。可以使用脚本语言访问自动化对象，以捕获它们自己的知识并提高生产率。可以自定义应用程序以自动化重复的任务并使其适合自己的过程。

自动化允许应用程序相互通信、交换数据和相互控制。具体地说，自动化允许客户端应用程序使用公开对象的接口创建和控制对象。自动化功能非常强大，设计人员可以使用此技术访问支持自动化的任何应用程序的功能。

2. CATIA 的主要功能

CATIA 具有强大的参数化设计能力以及“骨架线＋模板”的设计方法学。设计人员只需要通过骨架线定义模型的基本形态，再通过构件模板和逻辑关系来生成模型细节。一且调整骨架线，所有构件的尺寸可自动重新计算生成，极大地提高效率。因此，CATIA 具有在项目整个生命周期内的强大修改能力，即使是设计最后阶段的进行重大变更也能顺利进行。

在 CATIA 应用的前期，往往要建立一定数量的参数化模板库和逻辑脚本，用于把企业的专业知识固化下来。此后，在规模化的项目设计中，设计师只需要调用现成的模板和脚本，就可按照企业的设计规范和质量完成高速高效的设计。设计变更也能够快速进行。

用户可在 CATIA 中定义各种参数化设计模板和脚本，从而进行智能化设计。同时，CATIA 提供多种二次开发方式，包括宏命令、Automation 方式（可通过 VBA 开发）、CAA 方式（可通过 C++开发）等，可支持用户开发自动化设计功能。

3. 正向设计（Component Based Design）

达索系统的 3DEXPERIENCE R2018x 版解决方案现已正式发布。针对土木工程行业的 CATIA Civil Engineering（简称 CIV）模块中，增加了大量土木工程行业新功能。

Component Based Design，简称 CBD，是 CIV 模块中专门支持土木工程正向设计流程的独特设计方法。它使用用户特征来创建方案设计阶段的 LOD100～200 模型，而详细的工程模板用于创建 LOD300～400 级别的深化设计模型。通过将特征替换为工程模板，就可以实现从方案设计到深化设计的连续演进，从而支持正向设计流程。因此，CBD 也叫连续 LOD 的设计方法。

CBD 方法大幅度简化了用户对知识工程的要求，可以帮助用户快速入门。例如，模板工程师会制作模板即可，不需要会写知识工程代码来实现模板的实例化；而设计师只需要会用模板即可。模板工程师制作模板后，用 CBD 方法将模板与对象类型关联，设计师就可以快速简单地使用这些模板对象了。

平台预定义了桥梁相关的模板，如桥台、桥梁和桥墩等，CBD 中的“桥梁设计助手”命令可以快速地搭建简单桥梁骨架模型，用于概念设计。

5.1.2 二次开发方式

CATIA 基于开放式可扩展的架构，用户可以方便地通过二次开发扩展其应用功能。CATIA 提供了两种编程 API，一种是 Automation API，采用组件对象模型（Component Object Model，COM）技术把相关模块接口封装在独立的组件内；另一种是 C++/Java API，在 C++的快速集成开发环境（RADE）中进行程序设计。

1. 面向对象技术二次开发

CATIA Automation API 采用面向对象技术设计，把所有基于 Automation API 的 CATIA 二次开发统称为 CATIA VBA 二次开发。由于 COM 技术支持几乎所有程序语言，所以 CATIA VBA 二次开发也可以采用各种编程语言来实现。按照使用语言的不同，CATIA VBA 二次开发的开发模式大体有如下几种：

（1）VBA Project：采用 CATIA 提供的 VBA 集成开发环境（IDE）进行程序设计，项目是进程内应用程序，能够设计窗体界面，可以方便地把生成的程序添加到 CATIA 工具条中。

（2）CATIA 宏脚本：采用 VBScript 语言编写代码，也可以把程序集成到 CATIA 工具条中，但脚本程序的输入输出功能较弱，无法实现复杂的交互界面。

（3）其他脚本语言：采用 VBScript、JavaScript、Python 等语言编写代码，在 CATIA 以外执行，特点是可以写成比较短小灵活的代码集成到其他应用中。

（4）高级语言编写的程序，如 VB. net、C#。可以制作比较复杂的交互界面，可以利用 . net 的优势简化复杂业务流程设计任务。

2. 知识工程

知识工程（Knowledge Engineering，KE）的概念和技术由美国斯坦福大学计算机科学系费根鲍姆（FE IGENBAUM E A）教授于 1977 年在第五届国际人工智能联合大会上第一次提出。它是以知识本身为处理对象，研究如何使用人工智能的原理和方法来设计、构造和维护知识型系统的一门学科。另一个相似的概念是基于知识的工程（Knowledge Based Engineering，KBE），目前尚无统一的定义，但可以理解为 KBE 体现了知识工程在各个领域中的应用，它能够自动地诱导产品设计人员进行产品的设计活动，如规划、造型和评价等。众多学者倾向于将知识工程（KE）和基于知识的工程（KBE）统称为知识工程。

将三维 CAD 实体建模技术与知识库集成，是实现快速设计和技术创新的前提。基于知识工程的 CAx 系统起源于 20 世纪 90 年代初的美国，CATIA 是最早的基于知识工程的 CAx 软件之一。

CATIA 知识工程将一些诸如经验公式、分析算法、优化计算、条件控制等智能知识打包到一个盒子中，只留出几个条件输入参数接口。设计人员在进行设计时，不需要关心盒子中到底有哪些内容，而只需要知道目标模型所属的类型及确定目标模型具体细节的几个关键输入参数即可。调用模型时，通过输入参数，调用打包在模型内部的一系列计算公式及判断条件，自动进行一系列的内部运算与调整，快速生成符合用户设想的几何模型。这是 CATIA 知识工程的实质。

这种简单的类似于面向对象的操作，使得设计人员在设计时不需要关心建模的具体过程，而将更多的精力投入到真正的设计及创新中。

5.1.3 二次开发规划

二次开发实施规划方案的合理与否，直接决定着企业二次开发的成功与否。知识，是企业的知识，知识工程是将企业的知识进行总结、打包的工程，这就决定了任何一个二次开发项目都需要在对企业做了大量调研、分析的基础上进行规划，而没有一个一成不变的方案。通常根据设计人员规模、设计产品复杂程度、产品结构树层次深度等的不同，企业的二次开发方案会有很大的不同。

二次开发方案规划，应当遵循以下步骤：

（1）梳理企业的设计操作流程，分析出若干关键结点，整理出《企业设计操作关键节点示意图》。

（2）对《企业设计操作关键节点示意图》中分析出的关键结点做进一步分析，比如哪些结点可以通过宏命令代替、哪些结点可以通过对标准模型的修改实现，整理出《企业设计关键操作分析对照表》。

（3）将《企业设计关键操作分析对照表》中可以通过宏命令代替的操作列入二次开发计划，将可以通过标准模型修改实现的操作列入知识工程开发计划，整理出《企业知识工程及二次开发功能需求清单》。

对于哪些操作该列入二次开发计划、哪些操作该列入知识工程开发计划我们根据经验提供了判断标准。实际上，众多企业的知识工程实施过程往往同时伴随着二次开发的实施。

优先列入知识工程开发计划的操作类型包括：

1）输出结果为几何元素；

2）原始模型复杂；

3）建模过程参考元素较多；

4）建模过程中需要人工交互。

优先列入二次开发计划的操作类型包括：

1）输出结果为文档或者文件；

2）操作本身是系列简单操作的机械重复；

3）操作过程中很少需要人工交互。

根据列入《企业知识工程及二次开发功能需求清单》的知识工程部分的操作类型及数量等因素，制定知识库的管理、调用方案，形成《企业知识库管理方案》。

5.2　CATIA VBA 二次开发

5.2.1　CATIA 二次开发简介

自动化（CATIA Automation API，CAA）允许应用程序相互通信、交换数据和相互控制，具体地说，自动化允许客户端应用程序使用公开对象的接口创建和控制对象。达索系统 3DEXPERIENCE 平台提供了一个开放的支持自动化环境，用户可以使用脚本语言访问 CAA 自动化对象，以捕获他们自己的知识并提高生产率。用户可以自定义应用程序以自动化重复的任务并使其适合自己的过程。

5.2.2　自动化入门

自动化这个词指的是通过一个机制来代替人类的努力。它主要是自动记录、处理和控制信息的艺术。它有助于自动化重复的任务从而节省时间和提高生产率。工作量的增加、重复的任务、时间的匮乏是造成自动化的主要因素。除了花费较少的精力和时间，它还提高了质量和准确性。

5.2.3　3DEXPERIENCE 自动化

3DEXPERIENCE 平台提供了使用脚本语言访问自动化对象的功能，从而提高了生产率。用户可以根据流程自定义应用程序以自动执行重复的任务。3DEXPERIENCE 平台中的自动化功能支持多种应用程序，如图 5-2 所示。

脚本允许用户以简单的方式编程 3DEXPERIENCE 功能。由于巨大的和重复性的任务可以自动化，因此节省了时间且最大限度地减少了手动错误。自动化允许 3DEXPERIENCE 与其他自动化服务器（如 Word \ Excel）共享对象。3DEXPERIENCE 中的自动化在解释环境中使用 COM（组件对象模型），它促进了几个进程之间的通信。

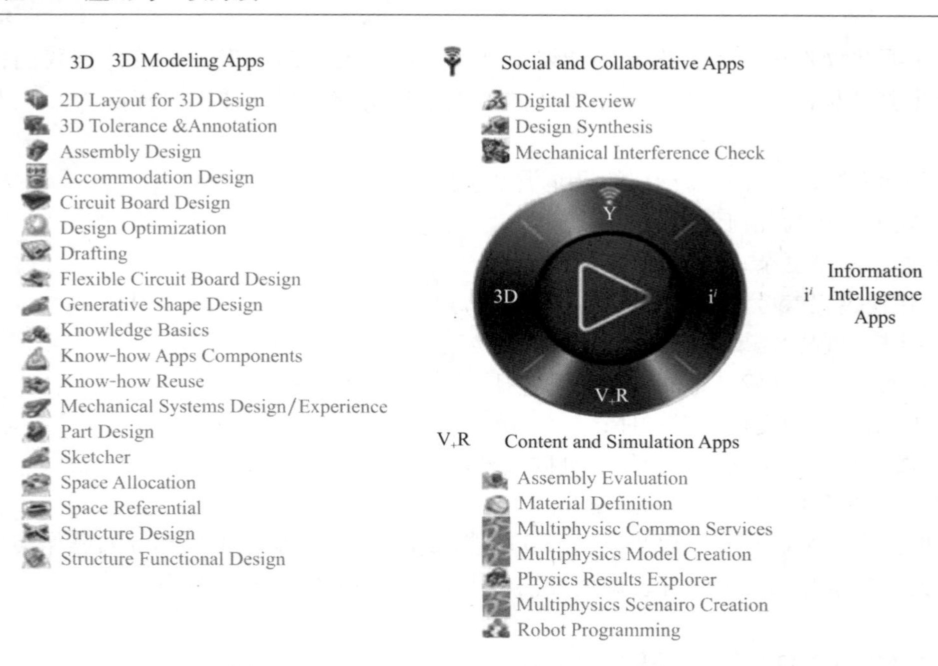

图 5-2　3DEXPERIENCE 平台中的自动化功能

5.2.4　创建第一个宏脚本

CATIA 宏（Macro）是达索公司向用户提供的一种记录、重放用户操作的工具。当用户激活“录制宏”操作时，系统把用户操作历史录制成脚本代码。

1. 宏库建立

宏库只是宏的集合。它可以被看作是存储所有宏的文件夹。使用“宏库”对话框，用户可以选择所需的库。可以从“宏”面板中的“宏库...”按钮进行访问。如图 5-3 所示。

宏库建立按照以下步骤操作：

（1）按住 Alt + F8 键创建宏库，如图 5-4 所示。或者，用户也可以从操作栏的“工具”部分访问宏库。如图 5-3 所示，选择“宏”，显示如图 5-4 所示。

（2）单击“宏库”按钮，选择宏库类型（PLM VBA 项目），如图 5-5 所示。打开“宏库”面板，输入宏库名称，如图 5-6 所示。

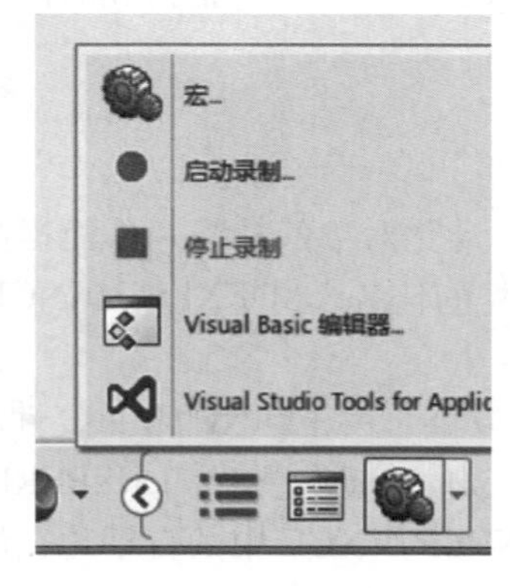

图 5-3　访问宏库菜单

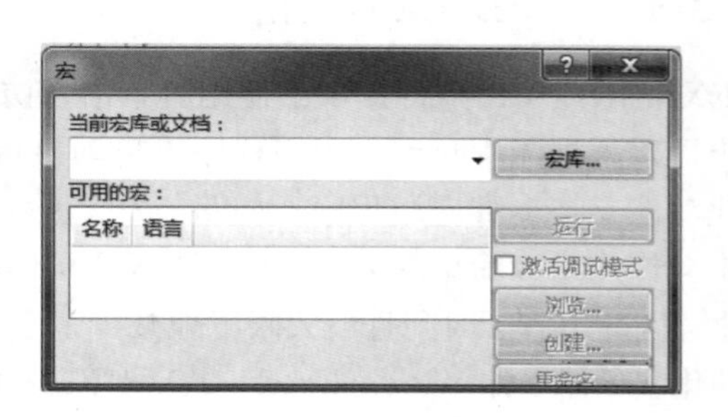

图 5-4　访问宏库界面

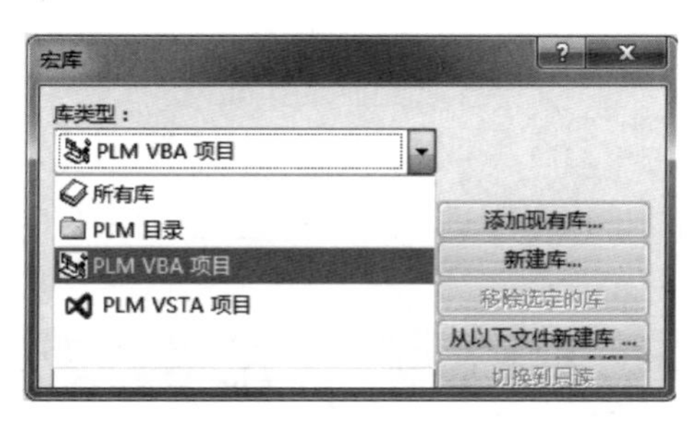

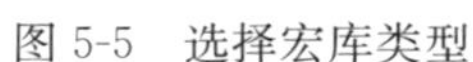
图 5-5　选择宏库类型

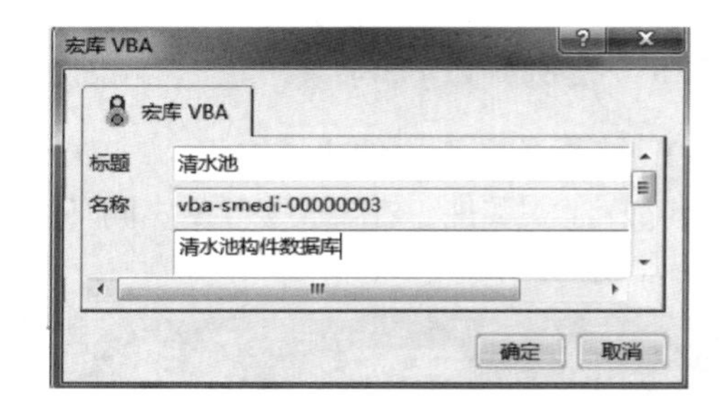

图 5-6　宏库名称输入

2. 宏建立操作

宏录制按照以下步骤操作：

（1）开始录制：从操作栏的"工具"部分访问宏库，如图 5-3 所示，选择"启动录制"，显示如图 5-7 所示，输入宏名称。

（2）结束录制：从操作栏的"工具"部分访问宏库，如图 5-3 所示，选择"停止录制"。

（3）查看录制代码：从操作栏的"工具"部分访问宏库，如图 5-3 所示，选择"visual Basic 编辑器"，显示如图 5-8 所示。

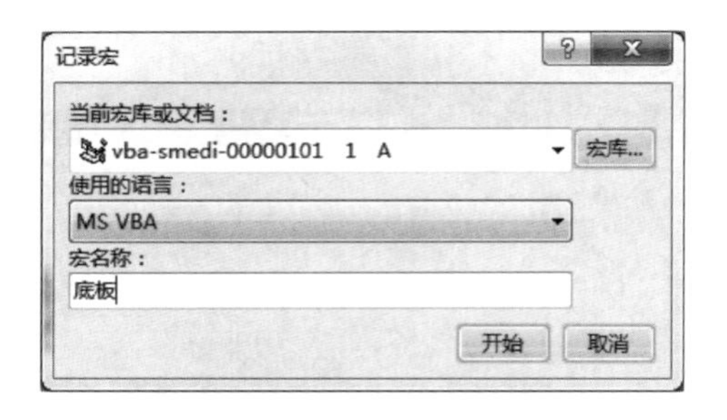

图 5-7　宏名称输入

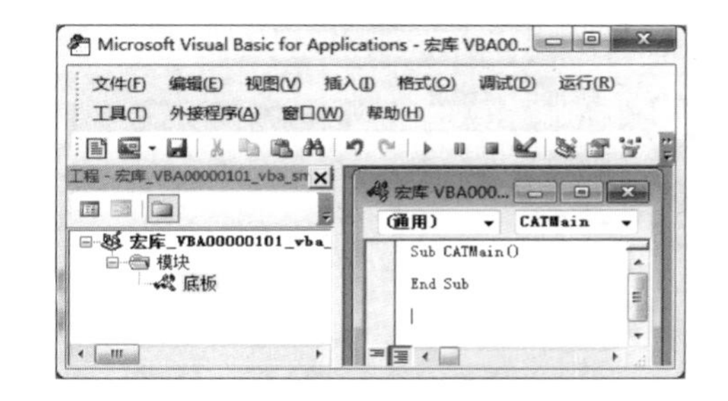

图 5-8　宏录制代码

（4）执行宏命令：从操作栏的"工具"部分访问宏库，如图 5-3 所示，选择"宏"，显示如图 5-9 所示，选择执行宏名称，执行结果如图 5-10 所示。

图 5-9　选择执行宏程序

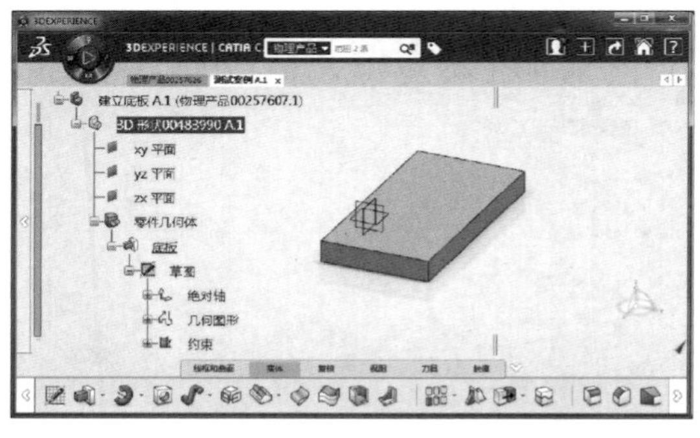

图 5-10　宏执行结果

5.2.5 案例开发代码

1. 清水池底板构件建模流程

（1）建立零件：在 ENOVIA 协同环境（见图 5-11）中进行。进入建立零件环境，如图 5-12 所示。

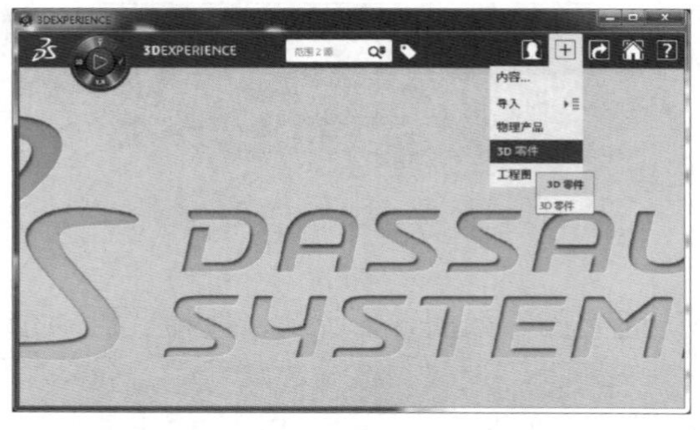

图 5-11 ENOVIA 协同环境

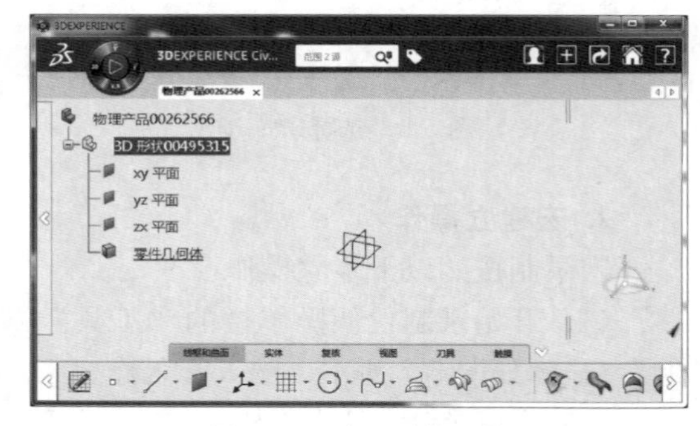

图 5-12 建立零件环境

（2）绘制草图：从建立零件环境进入绘制草图环境，如图 5-13 所示。选择草图绘制平面（坐标系），如图 5-14 所示。绘制底板形状草图，如图 5-15 所示。完成草图绘制后，退出绘制草图状态，如图 5-16 所示。

图 5-13 进入绘制草图环境

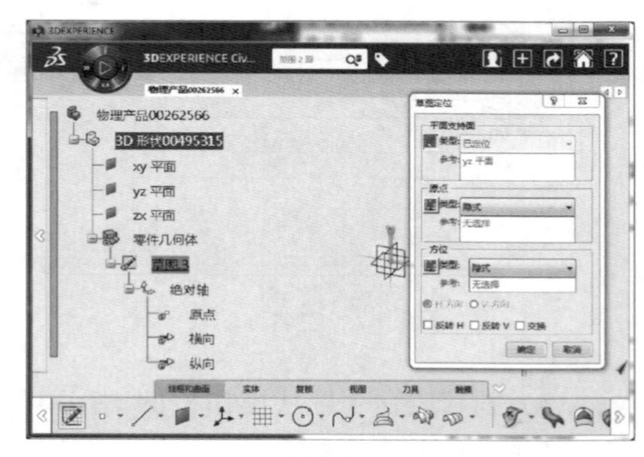

图 5-14 选择草图绘制平面

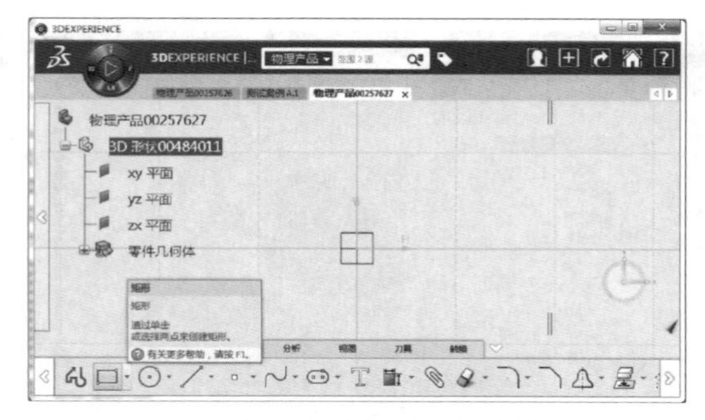

图 5-15 选择绘制几何形状

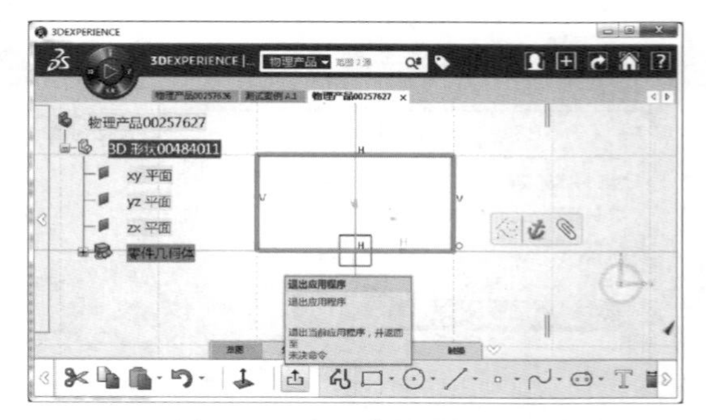

图 5-16 退出绘制草图状态

（3）建立实体：在建立零件环境，选择草图，选择实体形式，如图 5-17 所示。输入底板厚度，完成底板构件建立，如图 5-18 所示。

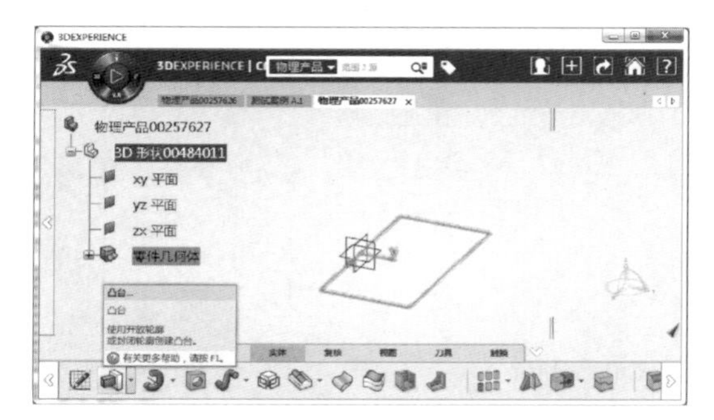

图 5-17 建立几何体、选择草图

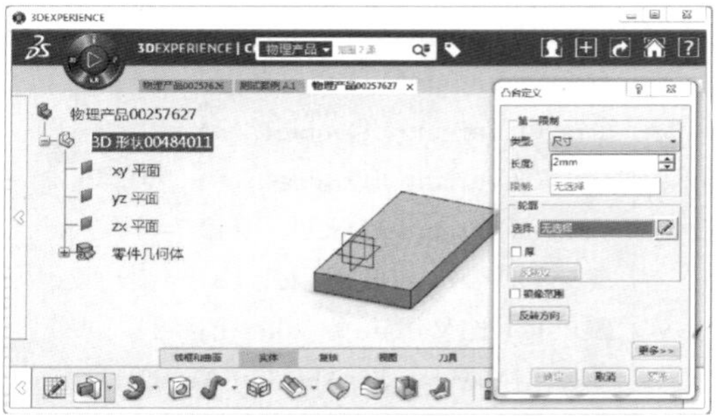

图 5-18 输入底板厚度

2. 建立零件环境宏代码

```
'进入 CATIA 环境
Dim editor1 As Editor
Set editor1 = CATIA. ActiveEditor
'进入零件环境
Dim part1 As Part
Set part1 = editor1. ActiveObject
'进入零件编辑状态（图 5-12）
Dim bodies1 As Bodies
Set bodies1 = part1. Bodies
'进入零件实体编辑状态
Dim body1 As Body
Set body1 = bodies1. Item（"零件几何体"）
```

3. 绘制草图环境宏代码

```
'进入绘制草图环境（图 5-13）
Dim sketches1 As Sketches
Set sketches1 = body1. Sketches
'选择草图原点
Dim originElements1 As OriginElements
Set originElements1 = part1. OriginElements
'引用坐标平面
Dim reference1 As Reference
Set reference1 = originElements1. PlaneXY
'选择草图绘制平面（图 5-14）
Dim sketch1 As Sketch
Set sketch1 = sketches1. Add（reference1）
'建立坐标系
Dim arrayOfVariantOfDouble1（8）
arrayOfVariantOfDouble1（0）=0#
arrayOfVariantOfDouble1（1）=0#
arrayOfVariantOfDouble1（2）=0#
```

```
arrayOfVariantOfDouble1 (3) =1#
arrayOfVariantOfDouble1 (4) =0#
arrayOfVariantOfDouble1 (5) =0#
arrayOfVariantOfDouble1 (6) =0#
arrayOfVariantOfDouble1 (7) =1#
arrayOfVariantOfDouble1 (8) =0#
Set sketch1Variant = sketch1
sketch1Variant. SetAbsoluteAxisData arrayOfVariantOfDouble1
'进入草图编辑状态
Dim factory2D1 As Factory2D
Set factory2D1 = sketch1. OpenEdition ()
'进入几何编辑状态
Dim geometricElements1 As GeometricElements
Set geometricElements1=sketch1. GeometricElements
'草图坐标
Dim axis2D1 As Axis2D
Set axis2D1 = geometricElements1. Item ("绝对轴")
'草图坐标轴
Dim line2D1 As Line2D
Set line2D1 = axis2D1. GetItem ("横向")
line2D1. ReportName =1
Dim line2D2 As Line2D
Set line2D2 = axis2D1. GetItem ("纵向")
line2D2. ReportName =2
```

4. 绘制草图宏代码

```
'绘制线(图 5-15)
Dim line2D3 As Line2D
Set line2D3 = factory2D1. CreateLine (-10#, 10#, 20#, 10#)
line2D3. ReportName =5

Dim line2D4 As Line2D
Set line2D4 = factory2D1. CreateLine (20#, 10#, 20#, -10#)
line2D4. ReportName =7

Dim line2D5 As Line2D
Set line2D5 = factory2D1. CreateLine (20#, -10#, -10#, -10#)
line2D5. ReportName =9

Dim line2D6 As Line2D
Set line2D6 = factory2D1. CreateLine (-10#, -10#, -10#, 10#)
line2D6. ReportName =10

'退出绘制草图状态(图 5-16)
sketch1. CloseEdition
```

5. 建立实体宏代码

```
'选择草图（图 5-16）
part1.InWorkObject = sketch1
'建立几何体（图 5-17）
Dim shapeFactory1 As ShapeFactory
Set shapeFactory1 = part1.ShapeFactory
'建立几何体、选择草图、输入厚度（图 5-18）
Dim pad1 As Pad
Set pad1 = shapeFactory1.AddNewPad（sketch1，2#）
'更新零件状态
part1.Update
```

5.3 CATIA 知识工程

5.3.1 CATIA 知识工程组织实施

制定知识库的整体方案，将知识库中的规划内容进行进一步的分析、归纳，从而制定出建模指导规范，并组织人力进行建模及建库工作。

1. 制定标准

制定建模标准、参数命名规范、规则的注释说明要求、CATIA 环境设置要求、知识库中元素的表达方式要求、建模自检表等知识库创建规范，通常一个模型的几何建模规范至少应当包括以下几方面的内容：

（1）文件命名规定；

（2）保存路径规定（CATIA V5 版）；

（3）参数命名规定；

（4）关键几何元素命名规定；

（5）规则、检验、反应、宏等知识元素的命名规定；

（6）注释说明内容；

（7）元素间的参照与引用规定；

（8）知识特征的类型（指定为用户定义特征或超级拷贝）；

（9）属性内容。

2. 模型测试

建模者对模型自检应当按照建模规范提供的一份模型自检表进行消项自检，发现问题要随时记录，典型问题要总结公示，以提醒其他建模者尽早避免。

调试调用是一个模拟调用知识模型的过程，根据预先定义好的每个模型的调用条件进行调用操作，并进行包括多次重复调用在内的多种不同情况的调用，以确定模型的健壮程度。

3. 模型入库，搭建调用环境

当知识库中的内容较多时，我们往往需要一个完整、规范的调用环境，而不应该让设计师每次都去自己查找。CATIA 的 Catalog 功能，为搭建知识库调用平台提供了一种简洁、高效、维护方便的方法，而不需要求助于第三方进行专门的界面开发。

4. 知识库上线应用

完成了知识库的建模、入库、环境搭建之后，就需要在小范围内先进行知识库的导航应用，检验关键指标的达标程度，然后进行必要的修改调整，进行大规模上线。

（1）知识库的导航应用

在小范围内进行知识库的导航应用，检验关键指标的达标情况，针对不达标情况进行分析总结，给出修改方案，责成建模责任人进行修改。

（2）大规模上线应用

导航应用成功后，将整个知识库在所有相关部门推广应用，并责成专门人员进行线上运行的问题记录及分析整理，需要修改模型的要给出修改方案并责成建模责任人进行修改或者由建模责任人给出修改方案并进行修改。

5.3.2 企业构件库的建设

企业构件库的建设一般可分为：构件资源规划，构件分类，构件制作、审核与入库，构件库管理四大步骤。

（1）构件资源规划

构件资源规划是构件库建设的基础和前提，企业在开始建设BIM构件库之初，首先应做好构件资源规划。企业根据自身的业务特点，理清构件资源需求，做好构件资源规划，建立相应标准，用标准统一规范构件的制作、审核与入库，以及构件库管理等活动，才能最大限度地提高对构件资源的开发与利用效率。

（2）构件分类

构件分类是构件入库和检索的基础，是构件库建设的重要内容。构件资源规划完成之后，需要确定构件库的存储内容。为了使构件库使用方便，并易于扩充和维护，必须对构件进行分类，并依据分类类目建立构件库的存储结构。将构件资源分为建筑、结构、机电等专业大类，各专业大类可再按功能、材料、特征进一步细分。

（3）构件制作、审核与入库

在构件制作过程中，应根据建模深度需要，在构件属性中包含其几何信息以及材质、性能等级、工程造价等一些工程信息。

为了避免构件库中构件文件的相互覆盖，构件应该具有准确、简短、明晰的命名。依据命名标准命名后的构件文件，应交给指定的审核人进行审核。审核人需要将构件加载到实际项目环境中进行测试，重点测试构件的三维与平立剖显示、参数设置等。只有通过审核的构件，才能存储到企业构件库中。

（4）构件库管理

构件库是企业重要的技术和知识资源，因此，必须对构件库采取有效的保护措施。通常应按照不同部门、不同专业对构件的使用需求，设置不同的访问权限。为了防止构件库中数据损坏，构件库管理员需对构件库做日常备份。

5.3.3 建立参数化构件

建立参数化构件流程如下：

（1）规划接口，以点和面作为接口。控制点控制构件插入位置，控制面控制构件插入方向，控制参数作为输入值控制构件形状，如图 5-19 所示。

（2）控制点建立，以原点作为基准，如图 5-20 所示。

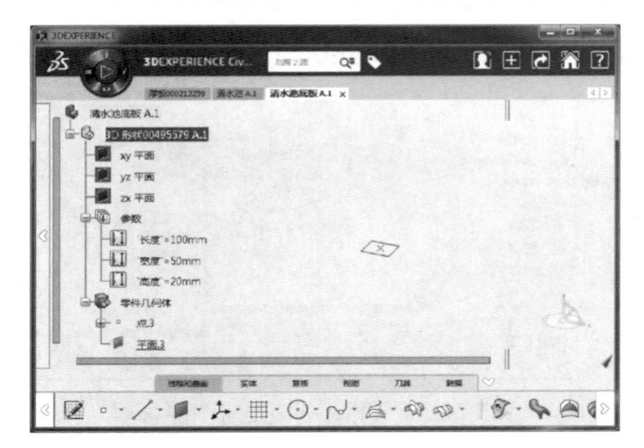

图 5-19　接口控制参数输入完成界面

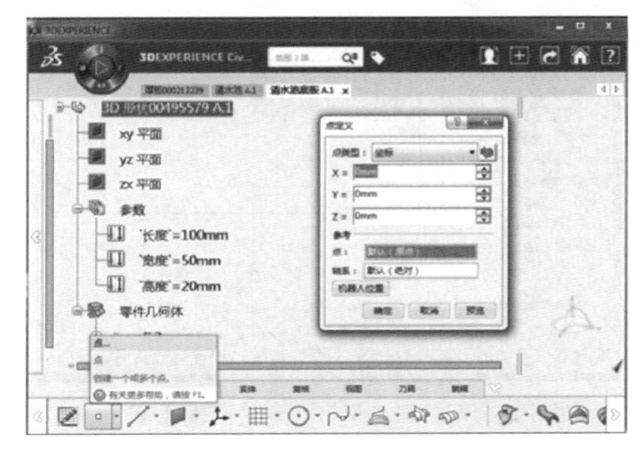

图 5-20　CATIA V6 点输入界面

（3）控制面建立，以控制点作为参考点，以 *XY* 平面作为基准平面，如图 5-21 所示。

（4）控制参数建立，以长度、宽度、高度作为输入参数，控制构件形状，如图 5-22 所示。

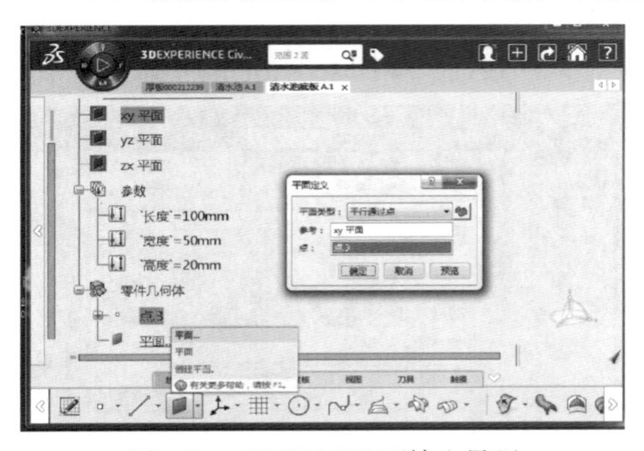

图 5-21　CATIA V6 面输入界面

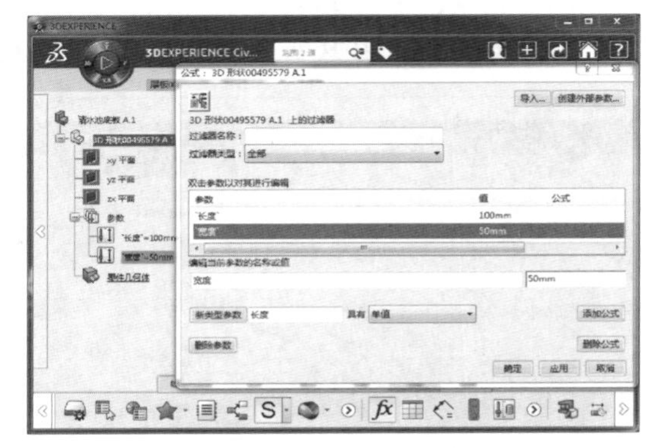

图 5-22　CATIA V6 参数输入界面

（5）建立构件参数化草图，进入草图环境，选择控制点作为基准点，选择控制面作为基准面，如图 5-23 所示。

（6）绘制底板矩形形状，如图 5-24 所示。增加形状约束，长度、宽度尺寸与参数关联，如图 5-25 所示。

图 5-23　CATIA V6 进入草图环境界面

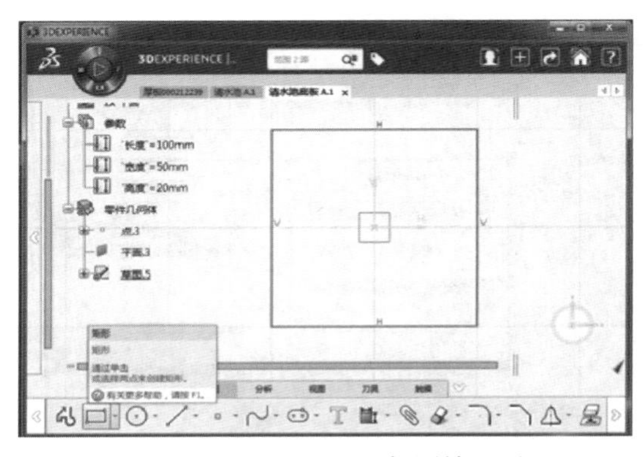

图 5-24　CATIA V6 几何图输入界面

（7）建立底板实体，增加高度尺寸与参数关联，如图 5-26 所示。

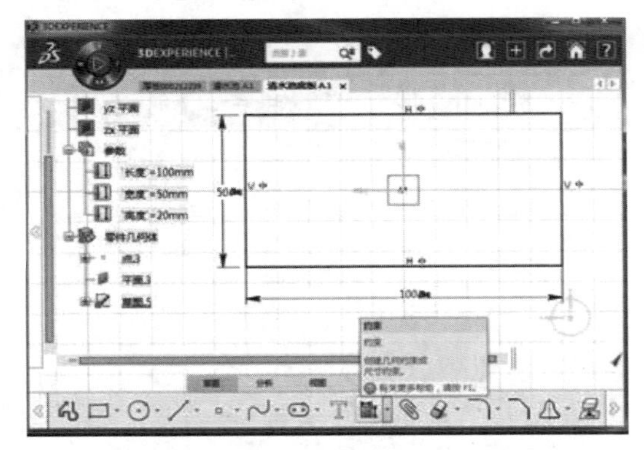

图 5-25 CATIA V6 几何约束输入界面

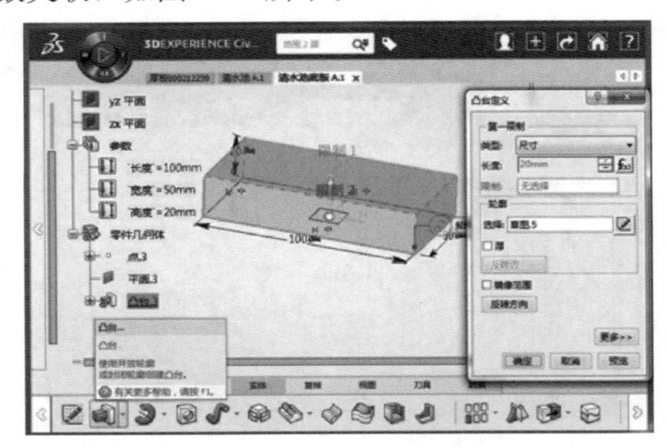

图 5-26 CATIA V6 几何图界面

5.3.4 建立参数化模板

建立参数化模板流程如下：

（1）进入参数化模板建立环境，如图 5-27 所示。

（2）导入参数化构件，选择清水池已经建立完成的构件，如图 5-28 所示。

图 5-27 CATIA V6 进入参数化模板界面

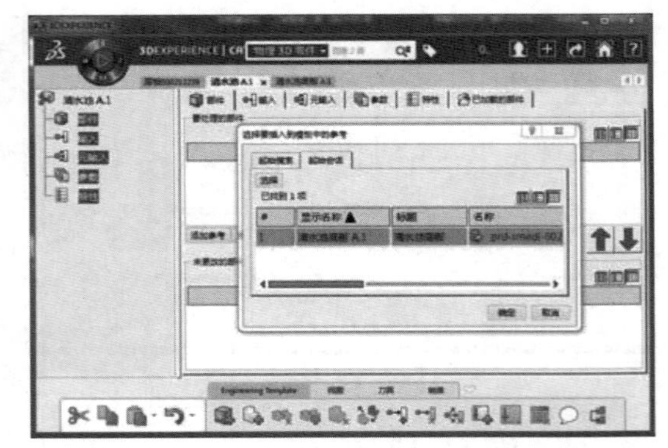

图 5-28 CATIA V6 导入参数化构件界面

（3）导入控制参数，选择控制点、控制面作为接口输入，如图 5-29 所示。

（4）导入输入参数，选择长度、宽度、高度参数作为参数输入，如图 5-30 所示。

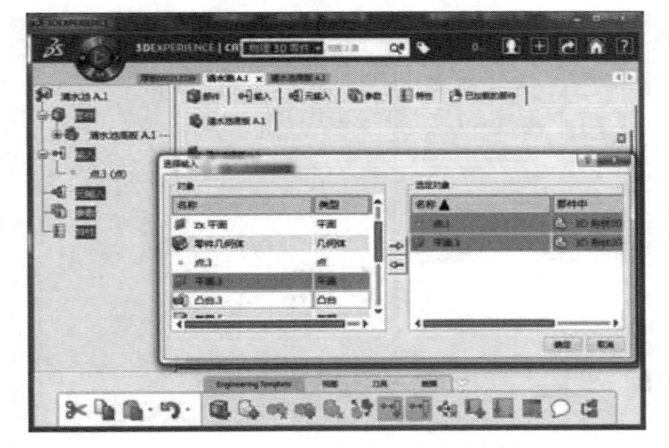

图 5-29 CATIA V6 导入控制参数界面

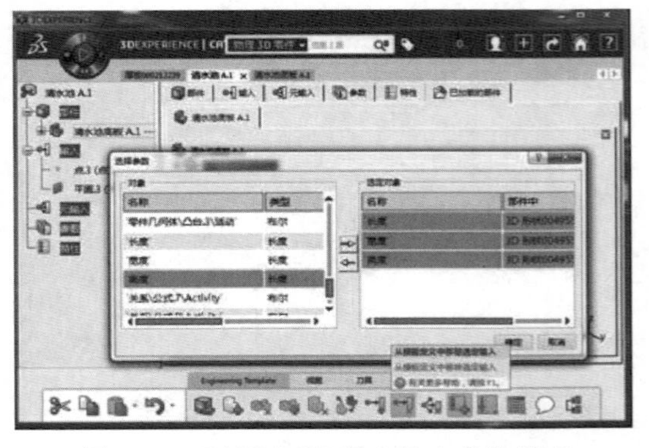

图 5-30 CATIA V6 导入输入参数界面

（5）保存参数化模板。

5.3.5　建立构件库

建立构件库流程如下：

（1）进入构件库建立环境，如图 5-31 所示。

（2）建立清水池构件分解目录，目录与参数化模板关联库，如图 5-32 所示。

（3）保存构件库。

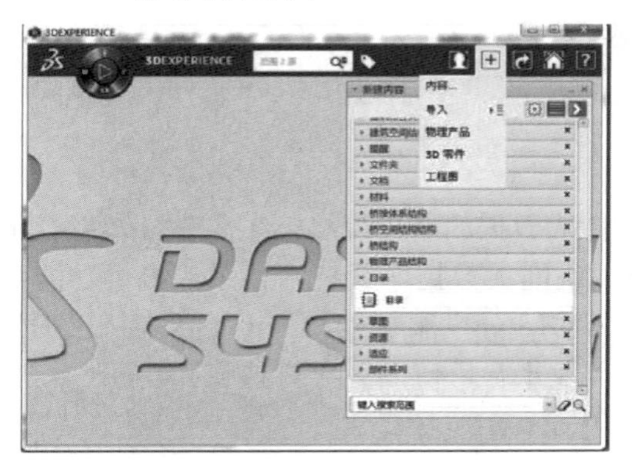

图 5-31　CATIA V6 进入构件库建立环境

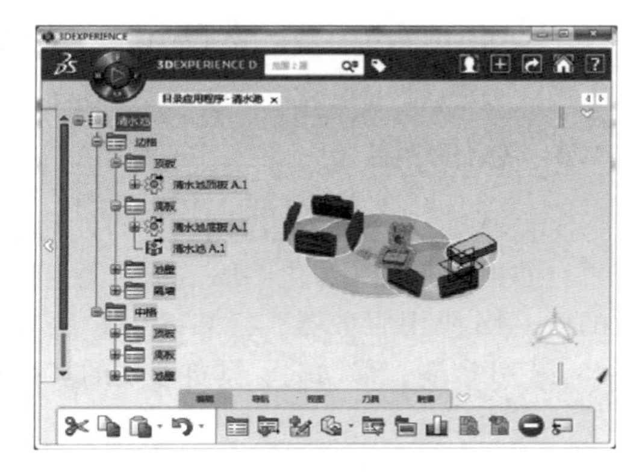

图 5-32　CATIA V6 建立构件库界面

第 6 章　超图（SuperMap）平台

6.1　SuperMap GIS 软件平台二次开发概述

6.1.1　总体介绍

SuperMap GIS 9D 是超图软件研发的全面拥抱大数据的新一代 GIS 平台软件，融合了跨平台 GIS、云端一体化 GIS、新一代三维 GIS、空间大数据四大技术体系，提供功能强大的云 GIS 应用服务器、云 GIS 门户服务器、云 GIS 分发服务器与云 GIS 管理服务器，以及支持 PC 端、移动端、浏览器端的多种 GIS 开发平台，协助客户打造强云富端、互联互享、安全稳定、灵活可靠的 GIS 系统。如图 6-1 所示。

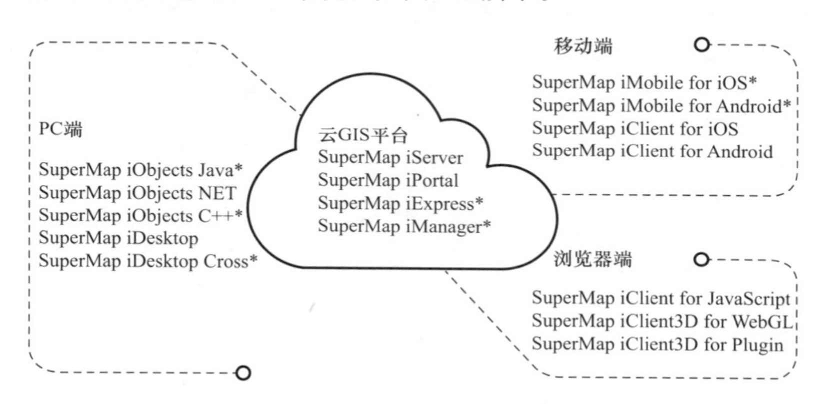

图 6-1　SuperMap GIS 平台功能

注：带 * 号产品为超图独创或有独特优势。

经过技术创新、市场开拓和多年技术与经验的积累，SuperMap GIS 已经成为产品门类齐全、功能强大、覆盖行业范围广泛、满足各类信息系统建设的 GIS 软件品牌，并深入到国内各个 GIS 行业应用，拥有大批的二次开发商。

6.1.2　SuperMap GIS 9D 技术体系

SuperMap GIS 9D 产品体系包括云 GIS 平台以及 PC 端、移动端、浏览器端的多种 GIS 开发平台，全面拥抱空间大数据。基于 SuperMap GIS 9D 提供的 SuperMap iServer、SuperMap iPortal、SuperMap iExpress、SuperMap iManager 云 GIS 平台软件，即 SuperMap GIS 9D 的四驾马车，可以方便地构建功能强大、跨平台的云 GIS 服务应用。基于 SuperMap GIS 9D 提供的 SuperMap iMobile、SuperMap iDataInsights、SuperMap iClient、SuperMap iObjects、SuperMap iDesktop 等多种类型的端 GIS 产品，可以构建多种跨

平台的客户端以对接云GIS服务平台、超图在线GIS平台等；同时新一代三维GIS技术贯穿所有产品，协助构建更加绚丽和实用的真三维应用。

搭建GIS云或GIS服务器系统需要SuperMap GIS 9D的四驾马车，分别是：

（1）云GIS应用服务器：SuperMap iServer 9D

基于高性能跨平台GIS内核的云GIS应用服务器，具有二三维一体化的服务发布、管理与聚合功能，并提供多层次的扩展开发能力。提供全新的空间大数据存储、空间大数据分析、实时流数据处理等Web服务，并内置了Spark运行库，降低了大数据环境部署门槛，通过提供移动端、Web端、PC端等多种开发SDK，可快速构建基于云端一体化的空间大数据应用系统。

（2）云GIS门户服务器：SuperMap iPortal 9D

集GIS资源的整合、查找、共享和管理于一身的GIS门户平台，具备零代码可视化定制、多源异构服务注册、系统监控仪表盘等先进技术和能力。内置在线制图、数据洞察、场景浏览、应用创建等多个Web APP，为平台用户提供直接可用的在线专题图制作、数据可视化分析、“零”插件三维场景浏览、模板式应用创建等实用功能，主要作为平台GIS资源和应用的访问入口以及内容管理中心，用于构建各类GIS服务平台的门户网站。

（3）云GIS分发服务器：SuperMap iExpress 9D

可作为GIS云和端的中介，通过服务代理与缓存加速技术，有效提升云GIS的终端访问体验。并提供全类型瓦片本地发布与多节点更新推送能力，可用于快速构建跨平台、低成本、高效的WebGIS应用系统。

（4）云GIS管理服务器：SuperMap iManager 9D

全面的GIS运维管理中心，可用于应用服务管理、基础设施管理、大数据管理。提供基于容器技术的Docker解决方案，可一键创建SuperMap GIS大数据站点，快速部署、体验空间大数据服务。可监控多个GIS数据节点、GIS服务节点或任意Web站点等类型，监控硬件资源占用、地图访问热点、节点健康状态等指标，实现GIS系统的一体化运维监控管理。

SuperMap GIS 9D的端GIS平台软件包括如下几类，涵盖了PC端、移动端、浏览器端等各种产品，可连接到云GIS平台以及超图公有云平台，提供地图制作、业务定制、终端展示、数据更新等能力。

（1）组件GIS开发平台：SuperMap iObjects 9D

面向大数据应用、基于二三维一体化技术构建的高性能组件式GIS开发平台，适用于Java、.NET、C++开发环境，提供快速构建大型GIS应用。

（2）桌面GIS软件：SuperMap iDesktop 9D

插件式桌面GIS应用与开发平台，具备二三维一体化的数据管理与处理、制图、分析、海图、二三维标绘等功能，支持对在线地图服务的无缝访问及云端资源协同共享，可用于空间数据的生产、加工、分析和行业应用系统快速定制开发。

（3）跨平台桌面GIS软件：SuperMap iDesktop Cross 9D

业界首款开源的跨平台全功能桌面GIS软件，突破了专业桌面GIS软件只能运行于Windows环境的困境。新增空间大数据管理分析、任务调度、可视化等功能，可用于数据生产、加工、处理、分析及制图。

（4）浏览器端GIS数据洞察软件：SuperMap iDataInsights 9D

一款简单高效、丰富灵活的地理数据洞察Web端应用。提供了本地和在线等多源空间数据接入、动态可视化、交互式图表分析与空间分析等能力，借助简单的操作方式和数据联动效果，助力用户挖掘空间数据中的潜在价值，为业务决策提供辅助。

（5）浏览器端 GIS 开发平台：SuperMap iClient 9D

空间信息和服务的可视化交互平台，是 SuperMap 服务器系列产品的统一客户端。提供了基于开源产品 Leaflet、OpenLayers、MapboxGL 等二维 Web 端的开发工具包，以及基于 3D 的三维应用工具包。

（6）移动 GIS 开发平台：SuperMap iMobile 9D for iOS/Android

专业移动 GIS 开发平台，提供二三维一体化的采集、编辑、分析和导航等专业 GIS 功能，支持 iOS、Android 平台。

（7）轻量移动端 SDK：SuperMap iClient 9D for iOS/Android

轻量级、开发快捷、免费的 GIS 移动端开发包，支持在线连接 SuperMap 云 GIS 平台以及超图云服务，支持离线瓦片缓存，支持 iOS、Android 平台。

6.1.3 云端一体化的 GIS 应用系统

SuperMap 云端一体化的 GIS 产品体系，提供功能强大的云 GIS 应用服务器、云 GIS 门户服务器、云 GIS 分发服务器、云 GIS 管理服务器，以及丰富的移动端、Web 端、PC 端产品与开发包，协助客户打造强云富端、互联互享、安全稳定、灵活可靠的 GIS 系统。

SuperMap GIS 产品体系通过从云到端的完整 GIS 软件体系，协助构建云端一体化的 GIS 应用系统，如图 6-2 所示。具体来说，通过云 GIS 应用服务器 SuperMap iServer、云 GIS 门户服务器 SuperMap iPortal、云 GIS 分发服务器 SuperMap iExpress 以及云 GIS 管理服务器 SuperMap iManager，快速构建功能强大的云 GIS 平台。通过跨移动端、Web 端、PC 端等多种类型的端 GIS 软件 SuperMap iMobile、SuperMap iDataInsights、SuperMap iClient、SuperMap iDesktop、SuperMap iObjects，协助构建跨多种平台的客户端应用，在多样化的设备上对接云 GIS 服务平台、超图云服务。多端应用可以使用云 GIS 平台中的 GIS 数据和服务，进行地理信息的多端展示，也可以为云平台进行数据的采集、制作并上传到云平台。

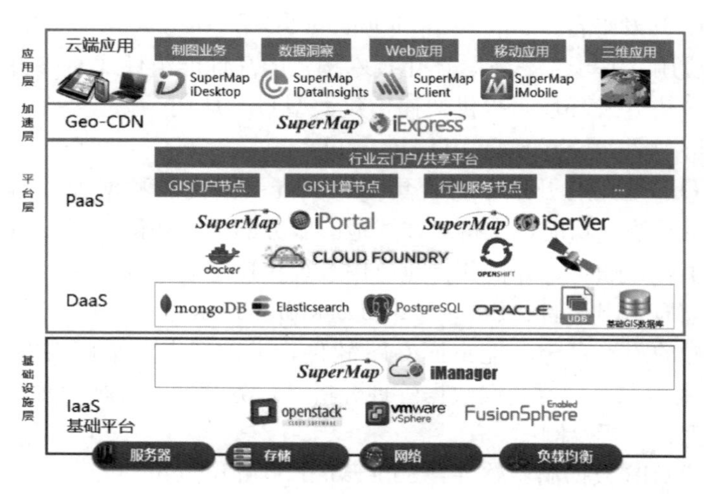

图 6-2 云端一体化 GIS 应用系统架构

以 GIS 数据处理的流程为例，如图 6-3 所示，在云端一体化应用中，从云到端的各个软件都参与了 GIS 数据的采集、处理、存储、分析、发布、分发流程，各个平台的软件发挥各自的优势、各司其职组成了完整的 GIS 系统。多种设备的终端应用都可以进行数据的采集与处理，而不再局限于桌面应用。此外，数据使用的流程并不再终止于处理分析的结果输出，输出的结果还可以在多用户、多设备间分发与共享，并可以进一步被其他用户使用、编辑。整个数据流程不再是从输入到输出的静态过程，而是随时可能被其他用户更新、分享的动态过程。因此，在当前的 GIS 应用中，多设备、贴近用户的移动应用为 GIS 拓宽了数据来源，也同时拓宽了 GIS 数据的应用场景，整个数据流程更加开放。

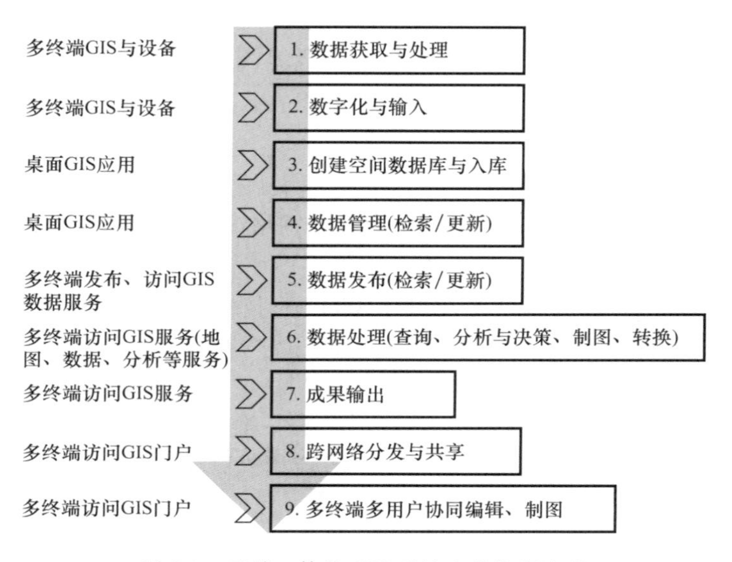

图 6-3　云端一体化 GIS 系统中的数据流程

总体来说，基于云端一体化的 SuperMap GIS 9D 产品，可以方便地构建功能强大、跨平台、跨多种终端设备、二三维一体化的 GIS 应用系统。

6.1.4　组件 GIS 开发平台

SuperMap iObjects Java 9D 是面向大数据应用、基于二三维一体化技术构建的高性能组件式 GIS 开发平台，适用于 Java 开发环境，提供快速构建大型 GIS 应用系统的能力。

SuperMap iObjects .NET 9D 是面向大数据应用、基于二三维一体化技术构建的高性能组件式 GIS 开发平台，适用于 .NET 开发环境，提供快速构建大型 GIS 应用系统的能力。

SuperMap iObjects C++ 9D 是面向大数据应用、基于二三维一体化技术构建的高性能组件式 GIS 开发平台，适用于 C++开发环境，提供快速构建大型 GIS 应用系统的能力。

6.1.5　桌面 GIS 开发平台

SuperMap iDesktop 9D 是插件式桌面 GIS 软件，提供高级版、专业版和标准版 3 个版本，具备二三维一体化的数据处理、制图、分析、海图、二三维标绘等功能，支持对在线地图服务的无缝访问及云端资源的协同共享，可用于空间数据的生产、加工、分析和行业应用系统快速定制开发。

SuperMap iDesktop Cross 9D 是业界首款跨平台全功能桌面 GIS 软件，突破了专业桌面 GIS 软件只能运行于 Windows 环境的困境，可在 Linux 环境中完美运行。具备空间大数据管理、可视化任务调度的能力，也可用于数据生产、加工、处理、分析以及制图。

SuperMap ENC Designer 9D 是电子海图设计软件，它是基于 .NET 框架开发的海图行业软件，不仅提供与海图相关的数据转换、数据管理、数据显示等基础功能，还提供海图物标编辑、物标关系管理、海图数据检核等高级海图功能，确保电子海图数据的生产，提高海图数据生产质量。

6.1.6 浏览器端 SDK

SuperMap iClient for JavaScript 9D 是云 GIS 网络客户端开发平台。基于现代 Web 技术栈全新构建，是 SuperMap 云四驾马车和在线 GIS 平台系列产品的统一 JS 客户端。

SuperMap iClient3D for WebGL 是基于 WebGL 技术实现的三维客户端开发平台，可用于构建无插件、跨操作系统、跨浏览器的三维 GIS 应用程序。

SuperMap iClient3D for Plugin 是基于 SuperMap UGC（Universal GIS Core）内核研发的专业三维 GIS 网络客户端开发平台，由 Web 三维 GIS 插件和 JavaScript API 组成，可用于构建全功能、高性能的跨浏览器三维 GIS 应用程序。

6.1.7 移动 GIS 开发平台

SuperMap iMobile 9D for Android/iOS 是一款全新的移动 GIS 开发平台，具备专业、全面的移动 GIS 功能。支持基于 Android、iOS 操作系统的智能移动终端，用于快速开发在线和离线的移动 GIS 应用。

6.1.8 轻量移动端 SDK

SuperMap iClient 9D for Android/iOS 是针对移动端提供的 SDK 开发包，支持 Android、iOS 平台，帮助用户快速构建轻量级的移动端 GIS 应用。

6.2 浏览器端 GIS 开发平台 iClient 开发环境

SuperMap iClient 是空间信息和服务的可视化交互平台，是 SuperMap 服务器系列产品的统一客户端。产品基于统一的架构体系，面向 Web 端和移动端，提供了功能强大、性能优越、展示效果丰富的 SDK 开发包，帮助用户快速构建网络富客户端和轻量级移动端 GIS 应用。

SuperMap iClient 提供了基于开源产品 Leaflet、OpenLayers、MapboxGL 等二维 Web 端的开发工具包以及基于 3D 的三维应用工具包，如图 6-4 所示。

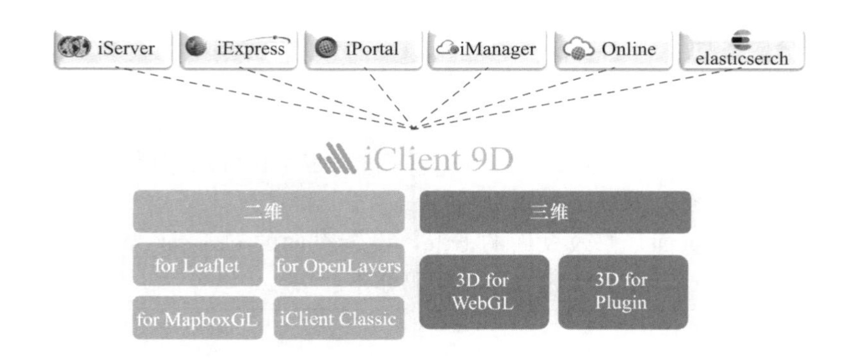

图 6-4　SuperMap iClient 产品体系图

6.3　云 GIS 网络客户端开发平台

SuperMap iClient for JavaScript 是云 GIS 网络客户端开发平台。基于现代 Web 技术全新构建，是 SuperMap 云四驾马车和在线 GIS 平台系列产品的统一 JS 客户端。集成了领先的开源地图库、可视化库，且核心代码以 Apache2 协议完全开源，连接了 SuperMap 与开源社区。提供了全新的大数据可视化、实时流数据可视化功能。通过该应用程序可快速构建浏览器和移动端上内容丰富、响应迅速、美观流畅的地图应用。

6.3.1　创建服务

对于 Web GIS 应用来说，获取 GIS 数据以及 GIS 功能是通过网络 GIS 服务来实现的。因此，需要为 GIS 数据发布成 GIS 服务，供客户端对其数据以及功能进行操作。

SuperMap iServer 专门提供服务管理工具 WebManager 来创建各种类型的 GIS 服务，创建服务的步骤分为以下四步：

（1）根据项目的需求，确定需要创建哪些类型的 GIS 服务，本例需要实现 对地图的浏览、基本操作，因此创建地图服务。

（2）启动 SuperMap iServer 服务器：运行 SuperMap iServer 安装目录\bin\startup. bat 即可。注意，运行 startup. bat 会出现一个 DOC 命令窗口，该窗口不能关闭。

（3）服务器启动成功后，在浏览器地址栏输入 http://localhost:8090/iserver/manager，进入服务管理工具。

（4）在服务管理页面首页，点击快速创建 GIS 服务，安装创建服务向导依次设置参数，完成 GIS 服务创建操作。

6.3.2　地图浏览

因为 SuperMap iClient for JavaScript 开发包直接使用 JavaScript 语言，因此应用程序的开发工具可以选择 editPlus、notepad＋＋、vistul studio、Dreamweaver 等任意一款支持 HTML 代码编写的工具。

SuperMap iClient for JavaScript 开发包位于 iServer 安装目录/iclient/forJavaScript 目录中。

1. 复制脚本库文件

首先为该程序创建一个文件夹，命名为 GettingStarted。从 SuperMap iClient for JavaScript 开发包目录中将 libs 和 theme 目录复制到 GettingStarted 文件夹中。其中 -libs 文件夹包括所有控件和基础类的文件，-theme 文件夹包括控件资源以及样式文件。

2. 创建 HTML 页面，添加脚本库引用

创建一个 HTML 页面，修改页面的 title，设置页面的 charset 为 utf-8。添加 SuperMap iClient for JavaScript 脚本库的引用。代码如下：

```
<html>
        <head>
        <meta http-equiv="Content-Type"content="text/html; charset=utf-8">
        <title>SuperMap iClient for JavaScript</title>
        <script src="dist/include-leaflet. js"></script>
        </head>
        <body >

        </body>
</html>
```

3. 添加地图控件

地图控件需要一个页面承载，因此，在页面中添加一个 div 元素，通过 div 控制地图窗口的位置、大小等页面布局。在 body 中添加 onload 事件，在 onload 响应函数中实现地图控件的初始化等操作。代码如下：

```
internal sealed class mytool : Bentley. MicroStation. AddIn
   {
        private mytool (System. IntPtr mdlDesc): base (mdlDesc)
        {
        }
        protected override int Run (System. String [] commandLine )
        {
            MessageBox. Show ("HelloWord");
            return 0;
        }
}
```

4. 向 MAP 中添加图层

初始化地图对象后，需要初始化图层对象，并将图层对象添加到地图中进行显示。代码如下：

```
function onPageLoad () {
    map=new SuperMap. Map ("map");
    //创建图层对象
```

```
    layer = new SuperMap. Layer. TiledDynamicRESTLayer ("World", url, {transparent:
true, cacheEnabled: true}, {maxResolution:"auto"});
    layer. events. on ({"layerInitialized": addLayer});
}
function addLayer () {
    // 向 Map 中添加图层
    map. addLayer (layer);
    map. setCenter (new SuperMap. LonLat (0, 0), 0);
}
</script>
</head>
```

5. 添加放大、缩小按钮

为页面添加放大、缩小按钮，并设置 onclick 事件，实现缩放功能操作。代码如下：

```
<body onload=onPageLoad () >
    <div id="map"
style="position: relative; left: 0px; right: 0px; width: 800px; height: 500px;" >
    </div>
    <input type="button"value="放大"onclick="ZoomIn ()"/>
    <input type="button"value="缩小"onclick="ZoomOut ()"/>
</body>
```

6. 添加缩放地图的方法

Map. zoomIn () 方法实现对当前地图放大一倍。Map. zoomOut () 方法实现对当前地图缩小一倍。代码如下：

```
<script type="text/javascript" >
……
        //放大
        function ZoomIn () {
            map. zoomIn ();
        }
        //缩小
        function ZoomOut () {
            map. zoomOut ();
        }
……
</script>
```

7. 运行调试

运行 HTML 页面，调试程序。

对于 JavaScript 调试，可以选择使用浏览器自带的调试工具进行断点跟踪。IE（Internet Explorer）浏览器按 F12 键，进入开发者工具；firefox 浏览器下载一个 fireBug 插件，可以实现对脚本的调试。

程序调试成功后，可以发布到 Web 服务器上，通过 tomcat 进行发布，执行结果如图 6-5 所示。

•调试浏览
•http://localhost:8090/GettingStarted/GettingStarted.html

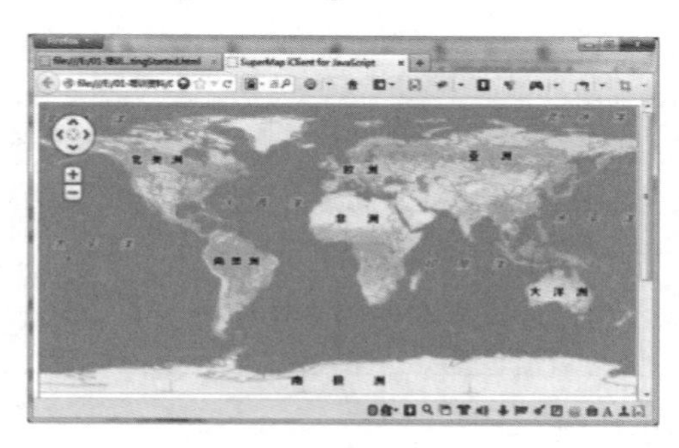

图 6-5　执行结果地图显示

6.3.3　完整代码

```
<! DOCTYPE html>
<html>
<head>
    <meta charset="UTF-8" >
    <title data-i18n="resources. title _ imageMapLayer4326"></title>
    <script type="text/javascript" src=". . /js/include-web. js"></script>
</head>
<body style="margin：0；overflow：hidden；background：#fff；width：100%；height：
100%；position：absolute；top：0；" >
<div id="map"style="margin：0 auto；width：100%；height：100%"></div>
<script type="text/javascript"src=". . /. . /dist/leaflet/include-leaflet. js"></script>
<script type="text/javascript">
    var host = window. isLocal ? window. server :
"http://support. supermap. com. cn:8090";
    var url = host + "/iserver/services/map-world/rest/maps/World",
        map= L. map ('map', {
            crs：L. CRS. EPSG4326,
            center：[0, 0],
            maxZoom：18,
            minZoom：1,
            zoom：1,
        })；
    L. supermap. imageMapLayer (url) . addTo (map)；
</script>
</body>
</html>
```

6.4 云GIS网络客户端WebGL技术

SuperMap采用前沿的HTML5 WebGL技术，推出了无插件、跨平台、跨浏览器、跨终端的“零”客户端三维产品——SuperMap iClient3D for WebGL。SuperMap iClient3D for WebGL是一款轻量级的三维客户端开发平台，支持硬件加速的可视化渲染技术，免除了三维渲染对插件的依赖，用户无需下载、安装插件，即可高效浏览三维服务，提升了用户的Web开发及终端访问体验。

6.4.1 服务浏览

1. 地形数据的加载与显示

Cesium中的地形系统是一种由流式瓦片数据生成地形mesh的技术，能够自动模拟出地面、海洋的三维效果。Cesium支持的地形格式有：Quantized-mesh、Heightmap、Google Earth Enterprise。代码如下：

```
var terrainProvider=new Cesium.CesiumTerrainProvider ( {
    url: 'https://assets.agi.com/stk-terrain/v1/tilesets/world/tiles', // 默认立体地表
    // 请求照明
    requestVertexNormals: true,
    // 请求水波纹效果
    requestWaterMask: true
});
viewer.terrainProvider = terrainProvider;
```

2. 影像数据的加载与显示

代码如下：

```
var imageryLayers=viewer.imageryLayers;
var imageryProvider=new Cesium.*ImageryProvider ( {
    url: …
});
var layer=imageryLayers.addImageryProvider (imageryProvider);
viewer.flyTo ()
```

3. S3M图层的加载

倾斜摄影数据、BIM数据等可以发布为S3M图层服务，并通过Scene.addS3MTilesLayerByScp（url，options）的方式加载。代码如下：

```
var viewer, url;
url = " http://localhost:8090/iserver/services/3D-osgb/rest/realspace/datas/jinjiang/config";
scene.addS3MTilesLayerByScp (url, {name : 'jinjiang'});
```

4. 矢量数据的加载

GeoJson 是较为通用的一种网络矢量数据传输方案。代码如下：

```
viewer.dataSources.add (Cesium.GeoJsonDataSource.load ('mydata.geojson', {
        stroke: Cesium.Color.BLUE.withAlpha (0.8),
        strokeWidth: 2.3,
        fill: Cesium.Color.RED.withAlpha (0.3),
        clampToGround: true
    }
));
```

KML 是 Google Earth 定义的一种矢量数据组织方式。代码如下：

```
viewer.dataSources.add (Cesium.KmlDataSource.load ('kml/crane.kml', {
            camera: viewer.scene.camera,
            canvas: viewer.scene.canvas
        }));
```

6.4.2 倾斜摄影数据的属性查询

倾斜摄影模型通常被称作“一张皮”的模型，为发挥倾斜摄影模型的应用价值，必须对倾斜摄影模型进行单体化处理。超图三维率先采用了模型叠加矢量面的方式对倾斜摄影模型进行单体化，此方式操作简单，并且在矢量面数据的属性表中存储业务方面的各类属性信息，实现单体化的同时能够在倾斜摄影模型中进行属性查询。操作流程如下：

1. 数据准备

包括倾斜摄影模型数据和二维矢量面数据，其中矢量面数据与倾斜摄影模型位置匹配，矢量面数据的属性表齐全。在“工作空间管理器”中选中数据集并打开其属性表（见图 6-6），在功能区“属性表”选项卡“编辑”组中单击“属性结构”，即可查看、修改数据的属性结构，并且根据业务需求为矢量数据添加属性字段、完善属性值。

数据集 投影 矢量 属性表 值域

+添加 修改 删除 ✓应用

	名称	别名	类型	长度	缺省值	必填
1	*SmID	SmID	32位整型	4		是
2	*SmSdriW	SmSdriW	单精度	4	0	是
3	*SmSdriN	SmSdriN	单精度	4	0	是
4	*SmSdriE	SmSdriE	单精度	4	0	是
5	*SmSdriS	SmSdriS	单精度	4	0	是
6	SmUserID	SmUserID	32位整型	4	0	是
7	*SmArea	SmArea	双精度	8	0	是
8	*SmPerimeter	SmPerimeter	双精度	8	0	是
9	*SmGeomet...	SmGeometr...	32位整型	4	0	否
10	Name	名称	文本型	255		否
11	Des	描述	文本型	255		否

图 6-6 属性表

2. 模型单体化

通过 iDesktop 的模型单体化功能，如图 6-7 所示，可以为倾斜摄影模型“绑定”位置匹配的矢量面数据，执行效果如图 6-8 所示。

图 6-7　超图软件模型单体化菜单

3. 生成 S3M 数据

为提升 WebGL 客户端解析和浏览效率，在此步骤将 OSGB 格式的倾斜摄影模型转换为 S3M 格式的三维切片缓存，利用 SuperMap iDesktop 桌面产品提供的“生成 S3M 数据”功能按钮实现，如图 6-9 所示。生成的 S3M 数据结果及模型对应关系，如图 6-10 所示。

图 6-8　单体化效果

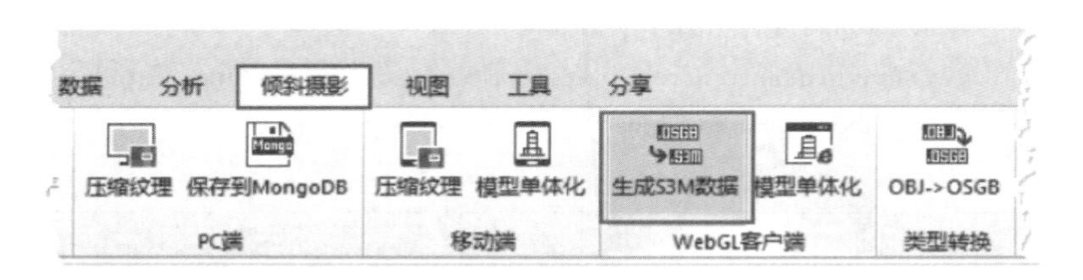

图 6-9　超图软件生成 S3M 数据菜单

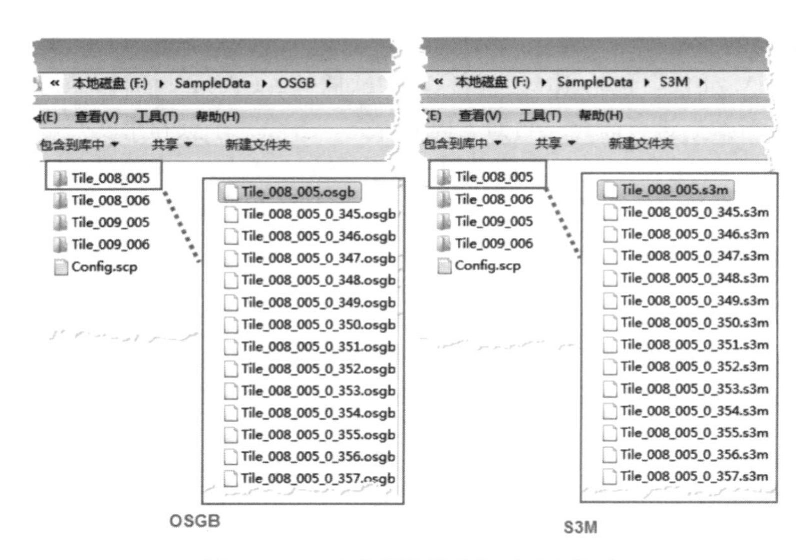

图 6-10　S3M 数据结果及模型对应关系

4. 发布三维服务和数据服务

此步骤将 S3M 格式的倾斜摄影模型以三维服务的形式发布到本地或远程服务器上，实现 Web 网络资源共享，为实现属性查询，还将发布一个数据服务。

5. 客户端浏览及属性查询

发布了三维服务以后，可通过 WebGL 客户端浏览数据。代码如下：

```
var promise=scene.addS3MTilesLayerByScp (url, {name : 'BIMBuilding'});
        Cesium.when (promise, function (layer) {
            //设置相机位置、方向，定位至模型
            scene.camera.setView ( {
                destination: new Cesium.Cartesian3 (-2180753.065987198, 4379023.266141494,
4092583.575045952),
                orientation: {
                    heading: 4.0392222751147955,
                    pitch: 0.010279641987852584,
                    roll: 1.240962888005015e-11
                }
            });
            //读取子图层信息，通过数组的方式返回子图层的名称以及子图层所包含的
对象的 IDs
            layer.setQueryParameter ( {
url:"http://www.supermapol.com/realspace/services/data-BIMbuilding/rest/data",
                dataSourceName: layer._name, isMerge: true
            });
```

6.4.3 BIM 数据的查询

1. BIM 数据的准备

利用超图 BIM 插件，包括 Revit 插件、DGN 插件、CATIA 插件，导出 BIM 数据到 iDesktop 中，并对数据进行简化三角面、提取外壳、去除冗余点和重复点等一系列轻量化操作。然后生成 S3M 缓存，保存场景，制作工作空间，利用 SuperMap iServer 将数据发布为三维服务和数据服务。

2. BIM 数据的点选查询

代码如下：

```
var promise = scene.addS3MTilesLayerByScp ("http://localhost:8090/iserver/services/3D-
S3Mdata/rest/realspace/datas/楼板@BIM/config", {name: 'floor'          });
layer.setQueryParameter ( {
            url: 'http://localhost:8090/iserver/services/data-S3Mdata/rest/data', data-
SourceName: BIM ', dataSetName: 楼板', keyWord: 'SmID'});
viewer.pickEvent.addEventListener (function (feature) {
```

```
var title = Cesium. defaultValue (feature. NAME,");
var description = Cesium. defaultValue (feature. NAME,");
title. innerText = title;
des. innerText = description});
```

3. 查询结果的显示

代码如下：

```
<blockquote id="bubble"class="bubble">
  <img id="myimg"src=". /images/home _ banner. jpg"width="50%"height="auto">
  <h2 id="title"></h2>
  <p id="des"class="word"></p>
</blockquote>
var infoboxContainer = document. getElementById ("bubble");
  viewer. customInfobox = infoboxContainer;
viewer. pickEvent. addEventListener (function (feature) {
    var title = Cesium. defaultValue (feature. NAME,");
    var description = Cesium. defaultValue (feature. NAME,");
    title. innerText = title;
    des. innerText = description});
```

6.5　SuperMap GIS 二次开发项目案例

6.5.1　北京城市副中心 BIM 监管平台

1. 平台介绍

北京城建设计研究总院有限公司联合超图软件、工程办、项目管理公司、设计院、监理、施工方等各参建单位，完成了智慧监管平台建设。面对使用方众多需求和不同的管理层级需求，平台由“项目决策辅助端”、“项目业务端”、“数据采集移动端”三部分组成。

智慧监管平台充分利用先进的信息化手段，结合到建筑行业的业务生产中，诠释了建筑行业互联网+的概念。利用 BIM 技术、GIS 技术、大数据、智能化、移动通信、云计算、物联网等手段，实现对建筑工程的精细化管理和对施工现场安全、质量、进度的监控，如图 6-11 所示。

2. 主要功能

平台通过前期预判、过程记录、事后追溯来实现全建造过程的管理，主要功能包括进度管理、劳务监管、视频监控、设备监控、环境监测等。

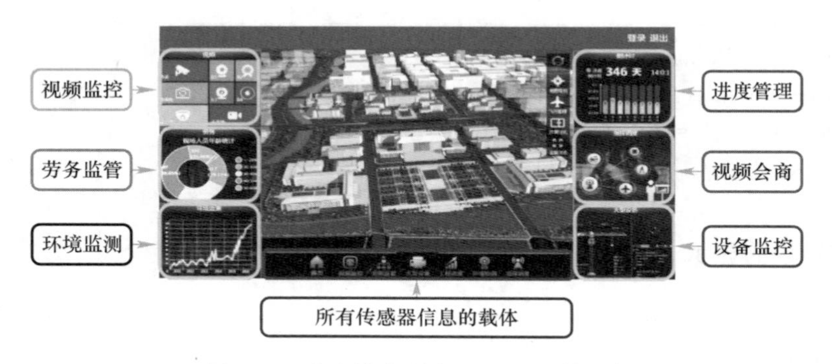

图 6-11　北京城市副中心 BIM 监管平台

6.5.2　北京城建院滨海建投轨道项目管理平台

1. 平台介绍

滨海建投轨道项目，甲方是天津滨海新区建设投资集团有限公司，建设单位是北京城建设计研究总院有限公司，超图公司提供 GIS 基础平台和全程技术服务，强强联合，打造滨海建投轨道项目管理平台，为轨道建设、施工、运维、全局展示提供全生命周期管理平台，如图 6-12 所示。

图 6-12　北京城建院滨海建投轨道项目管理平台

2. 主要功能

平台以降低土建安全风险为目标，以“全面管理、重点监控”为原则，采用计算机信息、网络通信、3D-GIS、BIM 等现代技术，建立轨道交通安全风险监控中心管理系统平台，包括监测数据报送、现场巡视、施工进度管理、预警处理、隐患统计、消息交流等安全风险管理功能，并实现与 BIM 技术的一体化集成，建设轨道交通工程建设安全风险管理引领性平台系统。

第 7 章　鸿业鸿城 BIM 数据集成管理平台

7.1　鸿城 BIM 数据集成管理平台二次开发概述

7.1.1　鸿城 BIM 数据集成管理平台概述

鸿城 BIM 数据集成管理系统（HCity BIM Integration Management System）服务于设计院 BIM 协同设计，将不同专业、不同格式的 BIM 设计成果，按照真实空间关系进行合模集成与管理，专业设计人员、项目管理人员、技术管理人员等各参与方，围绕同一套模型和数据进行协同工作，如图 7-1 所示。

图 7-1　HCity 多专业 BIM 合模

鸿城 BIM 数据集成管理系统可以非常方便地对鸿业道路、交通设施、管线、管廊、海绵等设计软件的 BIM 设计模型，Revit、IFC、Bentley、SketchUP、3dMax 模型，倾斜摄影、点云模型，高精度数字地模 LOD，ArcGIS Server 地图等进行合模集成。

在系统中还可以通过综合碰撞检查，发现各专业 BIM 模型的碰撞冲突位置，并且可以通过图文联动的批注功能实现信息交流。另外，通过对历史数据进行有效管理，设计院可以成为城市基础设施最完整大数据的拥有者，为设计院业务升级提供服务。

图 7-2　桌面端和 WebGL 双平台

鸿城 BIM 数据集成管理系统由服务端、桌面端、Web 端等几大部分组成，如图 7-2 所示。基于同一数据服务，可以同时提供桌面应用程序、Web 等使用方式，HCity 系统架构如图 7-3 所示。

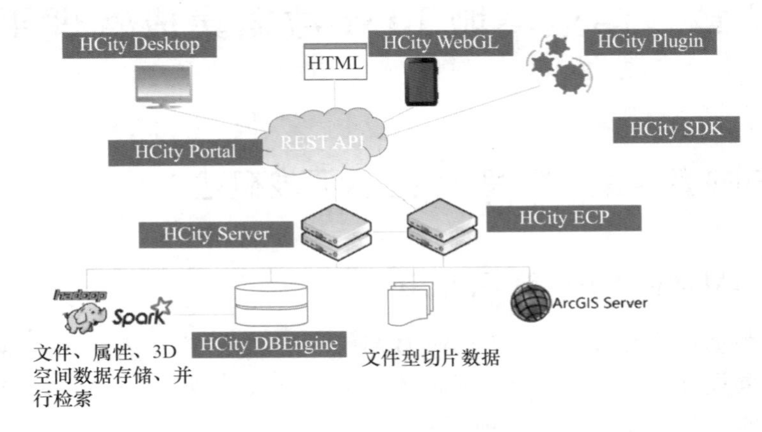

图 7-3　HCity 系统架构

1. HCity DBEngine

（1）三维空间数据库存储和访问引擎，支持 Oracle/MySQL/Mongo/FireBird 等多种数据库。

（2）利用三维空间索引进行数据调取加速。

（3）提供完善的二次开发接口，可自行定制增加支持的数据库或数据源种类。

（4）利于对 MongoDB 等非关系型数据库的支持，可实现利用 Hadoop HDFS 存储海量数据。

2. HCity Server

（1）提供基础三维 GIS 数据、文件、属性、Iot 数据服务能力，包括三维 GIS 库的读取、场景增加和维护，文件和属性数据的增删维护和查询统计，以及各类 Iot 设备历史数据的查询统计等。

（2）对 HCity DBEngine、文件型切片数据（如倾斜摄影、地形 LOD 等）以及 ArcGIS Server 等数据源进行二三维 GIS 服务，并以统一的接口向外提供。

（3）对于文件型数据，依据数据量大小和事先规划，支持本地硬盘、Hadoop HDFS、阿里云 OSS 等存储方式。

（4）提供完善的二次开发接口，可自行定制增加支持的数据源。

3. HCity ECP

（1）鸿城云协同平台，提供项目管理、项目协同、人员和权限管理、设计数据和模型管理能力。

（2）与 HCity Server 高度融合，可以基于项目对模型以及模型的历史版本进行管理。

（3）提供完善的二次开发接口，可自行定制增加支持的数据源。

4. HCity Portal

（1）REST 型内容集成和分发服务，提供数百个 API。

（2）三维 GIS 数据读写、项目协同管理的入口。

(3) 充分考虑了数据安全性，避免非授权访问，防范因网络监听等导致的用户密码等机密数据泄露。

5. HCity Desktop

(1) 桌面版数据生产、建库和使用工具集，包括Editor（全功能）和View（仅浏览）两个版本。

(2) 提供倾斜摄影、点云等数据格式转换、定位、挖洞合模等工具。提供精确地形LOD生成工具。

(3) 鸿业路立得、管立得、管廊等软件设计成果，以及Revit、IFC、SketchUP、3dMax等模型快速入库和合模。

(4) 海量数据动态调度加载。

6. HCity WebGL

(1) 基于Html5 WebGL的无插件三维GIS系统。

(2) 在Google Chrome、Edge、Firefox等浏览器上有优异性能，可在移动设备上使用。

7. HCity Plugin

(1) 使Desktop以插件形式集成到其他桌面应用软件中运行。

(2) 和Desktop独立运行一样高效。

8. HCity SDK

(1) 二次开发包，对DBEngine/Server/Desktop/Plugin/WebGL进行二次开发和扩展。

(2) 接口丰富完善，提供近千个类和API，全功能覆盖。

(3) 针对不同模块，提供C++、RESTAPI、JS开发接口。

7.1.2 鸿城BIM数据集成管理平台二次开发

鸿城BIM数据集成管理系统的服务端、桌面端、Web端都提供API，这些API根据功能不同被分为5个包，第三方开发者可以基于这些API进行功能扩展。在进行二次开发之前，需要根据自己的需求确定基于哪些API包进行开发。

这些API包可实现的功能见表7-1。

鸿城API　　　　**表7-1**

API包	可实现的功能扩展	开发语言
HCity DBEngine SDK	1. 对三维空间数据库存储和访问引擎进行扩展，实现自己的数据库（例如基于SQLServer数据库实现）； 2. 实现自定义数据源，把私有格式的BIM或三维数据发布给鸿城使用； 3. 对空间索引的组织方式进行扩展	MS VS 2010 VC++
HCity Server SDK	1. 自定义数据源（把私有格式的BIM数据发布给鸿城使用）； 2. 访问授权管理； 3. 实现自定义功能服务； 4. 根据项目数据情况优化模型批处理，以改进终端渲染性能； 5. 实现自主模型入库	MS VS 2010 VC++ MS VS 2010 C#
HCity Portal SDK	1. 项目管理、人员和权限管理； 2. 设计资料和模型管理； 3. 三维空间数据读写，属性查询和修改等； 4. 标注、视点、漫游路径、VISSIM交通仿真等数据的保存和获取	RESTAPI

续表

API 包	可实现的功能扩展	开发语言
HCity Desktop SDK	1. 桌面端应用功能扩展； 2. 创建二维标注和私有三维图元； 3. 导入和导出外部文件格式； 4. 对倾斜摄影等数据的格式转换功能进行封装； 5. 实现基于 Shader 接管的自定义显示效果； 6. Revit 和 Bentley 导出插件功能扩展	MS VS 2010 VC++ MS VS 2010 C#
HCity WebGL SDK	1. Web 端应用功能扩展； 2. 实现基于 Shader 接管和二次渲染的自定义显示效果	JavaScript

7.2 软件二次开发功能

7.2.1 开发环境

1. HCity DBEngine SDK

HCity DBEngine SDK 采用 MS VS 2010 VC++进行开发，开发结果编译为 DLL 形式，然后把 DLL 名添加到 HCity 服务端安装目录中的“DBEngines. plug”文本文件中，单独占用一行。扩展 DLL 需要实现两个注册 API，示例如下：

```
bool InitApplication ();
bool ExitApplication ();
bool WINAPI hcEntryPoint (int nCode)
{
    switch (nCode)
    {
    case ENTRYPOINT_INIT:
        InitApplication ();
        break;
    case ENTRYPOINT_EXIT:
        ExitApplication ();
        break;
    }
    return true;
}
bool InitApplication ()
{
    //加载插件时注册自定义数据源 CHCFBDSourceFactoryImp
    CHCFBDSourceFactoryImp * pInst=CHCFBDSourceFactoryImp::GetInstance (true);
    HCDBDataSourceFactory::Register (_T ("MyDBS"), pInst);
    return true;
}
```

```
bool ExitApplication ()
{
    //卸载插件时清理环境
    HCDBDataSourceFactory:: UnRegister ( _T ( "MyDBS"));
    return true;
}
```

HCity DBEngine SDK 的主要类见表 7-2，更详细的说明请参考开发手册。

HCity DBEngine SDK 的主要类　　表 7-2

编号	类	说明
1	CGeoCoordinateSystem	地理坐标系，定义地球椭球参数
2	CHCDBDataSourceFactory	数据源工厂
3	CHCDataSources	数据源定义集合
4	CHCDataSource	一个数据源定义，线程安全
5	CHCDataset	数据集表，其游标中的一行为一个 CHCSetOfTileset
6	CHCSetOfTileset	Tileset 以及相关的材质表、块儿表等定义
7	CHCTilesetTable	一个 TilesetTable，其游标中的一行为一个 CHCTile
8	CHCTile	一个 Tile，对应“TilesetTable”表中的一行，数据上对应一个“GeoTable”表中的一部分（根据 TILE 或 SIMPLYTILE 过滤），产生一个 B3DM（或 I3DM）文件
9	CHCGeoModel	模型类。一个独立的模型对应一个该类，进而对应数据库中的一条记录
10	CHCMaterial	一个材质，表“MaterialTable”中一行
11	CHCTexture	一个纹理，表“Textures”中一行

2. HCity Server SDK

HCity Server SDK 的开发语言和注册方式与 HCity DBEngine SDK 完全相同，只不过不需要注册数据源。HCity Server SDK 的主要 API 见表 7-3，更详细的说明请参考开发手册。

HCity Server SDK 的主要 API　　表 7-3

编号	API	说明
1	hcLogin	用户登录，返回 JWT Token
2	hcDSAccessPermissionByJWTToken	根据 JWT Access _ Token 判断能否读写指定数据源
3	hcGetPrjList	得到项目列表
4	hcGetProjLayers	到指定项目指定版本的地图图层 tileset URI
5	hcGetDataByURL	根据 URL 从服务器获得 tileset json、模型、纹理等
6	hcQueryAttr	属性查询。对象自身有属性时，返回其自身的属性，否则返回其父节点（OWNER）的属性
7	hcUpdateAttr	更新属性
8	hcMCTaskCreate	创建碰撞检查任务
9	hcTaskList	得到项目的碰撞检查任务列表，包括已完成的和未完成的
10	hcTaskPos	获得指定碰撞检查任务中指定的碰撞位置数据

7.2.2 案例开发说明

本案例分两部分，第一部分演示了把 Revit 模型轻量化后，上传到服务器项目模型库中，与已有的道路、管线等模型进行合模的过程。该部分基于 HCity Desktop SDK 中的 Revit 插件和 HCity Portal API 实现，采用 C# 开发。第二部分演示了在 WebGIS 中选中一个模型（管道），并修改其属性，基于 HCity WebGL API 和 HCity Portal API 实现。

在 Revit 合模演示中，假定该模型的旋转角为 0，原点坐标为（511921.625，3525481.973），如果不知道模型的原点坐标，可以通过鸿城桌面端人工定位后入库。

关于 Revit 插件的开发和加载方式，请参考 Autodesk Revit 二次开发的相关章节。

第二部分在鸿城 WebGIS 中二次开发的代码，需要在鸿城 WebGIS 的 Plugins.js 中进行注册。Plugins.js 位于鸿城 Web 端的 HCityWeb/WebGIS 目录中，假定二次开发的代码位于 HCityWeb/WebGIS/asset/js/ModiAttrDemo.js 中，则加载方式如图 7-4 所示（3 个框中为增加部分）。

```
Plugins.js - 记事本
文件(F) 编辑(E) 格式(O) 查看(V) 帮助(H)
//Created by hongye on 2017/9/10.

define([
    'asset/js/ModiAttrDemo'
], function(
    ModiAttrDemo
) {
    'use strict';

    function Plugins(options){
        this.viewer = options.viewer;
        this.toolbar = options.toolbar;
    }

    Plugins.prototype.LoadPlugins = fuction(){

        var modiAttr = new ModiAttrDemo({ viewer:viewer });
        modiAttr.init();

    }

    return Plugins;
});
```

图 7-4 HCity WebGIS 二次开发代码加载

7.2.3 案例开发代码

1. Revit 模型轻量化后合模上传

```
//需要引用 RestSharp 第三方包
using RestSharp;
using System;
using System.IO;
using System.Net;
```

```
using Hongye. HCity. Utils;
using Hongye. HCity. RevitModel;
namespace RevitDemo
{
    class Program
    {
        private static readonly string ServerLocation="http://127.0.0.1:8888/";
        private static string Token=String. Empty;
        static void Main (string [] args)
        {
            //本地 Revit 模型
            var modelPath="D://Demo. rvt";
            //用户登录获取 toke
            var token=Login ();
            if (! String. IsNullOrEmpty (token))
            {
                Token=token;
                //轻量化模型
                var vModelPath=TransformRevit (modelPath);
                //上传轻量化模型
                if (UploadVimodel (vModelPath))
                {
                    Console. WriteLine ("轻量化模型上传成功");
                }
                else
                {
                    Console. WriteLine ("上传失败");
                }
            }
            else
            {
                Console. WriteLine ("用户名或密码错误");
            }
            Console. ReadLine ();
        }
        private static string Login ()
        {
            string userName="admin";
            string password="123456";

            var restClient=new RestClient (ServerLocation);

            var request=new
```

```
RestRequest ("HCity/ecp.hcx/ecpuser/login", Method.POST);
            request.AddParameter ("LoginName", userName);
            request.AddParameter ("Password", password);

            var response=restClient.Execute (request);
            if (response.StatusCode == HttpStatusCode.OK)
            {
                return response.Content;
            }
            else
            {
                return String.Empty;
            }
        }
        public static bool UploadVimodel (string vModelPath)
        {
            //检查文件是否存在
            if (! File.Exists (vModelPath))
            {
                return false;
            }

            var projectCode="HY001"; //模型的项目编号
            var parentId="001"; //模型所在目录的 Id
            var rotate="0"; //旋转角度
            var position="511921.625, 3525481.973";

            var restClient=new RestClient (ServerLocation);

                var request = newy RestRequest ( " HCity/ecp.hcx/upload/VModel ",
Method.POST);
            //附带 token 信息，验证是否有该模型的上传权限
            request.AddHeader ("Authorization","BasicAuth" + Token);
            request.AddHeader ("Content-Type","multipart/form-data");
            request.AddParameter ("projectCode", projectCode);
            request.AddParameter ("parentId", parentId);
            request.AddParameter ("rotate", rotate);
            request.AddParameter ("position", position);
            request.AddFile (Path.GetFileName (vModelPath), vModelPath);
            //上传模型，并根据旋转和原点信息进行合模
            var response = restClient.Execute (request);
            if (null== response || response.StatusCode ! =HttpStatusCode.OK)
```

```
                {
                    return false;
                }
                return true;
            }
        }
}
```

2. 选中模型并修改其属性

```
/**
 * ModiAttrDemo.js
 */
define ([
    'jquery',
    'asset/js/Util',
    'asset/js/Common',
    'Cesium/Core/ScreenSpaceEventHandler',
    'Cesium/Core/ScreenSpaceEventType',
    'Cesium/Core/Color'
], function (
    $,
    Util,
    Common,
    ScreenSpaceEventHandler,
    ScreenSpaceEventType,
    Color
) {
    'use strict';
    function ModiAttrDemo (options) {
        this.viewer = options.viewer;
        this.oldColor = new Color ();
        this.oldFeature = null;
    }
    //还原选中模型的颜色
    ModiAttrDemo.prototype.restoreFeatureColor = function () {
        if (this.oldFeature)
            this.oldFeature.color = this.oldColor;
    };

    //清理当前选中的模型
    ModiAttrDemo.prototype.clearChooseFeature = function () {
        this.oldFeature = null;
```

```
};

//根据位置选中对象
ModiAttrDemo.prototype.SelectFeature = function (position) {

    var self = this;
    var feature = self.viewer.scene.pick (position);

    if ( (! Common.isDefined (feature)) || (! feature._content) )
        return;

    Color.clone (feature.color, self.oldColor);
    feature.color = new Color (0.5, 0.5, 0.2, 1);

    var ids_ = feature.getProperty ('ID');
    var url = feature._content._resource._url;
    url= url.slice (0, url.indexOf ('.hcd/') + 5);

    //先从服务器请求属性数据
    Common.Http.get (url + 'attr/query/'+ids_) .then (function (data) {

        //显示数据，做有效性检查等，本示例代码中忽略
        //alert (JSON.stringify (data));

        //把管道系统改为'雨水'，管材改为'混凝土'，示例代码，忽略有效性检查
        var updateJson = JSON.stringify ( {
            Source: data.Source,
            Attrs: {SYSTNAME: '雨水', PIPEMATERIAL: '混凝土'}
        });
        $.ajax ( {
            type:"post",
            url: url + 'attr/update',
            async: false,          //使用同步方式
            data: updateJson,
            contentType:"application/json; charset=utf-8",
            dataType:"json",
            success: function (ret) {
                if (ret.Error.ErrorCode == 0)
                    alert ("ok");
                else
                    alert (ret.Error.DisplayText);
            }
        });
    });
};
```

```
    //初始化，注册到左键点击事件上
    ModiAttrDemo.prototype.init = function () {
        var self = this;
        var handler = new
ScreenSpaceEventHandler (self.viewer.canvas);

        handler.setInputAction (function (movement) {
            self.restoreFeatureColor ();
            self.SelectFeature (movement.position);
        }, ScreenSpaceEventType.LEFT_DOWN);
    };

    return ModiAttrDemo;
});
```

第 8 章　道路桥梁工程 BIM 应用二次开发成果

8.1　道路设计软件（SMEDI-RDBIM）

8.1.1　总体概况

SMEDI-RDBIM 软件开发总体概况，见表 8-1。

SMEDI-RDBIM 软件开发总体概况　　表 8-1

内容	描述
设计单位	上海市政工程设计研究总院（集团）有限公司
软件平台	达索（Dassault Systemes）
软件名称	3D Experience 平台、CATIA V6
功能描述	地形建模、设计建模、BIM 模型应用、方案评估四大模块功能

目前市政交通设计项目大多在二维设计软件上完成设计，然后在三维模型软件上完成翻模工作，再使用三维模型进行碰撞检查、漫游、施工仿真等 BIM 应用。这种模式虽然在早期取得了一定的应用成果，但没有实现 BIM 设计在所见即所得、优化设计、协同设计、信息共享等方面的真正价值，同时将设计人员和 BIM 人员进行了分离，增加了设计过程中的沟通成本。

SMEDI-RDBIM 系统是上海市政工程设计研究总院（集团）有限公司基于法国达索公司的 3D Experience 平台自主研发的一款市政交通设计软件，主要解决市政交通领域的基于 BIM 平台的正向设计问题，从而使各个专业的设计人员真正使用同一款软件进行 BIM 设计，实时进行碰撞检查、漫游，并在道路、桥梁、管线等多专业间进行数据的实时共享，真正实现设计协同。

8.1.2　开发必要性

近年来，在住房和城乡建设部、国家发展和改革委员会及地方政府的大力推动下，BIM 技术的工程应用及研发取得了长足的进步。目前，BIM 技术在国内建筑设计行业的应用较为成功，但在市政交通设计领域仅处于起步阶段，主要原因是缺乏专业性强且 BIM 能力突出的市政交通 BIM 软件。

国内可用于道路交通规划、设计环节的 BIM 软件主要包括 Autodesk 公司开发的 AutoCAD Civil 3D、Autodesk Infraworks（AIW），Bentley 公司开发的 PowerCivil，鸿业科技公司开发的 RoadLeader，南京狄诺尼公司开发的 EICAD，中交第一公路勘察设计研究院有限公司开发的 Hint 软件等。这些软件平台的特点各有不同，其中 Autodesk Infraworks（AIW）较侧重于基础设施BIM概念设计与演示；AutoCAD Civil 3D可完成道路工程、雨水/污水排放系统以及场地规划设计；PowerCivil可以用来做地形设计、道路设计和隧道设计；RoadLeader（路立得）是鸿业科技公司开发的基于BIM理念的三维道路设计软件，适用于城市道路、公路的方案设计，可快速生成三维效果图；南京狄诺尼公司开发的集成交互式道路与立交设计系统EICAD 3.0汇集了近十年来公路与城市道路设计领域的理论创新成果，初步具备三维成果的可视化展示功能，主要在公路行业设计领域应用；Hint（纬地道路交通辅助设计系统）系列软件是中交第一公路勘察设计研究院有限公司自主开发的设计软件，基本具备三维成果的可视化展示功能，在公路行业设计领域应用很广。

Autodesk公司的BIM系列软件在建筑行业应用较多，Autodesk平台的缺点是底层从二维出发，三维的相对不足，不能很好地完成三维设计及协同设计。

图形设计软件厂商Bentley同时也提出了基于MicroStation平台系列软件来实现BIM技术，采用的是联合数据库来实现建筑信息的整合。Bentley在国内的使用范围不广，学习数据缺乏，另外，和Autodesk软件一样，其在三维设计上也存在不足。

国内的RoadLeader（路立得）、EICAD、Hint（纬地道路交通辅助设计系统）属于基于AutoCAD平台上的二次开发软件，设计理念还是从二维出发，三维实体建模能力不足，三维可视化表达、数据集成应用及协同设计还需进一步开发，EICAD、Hint基本上是基于公路设计开发的，城市道路交通的设计及表达还明显不足。

达索公司的3D Experience平台在复杂造型、曲面建模功能及参数化能力方面出众，目前，在建筑行业已取得一定的市场份额，在市政工程领域正在发展。基于达索开发的Digital Practices是Gehry Technology公司利用CAA开发的BIM系列软件，软件应用于复杂的建筑结构，非常成功。

上海市政工程设计研究总院（集团）有限公司从2010年开始与达索公司合作，进行市政工程项目的BIM应用和研发，基于3D Experience平台完成了几十个项目的BIM设计。针对市政交通设计项目的特点，自主开发了基于CATIA平台的、适用于道路交通及配套的市政管线设计的、具有自主知识产权的二次开发SMEDI-RDBIM系统。

8.1.3 软件开发模式

达索公司的3D Experience平台（以下简称达索平台）提供3种开发模式：交互式开发模式（使用命令创建，无需代码）、脚本模式（使用Automation接口或EKL语言）和CAA开发模式（使用CAA API）。其中CAA开发模式可对现有的特征进行扩充、扩展，可进行数学、几何、拓扑、对象特征、PLM对象特征等各层面的操作，可定制复杂的交互。因此SMEDI-RDBIM系统选择CAA开发模式进行开发，从系统底层扩展道路交通领域所需的特征，并根据业务需要定制用户使用界面，从而一方面保证了模型创建的效率，另一方面保证了系统的可用性和专业性。

8.1.4 软件系统架构

根据市政交通设计项目自身的特点及业务流程的需求，依托达索平台，提出面向正向设计需求的SMEDI-RDBIM协同工作流程（见图8-1）。其中，SMEDI-RDBIM系统结合平台本身的三维设计模块，主要完成专业设计和应用，而平台又为系统提供了数据管理、协同工作的基础环境。

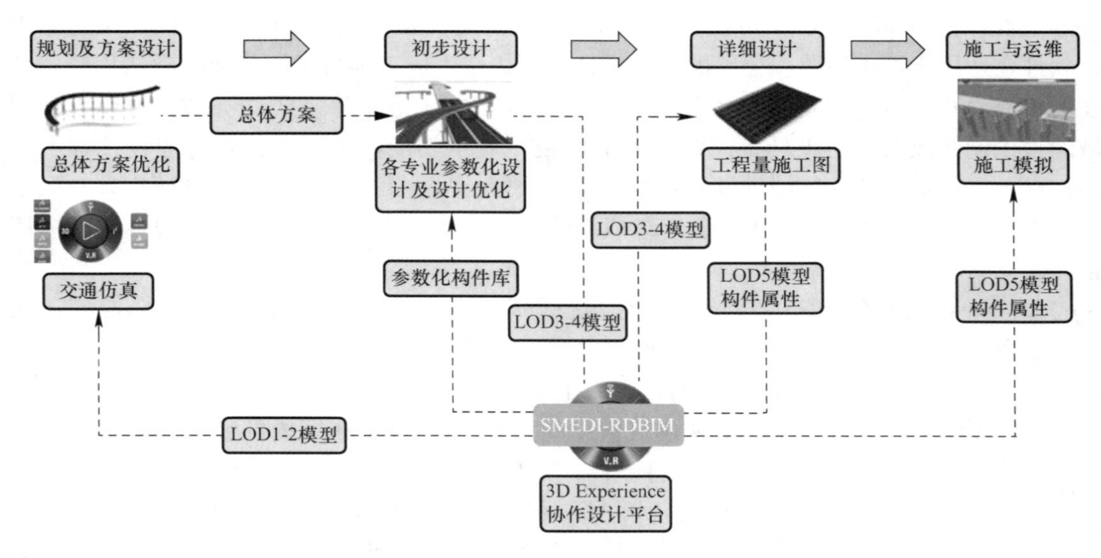

图 8-1　SMEDI-RDBIM 协同工作流程

SMEDI-RDBIM 系统包括地形建模、设计建模、BIM 模型应用、方案评估四大模块功能，还与外部系统之间存在数据接口，包括：与二维道路设计软件 RADS 系统、EICAD、Civil 3D、RoadLeadder 的数据读写接口，实现无缝集成，以及将设计结果导出到蓝色星球、DELMIA、Naviswoks、Para3D 等系统进行 BIM 应用的数据输出接口，如图 8-2 所示。

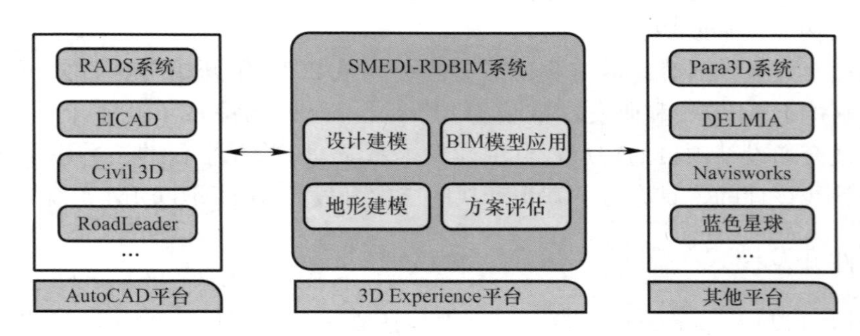

图 8-2　SMEDI-RDBIM 系统框图

8.1.5　地形建模

地形建模是设计的基础，该模块能自动读取原始地形数据，经过滤、调整、分块等操作，将原始地形数据处理成满足要求的、分块大小合适的中间数据，然后将中间数据生成分块网格，最终组合生成完整的三维地模，如图 8-3 所示，具体功能如下：

（1）支持多种数据形式

1）支持散点、等高线等传统模式的数据格式；

2）支持激光扫描所得的数据格式；

3）支持从卫星图抓取的数据格式。

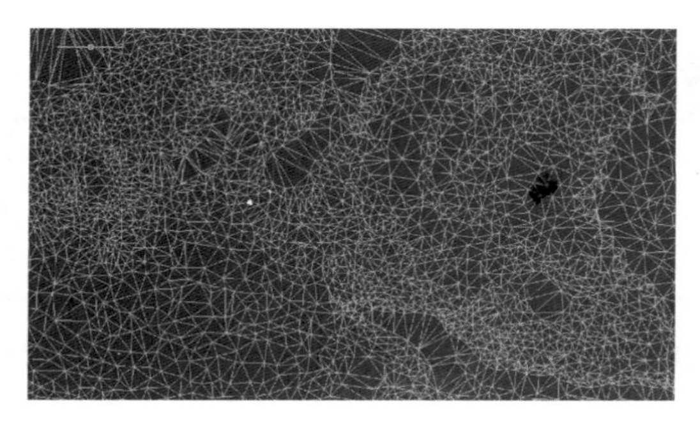
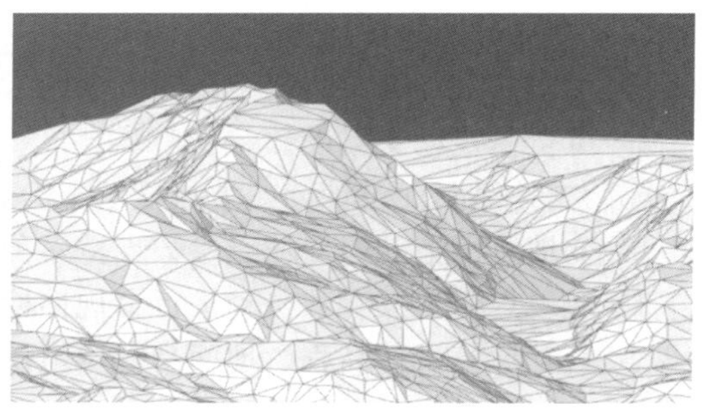

图 8-3　SMEDI-RDBIM 地形设计

（2）半自动化处理＋手工编辑生成三维 DTM 数据

1）半自动化处理奇异点以及悬崖、湖泊等特殊地貌；

2）支持手工编辑网格。

（3）三维 DTM 数据可导入 CATIA 生成三维网格模型

（4）三维网格模型支持测量、切割、合并

1）三维网格模型支持切割及合并；

2）支持地形数据和测量结果导出。

（5）三维网格模型轻量化，响应快

（6）可自动生成纵、横断面的地面线数据

（7）支持 FBX 等格式的外部数据

8.1.6　设计建模

设计建模是系统的核心，包括道路线形设计、道路设计、桥梁设计、管线及附属设施设计等模块。

1. 道路线形设计

线形设计是整个设计的基础，系统采用交互式交点设计及导角法设计方法，并在 3D Experience 平台的草图设计模块中实现，如图 8-4 所示，具体功能如下：

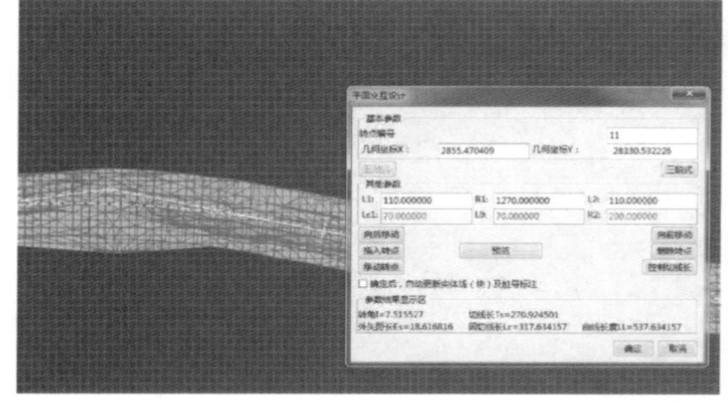
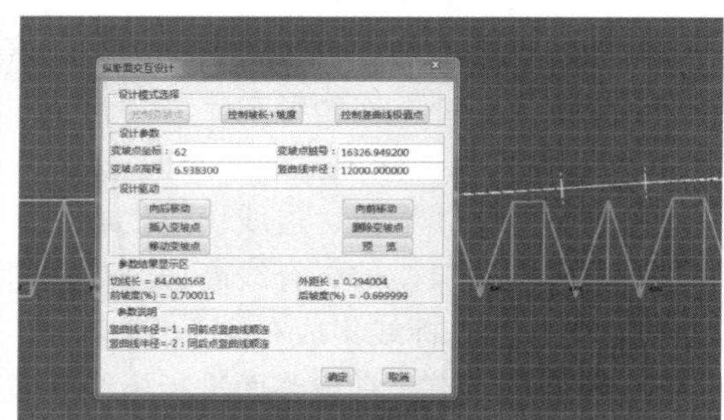

图 8-4　SMEDI-RDBIM 中心线设计

（1）支持平面设计：交互式交点参数设置

1）交点（IP 点）可拖动，交点参数支持多种方式设置；

2）交点位置及参数自动进行合规性检查。

（2）支持导角法设计

1）可支持复杂的立体交叉线形设计；

2）可自主拖动交互设计。

（3）支持纵断面设计：变坡点拖动＋参数修改

1）变坡点可拖动，变坡点参数支持多种方式设置；

2）变坡点位置及参数自动进行合规性检查；

3）自动计算设计高程、地面高程及填挖高度。

（4）支持三维中心线一键生成、自动刷新

1）三维中心线根据平纵数据一键生成；

2）平纵修改后，三维中心线自动更新。

2. 道路设计

道路设计提供两种设计方法：直接建模法和特征建模法。道路分段路面采用直接建模法，系统基于横断面生成草图，并根据用户设置的桩号生成引导线，通过扫略的方式生成道路分段路段；交叉口采用特征建模法，系统定义了交叉口特征，支持根据用户设置的道路边线、端线、横坡、脊线高程等参数快速生成模型。另外，系统还支持标志标线等交通安全设施的快速布置，支持挡土墙、边沟边坡快速设计，如图 8-5 所示，具体功能如下：

图 8-5　SMEDI-RDBIM 的道路设计

（1）支持基于中心线和横断面进行道路设计

1）可快速生成路面、分隔带；

2）路面定位准确，且包含横坡、超高信息；

3）自定义特征，模型轻量化。

（2）支持交叉口快速生成、竖向设计

1）根据脊线、端线、边线快速生成交叉口；

2）可对交叉口横坡、脊线高程进行竖向设计。

（3）支持标志标线集成布设＋快速修改

1）可对进口道、常规路面进行标线集成布设；

2）支持直线、虚线、停止线、转向箭头等多种标线；

3）可对标线进行快速修改、删除；

4）支持各类标志的布设及修改。

（4）支持挡土墙快速设计

（5）支持边沟边坡快速设计

3. 桥梁设计

桥梁设计模块提供基于中心线和跨径组合的快速布墩布跨功能，并支持快速修改墩跨构型，如图 8-6 所示，具体功能如下：

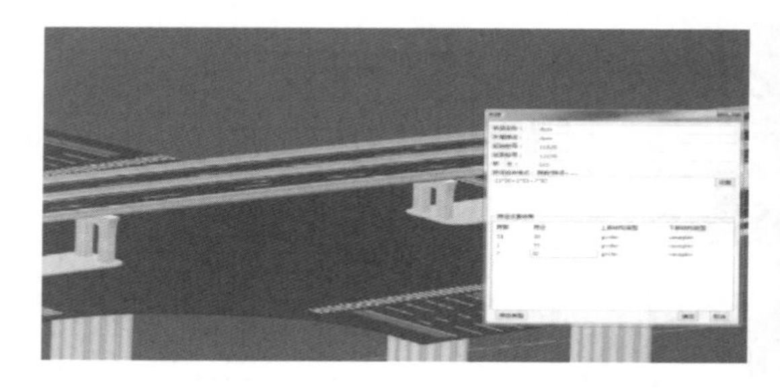
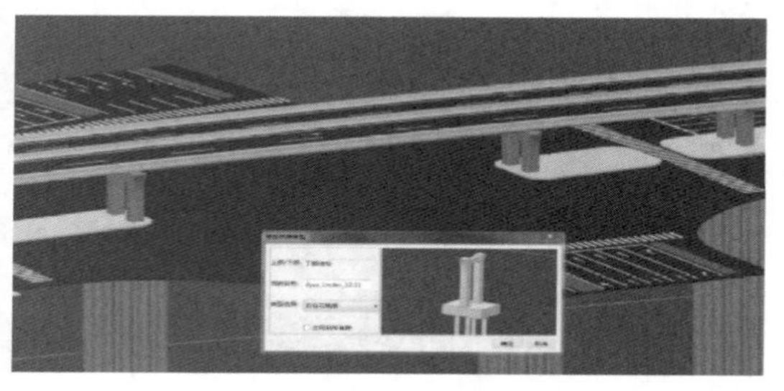

图 8-6　SMEDI-RDBIM 的桥梁设计

(1) 支持基于中心线和跨径组合快速布墩布跨

1) 可快速完成常规桥梁的布墩布跨；

2) 可同步生成护栏、路灯等设施；

3) 桥墩桥跨上部、下部结构类型可扩展。

(2) 支持快速修改墩跨构型

1) 可对墩跨类型进行快速替换，且继承被替换件的参数值；

2) 支持替换整联的上部、下部结构的构型；

3) 墩跨参数可快速修改；

4) 可对同类多组构件的参数进行统一修改；

5) 上（下）部设计参数修改，下（上）部设计参数联动。

4. 管线及附属设施设计

管线及附属设施设计模块提供如下功能：管线的快速设计、布置，路灯、消火栓等设施的快速布置，树木等绿化的快速布置，如图 8-7 所示，具体功能如下：

(1) 支持管线的快速设计、布置

1) 可快速进行给水排水管线平纵设计；

2) 根据管径、窨井类型进行快速布设；

3) 可根据坐标快速布置多组、多类管线；

4) 管线根据类型进行管理，并依类型设置颜色。

(2) 支持路灯、消火栓等设施的快速布置

1) 可根据中心线和偏距进行快速布置；

2) 可根据坐标进行批量布置。

(3) 支持树木等绿化的快速布置

5. 工程结构树

SMEDI-RDBIM 系统提供工程结构自动生成功能，为每条线路自动创建一套适合市政交通的工程结构，如图 8-8 所示。系统提供一键更新功能，可随中心线调整一键刷新相关道路、桥梁等模型的位置。系统还支持桩号的标注和设计高程的获取，以方便用户使用。

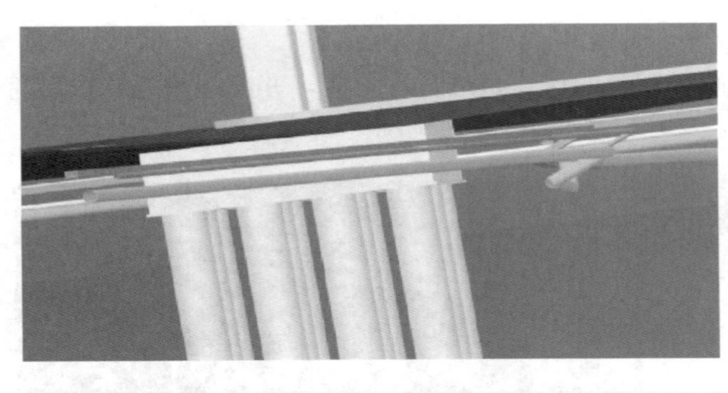

图 8-7 SMEDI-RDBIM 的管线及附属设施设计

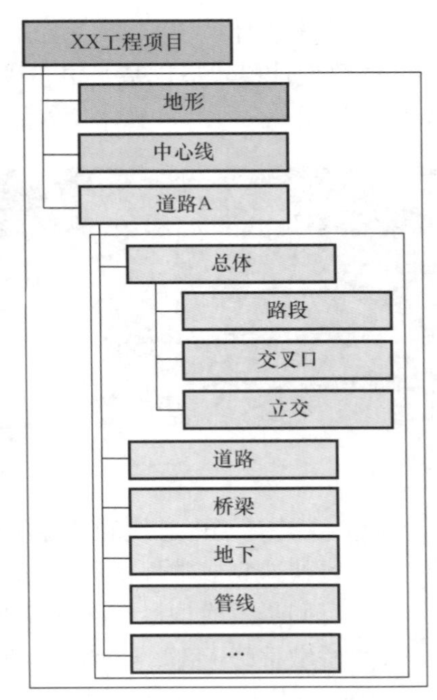

图 8-8 BIM 工程结构树

6. BIM 应用

通过 SMEDI-RDBIM 的设计建模完成道路工程整体模型后，用户可进行多种 BIM 应用。一方面，用户可基于 3D Experience 平台的特性直接进行模型的碰撞检查和漫游；另一方面，系统也提供了多种 BIM 应用功能，既可根据模型类型对工程量进行分别统计，也可通过数据接口将设计数据导出到 RADS 系统中进行二维出图。

7. 方案评估

在方案评估模块，SMEDI-RDBIM 系统提供了数据导出接口，用户可将设计数据导出到 VISSIM 中进行交通服务水平仿真，也可将设计模型导出到 Ansys 或 Midas 中进行桥梁结构、隧道结构分析。

8.1.7 工程应用案例

1. 宁波市中兴大桥项目

宁波市中兴大桥及接线工程起于宁波市中兴路—江南路口，沿中兴北路跨越甬江，止于青云路，全长约 2.62km。中兴大桥是通途路（庆丰桥）与世纪大道（常洪隧道）间跨甬江重要的交通主干道。

中兴大桥主跨 400m，一跨过江，采用 V 形主塔的矮塔斜拉桥，慢行系统布置在主梁挑臂以下。中兴大桥主桥采用 6 车道，连接线采用 8 车道，地面辅道采用 4～6 车道。项目总投资 26.4 亿元，其中建安费 9.8 亿元。

中兴大桥建设条件苛刻、桥梁构造复杂、施工场地有限、施工工艺先进，因此在项目前期阶段就开始使用 BIM 技术，同时勘察设计合同中明确要求提供 BIM 模型服务，并对服务内容作了具体要求。该项目选择达索 3D Experience 平台作为基础平台，综合使用 CATIA、SMEDI-RDBIM、VISSIM 等设计、仿真工具。技术路线如图 8-9 所示。

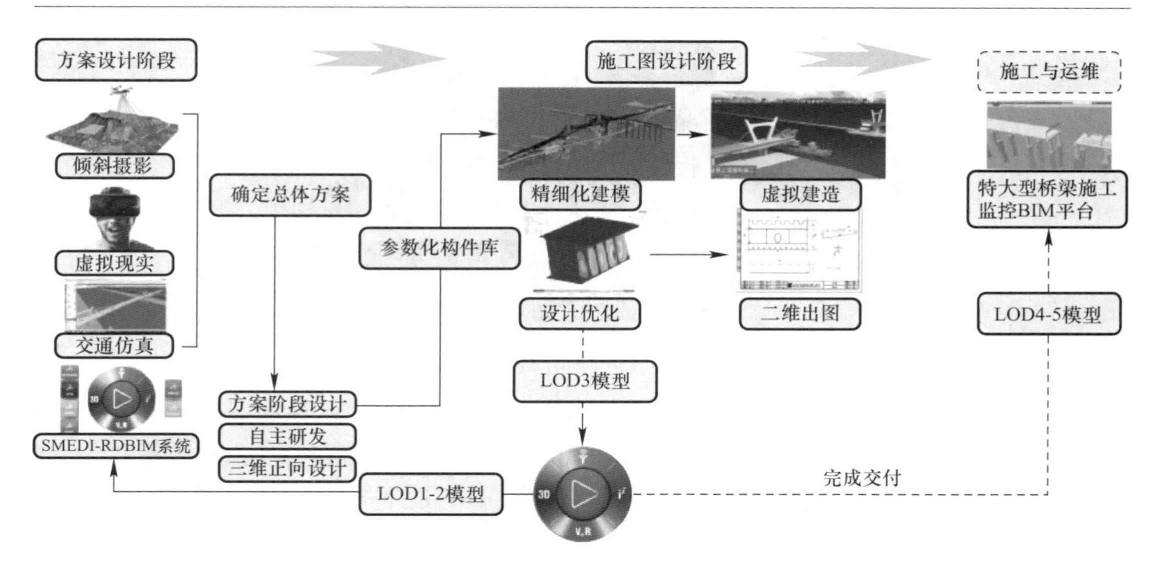

图 8-9　中兴大桥应用技术路线

在该项目 BIM 应用过程中，使用 SMEDI-RDBIM 进行道路、大桥引桥段的快速设计。先采用倾斜摄影技术获取地形数据，在系统中直接构建三维地模和地物，交互进行三维线形设计，后基于三维中心线进行主桥的建模设计，对引桥进行快速布墩、布跨，并直接在实体模型上进行路面标志标线等附属设施的设计，如图 8-10 所示。利用设计的 BIM 模型，实时进行碰撞检查、方案预览，并实现了工程量自动统计、交通仿真、重要工序的施工工艺模拟等应用。

图 8-10　中兴大桥应用成果

2. 大叶公路项目

大叶公路是上海市奉贤区“六横九纵”骨架公路网格局的重要组成部分，既是洋山港、临港沿海产业带对接长三角的主要货运疏解通道；也是市域南部松江、南桥、临港新城、组团间联系的东西向贯通性干道；同时也是 S32 与 G1501 两条东西向高速公路功能互补的主要干线通道。

大叶公路奉贤段现状为二级公路，近南桥新城段为双向 4 快 2 慢 6 车道，其余路段为双向 2 车道。本工程西起松江奉贤区界，东至奉贤浦东区界，全长约 33km，工程道路规划红线为 50m，道路等级为一级公路，设计速度暂定 80km/h，道路横断面布置为双向 6 车道。主要建设内容为：道路、桥梁工程，同步设置排水、绿化、照明、交通标志标线等附属工程。

考虑到该项目属于道路改造工程，体量大、设计时间紧迫，因此采用基于 BIM 的正向设计手段，以期降低设计人员的工作强度、缩短设计周期。该工程选择达索平台作为基础平台，综合使用 RDBIM、Para3D 等进行快速设计，并使用 VISSIM 进行交通仿真，使用 ANSYS 进行结构仿真，技术路线如图 8-11 所示。

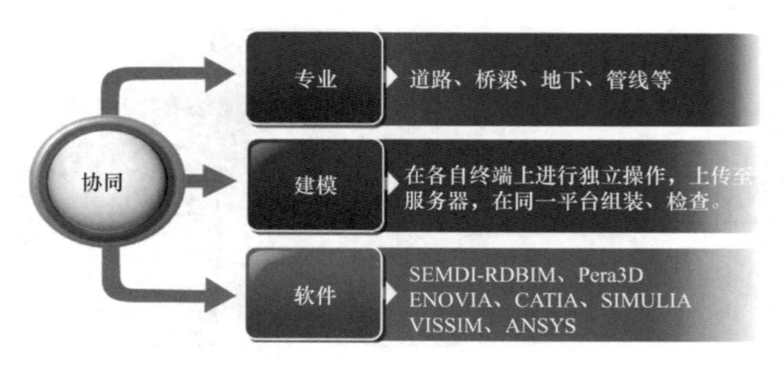

图 8-11　大叶公路应用技术路线

在该项目 BIM 应用过程中，使用 SMEDI-RDBIM 进行道路、高架桥梁等专业的快速设计。先采用传统测量数据进行地形建模，并在系统中通过交互方式设计线形，后基于三维中心线进行道路、交叉口、高架桥梁的快速布墩、布跨，并对道路交通标志标线等安全设置进行设计，同时通过系统进行了现状管线的快速布置，并对绿化设施进行了布置，如图 8-12 所示。

图 8-12　大叶公路应用成果

8.1.8　应用效果

SMEDI-RDBIM 系统已在实际项目中进行了应用，总体使用效果好，特别是在方案发生变更时，因模型与模型之间、模型与设计数据之间通过多种方式关联，通过一键更新可快速得到设计变更后的模型，大大降低了设计人员的劳动强度。在上述案例中，使用 SMEDI-RDBIM 系统的设计效率比传统设计＋翻模方法提高了 300％，所生成的模型也比以往设计模型包含更多设计信息。

另外，系统的使用模式兼顾专业设计软件特点和 CATIA 软件操作习惯，操作简单、灵活，普通设计人员经过 CATIA 使用培训和系统的简单培训即可上手使用。

8.2　桥梁设计软件（SMEDI-Para3D）

8.2.1　总体概况

SMEDI-Para3D 软件开发总体概况，见表 8-2。

SMEDI-Para3D 软件开发总体概况 表 8-2

内容	描述
设计单位	上海市政工程设计研究总院（集团）有限公司
软件平台	欧特克（Autodesk）
软件名称	AUTOCAD
功能描述	按照二三维一体化开发思路，实现自动生成并输出总图平面、总图立面、墩位统计表、桥墩构造图、桥墩投影图、三维模型以及 BIM 信息等

8.2.2 开发必要性

随着 BIM 技术在工程建设领域的深入应用，BIM 软件的专业化二次开发需求也更加迫切。目前普遍情况是国内专业软件完成设计任务能力强，而处理 BIM 模型和信息能力弱，而国外 BIM 软件则正好相反，即所谓“国内软件上不了天，国外软件落不了地”的现状。这就要求国外 BIM 软件针对中国工程实际进行本地化及专业化的二次开发，或者国内专业软件实现基于 BIM 的二次开发或改造。

目前很多 BIM 软件在桥梁专业应用过程中存在以下 3 个方面的问题：

（1）依赖道路交接数据，不能自动更新计算。桥梁及其他交通建设工程都依赖于道路，而道路是一条带状的复杂曲面形体，需分解为平面、纵断面和横断面三个二维的问题分别进行处理，即所谓的道路平纵横设计体系，该体系的核心是道路中心线设计，包括平曲线和竖曲线设计。由于道路中心线算法比较复杂，通常使用道路 CAD 软件进行设计和计算，因此很多 BIM 软件需要道路专业配合提供墩位中心坐标、方位角及桥面标高等设计数据。一旦道路平纵线形出现变更，那么这些数据就要重新交接，容易导致设计过程出现“错漏碰缺”问题。

（2）依赖构件模板定制，不能进行构件组合。桥梁主要是结构工程，具有构件类型多、结构设计复杂等特点。不同桥梁工程的构件类型往往差别比较大，其中下部结构还存在各种基础、立柱以及盖梁等组合形式变化，这就导致构件品种成倍增加，要建立通用的构件库难度非常大。目前很多 BIM 软件采用“骨架＋构件模板”的建模方法，即把道路中心线作为参照骨架，对各种构件按预先定制的模板进行实例化和空间定位，最终合并成为整体桥梁模型。该方法可以用于针对特定桥梁项目进行手动建模，但要实现更多桥梁项目的自动化建模还需要考虑和处理好构件类型的组合问题。

（3）桥梁结构模型完成后无法自动进行二维出图。桥梁工程图中有许多特殊画法和习惯画法需经专业化处理（如剖面线、截断线、相贯线等），导致通过三维直接生成二维很难自动化实现。例如桥梁纵断面图是沿道路中心线与大地垂直曲面展开后再进行投影绘制，对于斜交的情况还要按照仿射投影绘制，这很难通过三维剖切或投影直接进行表达。桥梁构件钢筋图大都采用示意画法，即要求在局部对钢筋点或线的表达进行特定简化甚至省略等操作，而对钢筋数量则要求精确统计。此外，桥梁工程图通常涉及多视图处理，而且轮廓线形根据表达需要不一定是连通区域或在同一平面内，这也很难通过三维实体直接剖切来获得二维轮廓。

要处理好上述桥梁专业正向设计过程存在的问题，就必须进行专业化的二次开发。SMEDI-Para3D 桥梁软件就是在桥梁正向设计需求的背景下诞生的，该软件提出了基于

“一体信息、多维表达”机制的一体化桥梁BIM软件开发思路，如图8-13所示，即以设计信息为主体，按照桥梁专业设计流程进行输入和计算，自动化生成一到多种二维或三维的设计成果。

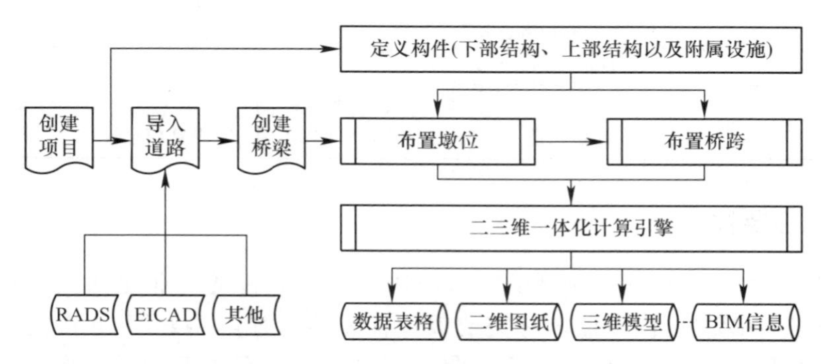

图8-13 二三维一体化桥梁BIM软件开发思路

8.2.3 软件实现功能

SMEDI-Para3D软件按照二三维一体化思路实施开发，采用符合习惯的输入方式，可以自动生成并输出总图平面、总图立面、墩位统计表、桥墩构造图、桥墩投影图、三维模型以及BIM信息等。该软件通过采用道路核心算法、专业化树结构、组件化编程和一体化引擎等关键开发技术，打通了道路与桥梁数据交接环节，实现了可组合可替换的构件设计，解决了BIM软件的出图难题。

1. 软件功能

SMEDI-Para3D桥梁软件功能见表8-3。

SMEDI-Para3D桥梁软件功能 表8-3

序号	软件模块	软件功能
1	软件启动模块	软件正式版验证、自动更新、AutoCAD版本选择 Para3D扩展命令、Para3D扩展窗口
2	项目管理模块	项目文件管理、项目树管理 对象选择、对象编辑、信息编辑、参数编辑 图形预览、界面管理
3	导入道路模块	创建空道路、创建测试道路 批量导入道路、批量导入道路并创建桥梁
4	创建桥梁模块	创建空桥梁、选择道路并创建桥梁
5	定义构件模块	添加下部桥墩构件、组合桥墩子级构件（如桩基、基础、承台、立柱等） 添加下部盖梁构件、添加上部主梁构件、添加上部附属构件 添加道路断面构件
6	布置墩位模块	快速添加墩位布置（按数量、按跨径、按桩号等） Excel批量编辑墩位布置、CAD批量交互添加墩位、快速等距插补墩位 按桩号重排序墩位、动态调整墩位跨径
7	布置桥跨模块	自动生成桥跨布置、Excel批量编辑桥跨布置
8	输出成果模块	生成Excel总体布置参数表、生成二维CAD总图（合并、分块、更新） 输出二维桥墩构造图、新建三维桥墩投影图 生成三维CAD模型（离散、嵌套块）、导出BIM信息文件

2. 软件启动

SMEDI-Para3D 桥梁软件为绿色软件，无需安装文件也不需修改系统注册表，直接拷贝软件到机器上某个目录中，鼠标双击 Para3D. exe 即可启动软件。该软件本质上是基于 . NET 开发的 AutoCAD 扩展插件，通过扩展命令和菜单在 AutoCAD 平台上提供扩展功能。因此 SMEDI-Para3D 桥梁软件启动后将新开一个 AutoCAD 进程并进行初始化和注册，最终显示扩展窗口和菜单，如图 8-14 所示。

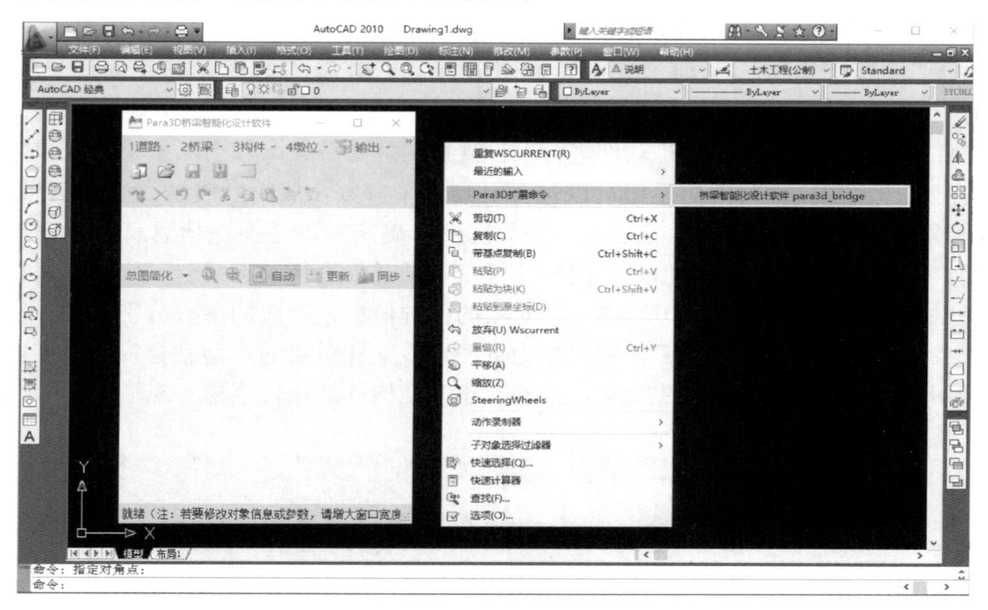

图 8-14　SMEDI-Para3D 桥梁软件的扩展窗口和菜单

SMEDI-Para3D 桥梁软件扩展窗口最大化后的用户界面，如图 8-15 所示，上部为工具栏，左侧为项目树结构面板，右侧为信息预览和编辑区域，中间为项目图形预览区，默认显示总图平面，也可切换显示其他图形或三维模型。软件较易上手，设计负责人、设计人员以及 BIM 人员都能使用，可以根据分工录入相应设计信息，这也是正向设计的基本要求。

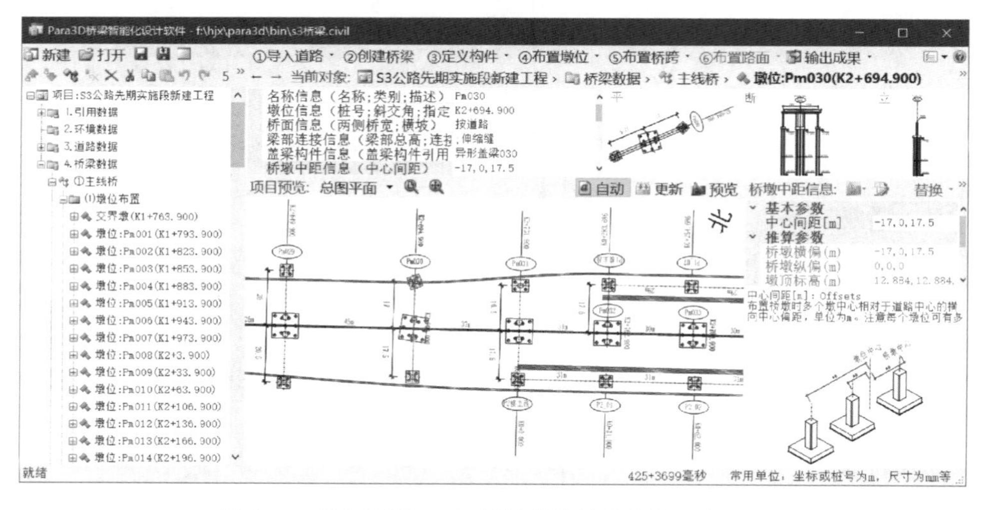

图 8-15　SMEDI-Para3D 桥梁软件的最大化用户界面

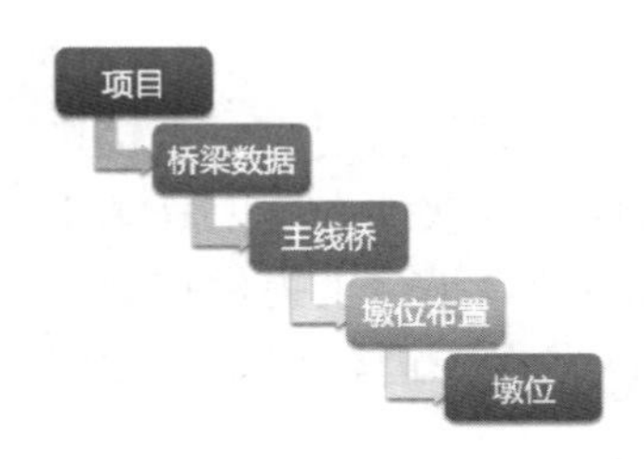

图 8-16　SMEDI-Para3D 桥梁软件的项目树结构

3. 项目管理

SMEDI-Para3D 桥梁软件的项目管理采用专业化、层级化的树结构，如图 8-16 所示，既有对应的树结构面板操作界面，也有对应的图形预览区，最终还能存储为项目数据文件（＊.civil）。可见该树结构其实就是一个桥梁信息模型，也就是二三维一体化的本源。其中原始设计信息加载到内存后，经过一体化计算可得到更多设计过程信息，其中几何信息可以在图形预览区查看和选择，非几何信息则可以在其他区域查看、选择以及编辑。

软件的项目树结构的节点是软件进行项目管理的基础对象，每个对象又可以包含零到多个信息或子对象，而每个信息还可以包含一到多个参数，从而形成了完善的信息体系，如图 8-17 所示。注意对象的类型是由一个关键信息确定的，替换该信息就会改变该对象的类型，但不影响对象的其他信息。同样还可以对子对象进行动态组合、修改和替换。例如矩形立柱＝“1500×1200×107”是立柱对象的关键信息，对应的参数分别是长、宽和倒角，如果改为圆形立柱＝“1000”，则参数为直径，该立柱对象的类型就会发生改变，相应的二维图形和三维模型也会发生变化，这样动态改变构件就比较容易实现了。

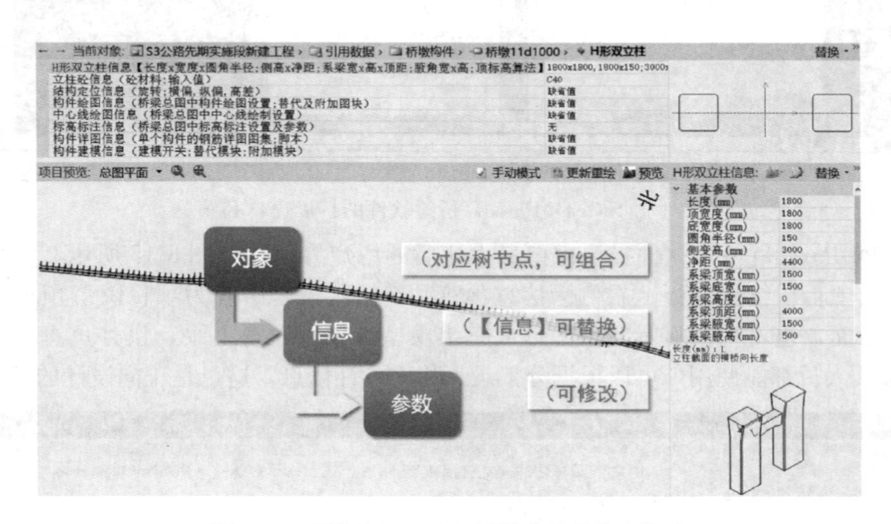

图 8-17　SMEDI-Para3D 桥梁软件的信息体系

4. 导入道路

道路数据是后续桥梁设计的基础资料，导入道路数据后将生成对应的道路节点，该节点可以被后续创建的一到多个桥梁节点所引用。软件支持导入 RADS、EICAD 等道路 CAD 软件的数据文件，并自动记录这些外部文件的链接位置，只要道路数据文件发生更改，那么下次打开或更新项目时就会自动更新所有与该道路数据相关的内容，确保道路平纵横基础数据的一致性和完整性。

5. 创建桥梁

桥梁节点更像一个容器，软件在创建桥梁节点时会自动创建“布置墩位”和“布置桥跨”两个子节点。注意桥梁节点含有很多默认信息，为后续的墩位和桥跨布置提供了一些默认值，这些默认值的变化将对该桥梁节点下的所有子对象发生作用。

6. 定义构件

在桥梁工程设计中，受到不同工程设计条件、景观要求等约束限制，桥梁组成构件和结构设计往往灵活多变、差别较大，但通常又遵循统一的设计原理或规律，自上而下地进行结构分解和设计。因此，在同类型或常规的桥梁工程中，往往有数量庞大的、彼此各不相同又有一定变化规律的分部分项构件。对于这些有规律的分部分项构件，最好的办法是为同类型构件定义一种构件形式，然后在后边的一个或多个桥梁设计中进行套用。

SMEDI-Para3D桥梁软件采用了“构件组合套用”的思想，即预先定义桥墩、盖梁或主梁的构件组合形式，然后在墩位或桥跨布置时进行引用。如果构件组合数据有所改变，则所有引用到该构件的墩位或桥跨也将自动进行更新，从而提高结构设计变更效率。软件实现了常用的桥梁结构构件库（包括桩、承台、立柱、桥墩、桥台、盖梁、主梁以及附属等），如图8-18所示，可用于灵活定制桥梁构件组合，参数修改简单明了，支持可组合和可替换设计。

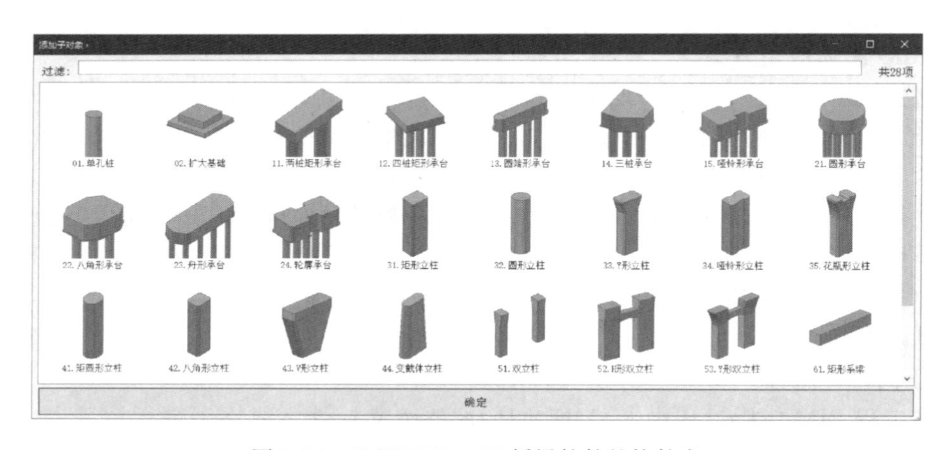

图8-18　SMEDI-Para3D桥梁软件的构件库

7. 布置墩位

在桥梁设计中布置墩位是一件重要而又繁琐的工作，布置墩位时需要综合考虑近期或远期设计需要和业主需求，还有周边已有道路、桥梁、隧道、河流、地上建筑、地下管线以及构筑物等的空间位置和安全距离等，导致设计过程中桥墩位置和结构构件经常发生变更。针对这些实际工程需求，SMEDI-Para3D桥梁软件提供了几种比较便捷的墩位布置和修改功能，包括比较符合设计人员习惯的CAD交互和Excel批量布墩功能，可以大大提升墩位修改效率，也方便与已有或其他软件的设计数据进行校对或复核。

8. 布置桥跨

桥跨布置相对于墩位布置简单一点，因为相邻墩的跨径其实已在墩位布置中设定完成，桥跨布置的主要任务是设定各联桥跨所处的墩位以及上部结构构件如主梁、附属等。

通常刚开始可以通过软件自动生成桥跨布置，然后再修改相关的桥跨信息，软件也提供了比较符合设计人员习惯的 Excel 批量修改桥跨的功能。

9. 输出成果

按前述功能输入数据并修改到位后，经过二三维一体化计算，即可自动生成各类设计成果，达到“一次输入多种输出”的目的，设计人员和 BIM 人员各取所需，不用额外翻模。为更好地支持正向设计，软件基于 ObjectARX. NET 开发并嵌在 AutoCAD 内运行，能直接生成二维图纸内容（包括总体平面、总图立面、墩位数据表、桥墩构造图以及桥墩投影图等）和三维模型，还能输出 XML 格式的信息交换文件（包含项目树信息及模型索引号），支持模型和信息的后续 BIM 应用。

8.2.4 工程应用案例

1. S3 公路工程简介

S3 公路是上海市公路网“一环十二射”的重要射线道路；S3 地面道路是浦东中部区域重要的南北向交通干道；本工程总投资约 182 亿元。其中先期实施段为 S20 至周邓公路，路线总长 3km，高架采用双向 6 车道，地面道路采用双向 4～6 车道。实施范围内合计 2 对平行匝道。

2. BIM 总体应用方案

考虑到该工程体量大、设计时间紧迫、基于 BIM 的正向设计要求较高，其 BIM 应用选用基于 Autodesk 系列的软件平台，如图 8-19、图 8-20 所示，综合使用了 Civil3D、Infraworks、3dsMax、RasterDesign 及基于 AutoCAD 二次开发的 BIM 应用软件（包括路立得、管立得、Para3D、BridgeWise 等）进行设计分析，并使用 VISSIM 进行交通分析。全线初步设计阶段强调快速建模，用于形象展示立交节点样式，直观呈现整体与细部的视觉效果，而先期实施段在施工图设计阶段则采用多平台多专业正向设计和协同建模，侧重于提高设计效率和确保设计质量。

3. 正向设计流程

在该工程 BIM 应用过程中，SMEDI-Para3D 桥梁软件主要用于进行桥梁专业正向设计，包括二维出图和三维建模，实现二三维一体化。该软件的具体应用流程如图 8-21 所示。

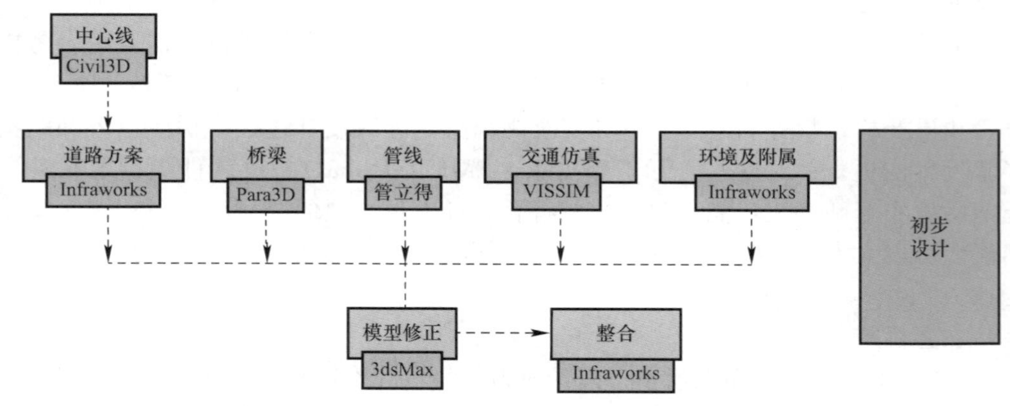

图 8-19 S3 公路 BIM 软件组合应用方案（初步设计）

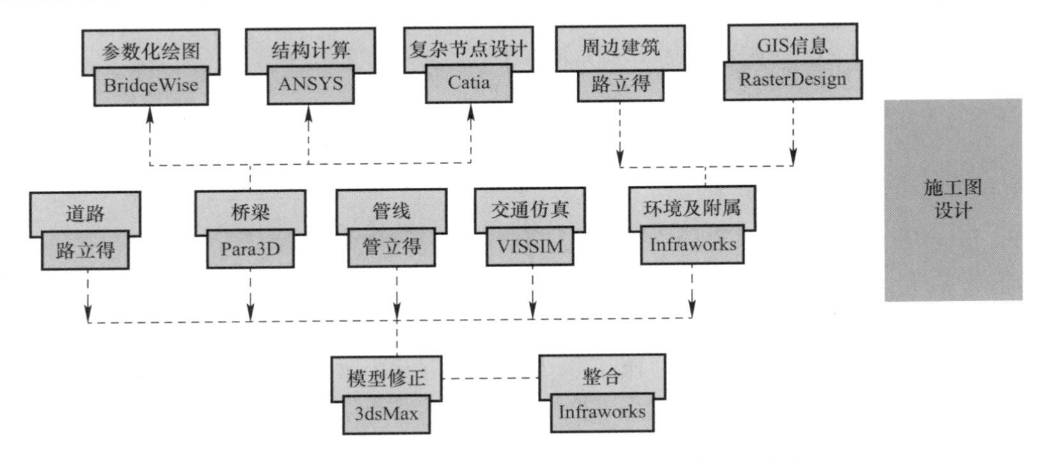

图 8-20　S3 公路 BIM 软件组合应用方案（施工图设计）

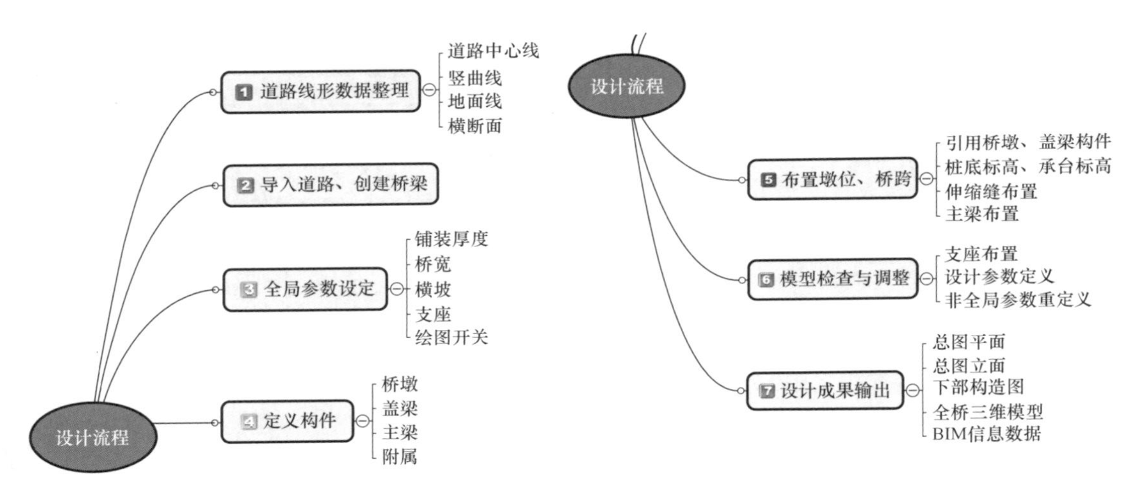

图 8-21　SMEDI-Para3D 桥梁软件正向设计流程

4. 正向设计数据

SMEDI-Para3D 桥梁软件精心设计了专业化、层级化的项目树结构，树节点既可以包含设计信息也可以包含子节点，对应的项目文件用于存储整个项目的原始设计数据。该项目文件其实就是一个纯文本的桥梁信息模型，经过一体化计算可以得到更多设计过程信息，其中几何信息可以在图形预览区查看和选择，非几何信息则在其他区域查看、选择以及编辑。

本工程的 SMEDI-Para3D 项目文件（. civil）内容摘要示例如下：

```
项目（名称="S3 公路先期实施段新建工程" 编号="2016SH038SS"）{
  引用数据 {
    桥墩构件 {
      桥墩（名称="桥墩 A 型"）{
        承台（矩形承台="5100×3000×1900"材料="C30 混凝土"垫层="100×100"）{
```

```
        桩基（灌注桩="1000"多排布置="1500，1200，1500；2000"）}
      立柱（矩形立柱="1500×1200×107"材料="C40 混凝土"）{
        支座（盆式支座="GPZ1.0SX"单排布置="单个"）}}
…}}
```

5. 正向设计成果

在该工程中应用 SMEDI-Para3D 桥梁软件最终获得的正向设计成果主要有先期实施段的桥梁总体平面布置图，如图 8-22 所示；桥梁总体立面布置图，如图 8-23 所示；桥墩构造图，如图 8-24 所示；三维桥梁模型，如图 8-25 所示；工程数量表，如表 8-4 所示。

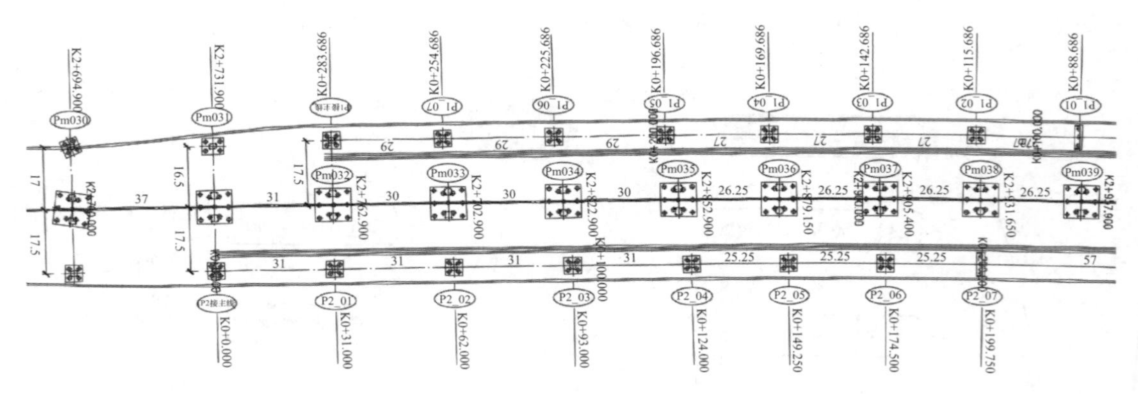

图 8-22　桥梁总体平面布置图（m）

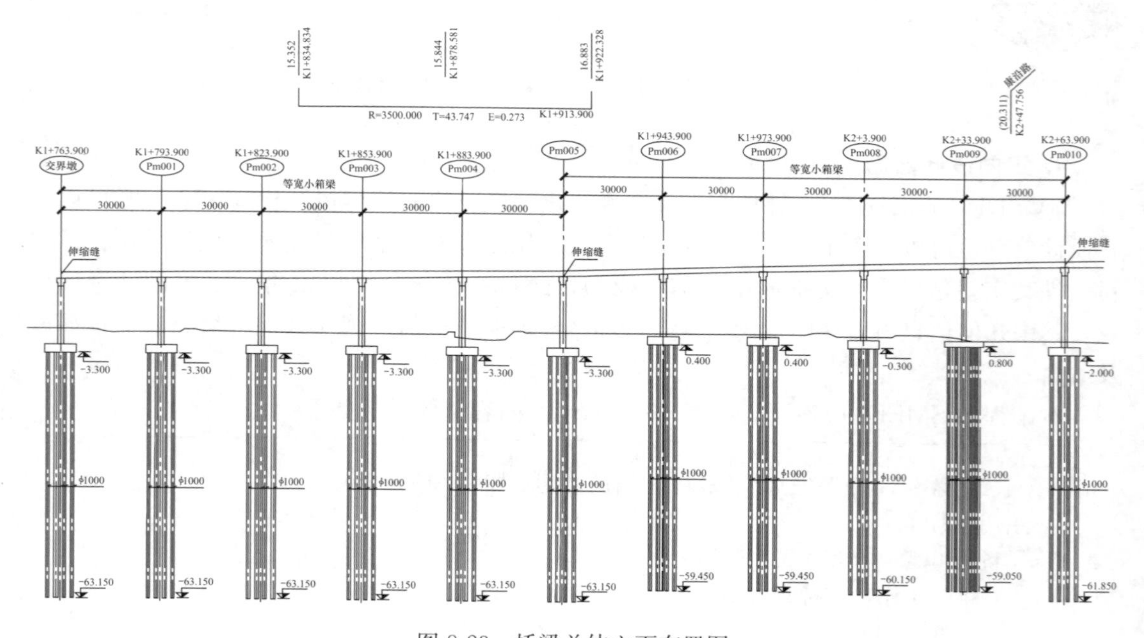

图 8-23　桥梁总体立面布置图

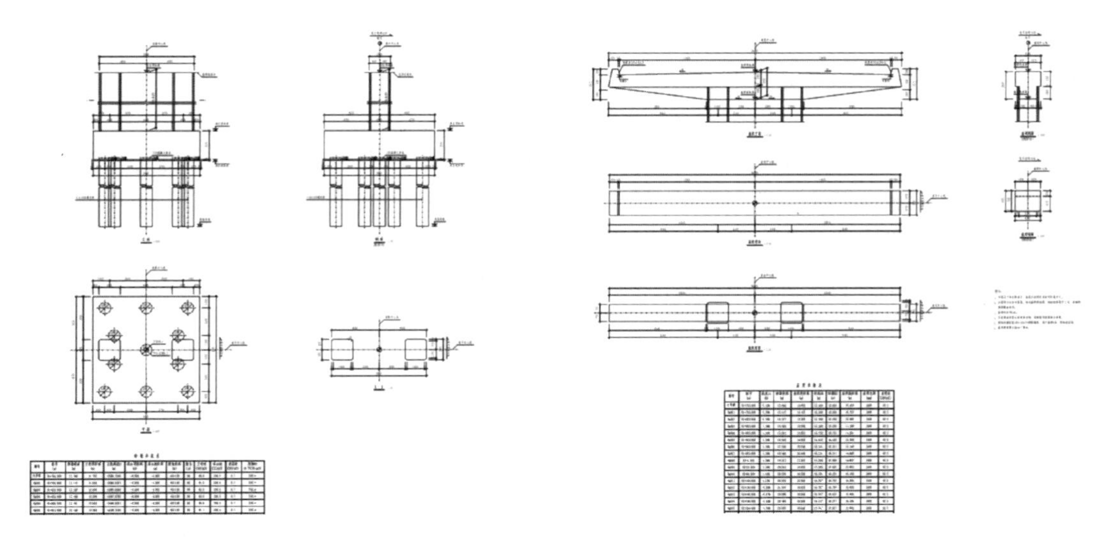

图 8-24　SMEDI-Para3D 桥梁软件生成的桥墩构造图

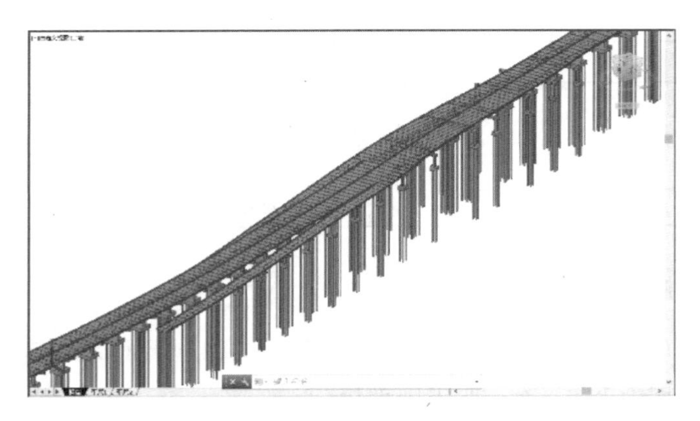

图 8-25　SMEDI-Para3D 桥梁软件生成的三维模型

工程数量表　　　　**表 8-4**

墩号	桩号（m）	中心坐标 X（m）	中心坐标 Y（m）	方位角 r（度分秒）	纵坡（%）	桥面标高（m）	地面标高（m）	盖梁混凝土 C40（m^3）	立柱混凝土 C40（m^3）	承台混凝土 C40（m^3）	垫层混凝土 C40（m^3）	桩基混凝土 C40（m^3）	橡胶挡块 200×150×21
交界墩	K1＋763.900	－10111.446	11913.799	160.4431	0.12	15.048	0.000	92.5	80.9	209.3	8.7	518.4	4
Pm001	K1＋793.900	－10139.767	11923.693	160.4431	0.50	15.147	0.000	92.5	81.5	209.3	8.7	518.4	4
Pm002	K1＋823.900	－10168.088	11933.588	160.4431	0.50	15.297	0.000	92.5	82.5	209.3	8.7	518.4	4
Pm003	K1＋863.900	－10196.409	11943.483	160.4431	1.04	15.499	0.000	92.5	83.8	209.3	8.7	518.4	4
Pm004	K1＋883.900	－10244.731	11953.378	160.4431	1.90	15.941	0.000	92.5	86.6	209.3	8.7	518.4	4
Pm005	K1＋913.900	－10253.052	11963.272	160.4431	2.76	16.640	0.000	92.5	91.1	209.3	8.7	518.4	4
Pm006	K1＋943.900	－10281.373	11973.167	160.4431	3.00	17.530	0.000	92.5	73.0	209.3	8.7	518.4	4

8.2.5　应用效果

SMEDI-Para3D 桥梁软件已在部分实际工程项目中进行了应用，总体使用效果比较好，使用输入简单，输出成果实用，普通桥梁设计人员在 AutoCAD 中既可以完成常规桥梁设计任务，也可以快速获得相关模型和 BIM 信息，克服三维 BIM 软件出图难情况，总体性价比高。

在上述高架道路应用案例中，主线长约 3.14km，共有 101 个桥墩，还有 4 条匝道各有 8 个桥墩。在基本熟悉软件的情况下，1 名设计负责人输入总体数据约需 1d，1 名桥梁设计人员输入详细构造数据约需 2d，就可以得到该桥梁的总图、构造图和相关模型，其中总图出图完整率可达 90%以上，构造图出图完整率可达 70%以上。

8.3 钢箱梁自动建模软件

8.3.1 总体概况

钢箱梁自动建模软件开发总体概况，见表 8-5。

钢箱梁自动建模软件开发总体概况 表 8-5

内容	描述
设计单位	上海市城市建设设计研究总院（集团）有限公司
软件平台	达索（Dassault Systemes）
软件名称	CATIA V5
功能描述	钢箱梁模型自动生成

8.3.2 开发必要性

近年来，我国桥梁建设发展迅速，但是钢桥所占的比例仍很低。据不完全统计，全国 59 万座公路桥梁中钢桥不足 2%，而美国钢桥约占 33%，日本钢桥约占 41%。钢桥在中国有广阔的市场前景，对钢桥的研究将产生长远的应用价值。在钢桥设计中，钢箱梁是其主要组成部件，通常钢箱梁由工厂预制并运至工程现场拼装完成。在钢桥的设计中，上部结构的钢箱梁设计通常对桥梁的整体施工质量起到关键性作用。

建筑信息模型（Building Information Modeling，BIM）产生于 19 世纪 70 年代，BIM 技术将原本孤立的二维图纸进行整合，是一种基于先进的三维数字设计和工程软件所构建的“可视化”数字建筑模型。通过 BIM 模型，为设计师提供“模拟和分析”的科学协作平台，帮助他们利用三维数字模型对项目进行设计、建造及运营管理。

目前 BIM 技术在欧美等发达国家的建筑业已得到较好的推广与应用，近年来在我国也得到了一定的应用，特别是在建筑工程项目中取得了一定的成效。但目前 BIM 技术的研究在国内尚处于探索阶段。BIM 技术在应用过程中还存在着手段单一、精确度不足、自动化程度低等问题。在民用建筑项目中，Revit 的应用已取得良好的效果，但应用于桥梁等异形构筑物中，Revit 还存在一定的局限性。本书采用机械类软件 CATIA 进行钢箱梁的 BIM 建模，利用 CATIA 强大的曲面造型功能解决钢箱梁在空间上存在的横坡及纵坡。最后通过二次开发 CATIA 建立钢箱梁的自动生成程序，精简建模过程中的人工工作，提升建模效率和准确度。

8.3.3　钢箱梁结构 BIM 建模的工具

选用 CATIA 软件作为实现钢箱梁结构 BIM 建模的工具。CATIA 中建立钢箱梁主要包括 3 个方面：定位骨架建模、钢箱梁外壳建模、钢箱梁横隔板建模。

1. 定位骨架建模

定位骨架是钢箱梁的基本组成部分，通过修改骨架，可参数化地改变钢箱梁的整体构造模型。定位骨架主要包含钢箱梁的顶板轴线以及横隔面。

（1）轴线生成

对于部分有明确方程的轴线，可在 CATIA 中根据轴线的函数表达式直接创建。其余轴线通常由平曲线和纵曲线两组线型数据相互关联确定。绘制此类轴线，可采用拟合法建立。

在 AutoCAD 中的平曲线上分别做 n 个等分点，并用数据提取功能获取平纵曲线的 X、Y 坐标；在纵曲线上读取对应等分点的高程坐标，得到每个等分点完整的 X、Y、Z 坐标。在 CATIA 中生成所有等分点并用样条线将所有等分点串联生成中心线。钢箱梁轴线生成的过程如图 8-26 所示。

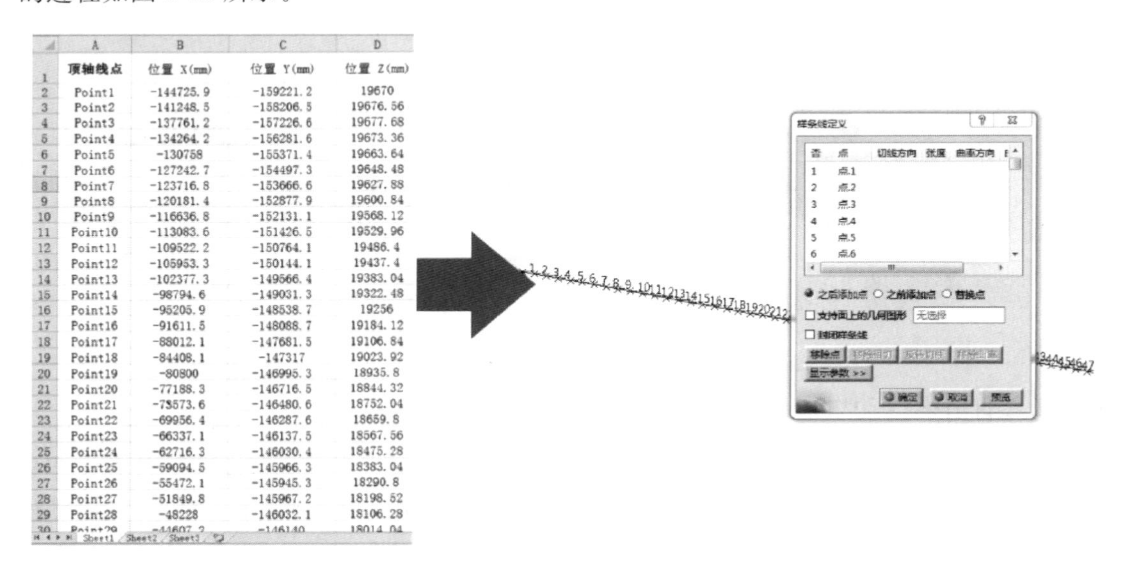

顶轴线点	位置 X(mm)	位置 Y(mm)	位置 Z(mm)
Point1	-144725.9	-159221.2	19670
Point2	-141248.5	-158206.5	19676.56
Point3	-137761.2	-157226.6	19677.68
Point4	-134264.2	-156281.6	19673.36
Point5	-130758	-155371.4	19663.64
Point6	-127242.7	-154497.3	19648.48
Point7	-123716.8	-153666.6	19627.88
Point8	-120181.4	-152877.9	19600.84
Point9	-116636.8	-152131.1	19568.12
Point10	-113083.6	-151426.5	19529.96
Point11	-109522.2	-150764.1	19486.4
Point12	-105953.3	-150144.1	19437.4
Point13	-102377.3	-149566.4	19383.04
Point14	-98794.6	-149031.3	19322.48
Point15	-95205.9	-148538.7	19256
Point16	-91611.5	-148088.7	19184.12
Point17	-88012.1	-147681.5	19106.84
Point18	-84408.1	-147317	19023.92
Point19	-80800	-146995.3	18935.8
Point20	-77188.3	-146716.5	18844.32
Point21	-73573.6	-146480.6	18752.04
Point22	-69956.4	-146287.6	18659.8
Point23	-66337.1	-146137.5	18567.56
Point24	-62716.3	-146030.4	18475.28
Point25	-59094.5	-145966.3	18383.04
Point26	-55472.1	-145945.3	18290.8
Point27	-51849.8	-145967.2	18198.52
Point28	-48228	-146032.1	18106.28
Point29	-44607.2	-146140	18014.04

图 8-26　钢箱梁轴线生成

（2）横隔面生成

定位骨架中的横隔面用于定位钢箱梁中的截面草图。横隔面的方向同 Z 轴保持一致。在 X、Y 平面中分段绘制沿轴线的法线，拉伸各法线生成横隔面，横隔面生成的过程如图 8-29 所示。

2. 钢箱梁外壳建模

钢箱梁的外壳包含顶板、底板以及侧板。钢箱梁外壳模型不仅要考虑沿轴线的纵坡变化，还需满足桥梁转弯时的横坡变化。外壳的绘制从每个关键的横隔面出发绘制草图，在变横坡的区域绘制轮廓线；用多截面曲面的方式将轮廓线连接成曲面并加厚曲面形成钢箱梁外壳模型。钢箱梁外壳的建模过程如图 8-27、图 8-28 所示。

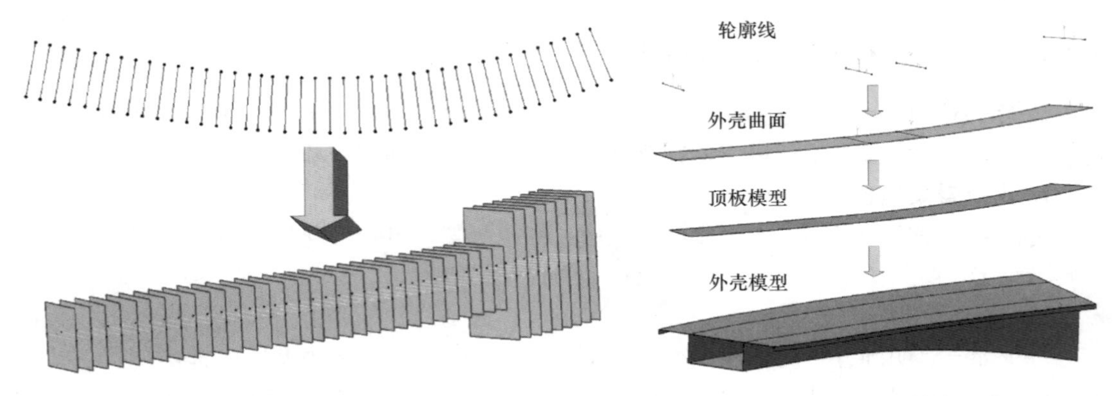

图 8-27　混凝土顶板轴线生成　　图 8-28　钢顶板轴线生成

3. 钢箱梁横隔板建模

横隔板作为钢箱梁的竖向支撑，承担了桥面大部分的活载和恒载，是钢箱梁设计施工的重要部分。横隔板的建模以定位骨架中的横隔面为基础，生成横隔板。

横隔板的创建过程如下：在每个横隔面上创建范围足够大的横隔板初模；在模型空间创建横隔板各方向上的刀曲面，用以切割横隔板初模；根据刀曲面裁剪横隔板初模以形成最终的横隔板模型，横隔板的建模过程如图 8-29 所示。

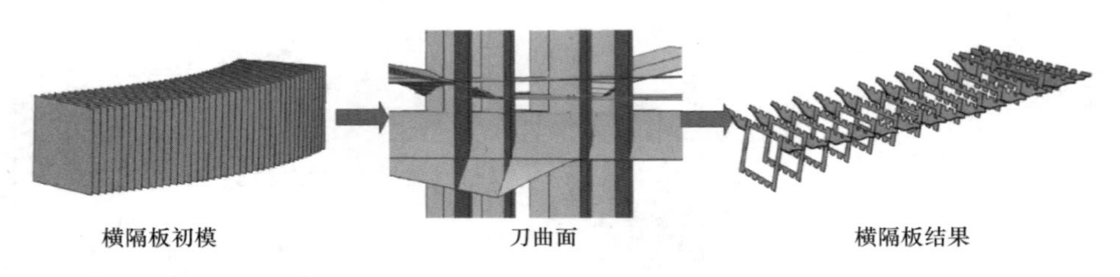

图 8-29　横隔板生成

8.3.4　钢箱梁自动生成插件

钢桥的钢箱梁具有一定的可复制性，对每块钢箱梁重复手工建模的工作既低效又容易产生误差，本书在总结钢箱梁手工建模过程的基础上，使用 VB. NET 语言对 CATIA 软件进行二次开发，编制钢箱梁自动生成插件，实现模型的快速生成。

1. 程序流程

通过分析和简化钢箱梁手工建模流程，本书设计的钢箱梁自动生成程序流程图如图 8-30 所示。

具体执行的步骤如下：

（1）根据轴线分段点 X、Y、Z 信息拟合生成三维轴线 Axis，同时根据分段点的（X、Y）坐标生成顶部平曲线 AxisXY。

（2）根据里程在平曲线 AxisXY 上创建关键截面的定位点 KeyXYPoint 和定位面 Key-Plan，定位面与 Axis 的交点为钢箱梁顶板中心点 KeyPoint。

（3）根据截面尺寸创建顶板、底板以及侧板的草图线。

（4）循环（2）～（3）步骤创建多个关键截面。

（5）用多截面实体功能连接顶板、底板、侧板线。最后采用切割、抽壳的方式完成钢箱梁创建。

2. 程序操作

运行程序之前需要准备两部分文件：数据集合表以及钢箱梁文件。

（1）数据集合表

数据集合表主要用以存储程序运行过程中控制钢箱梁变化的参数信息，表中包含中心轴线分段点坐标信息以及截面草图尺寸信息，截面草图的图例如图 8-31 所示，数据集合表中所包含的内容如图 8-32 所示。

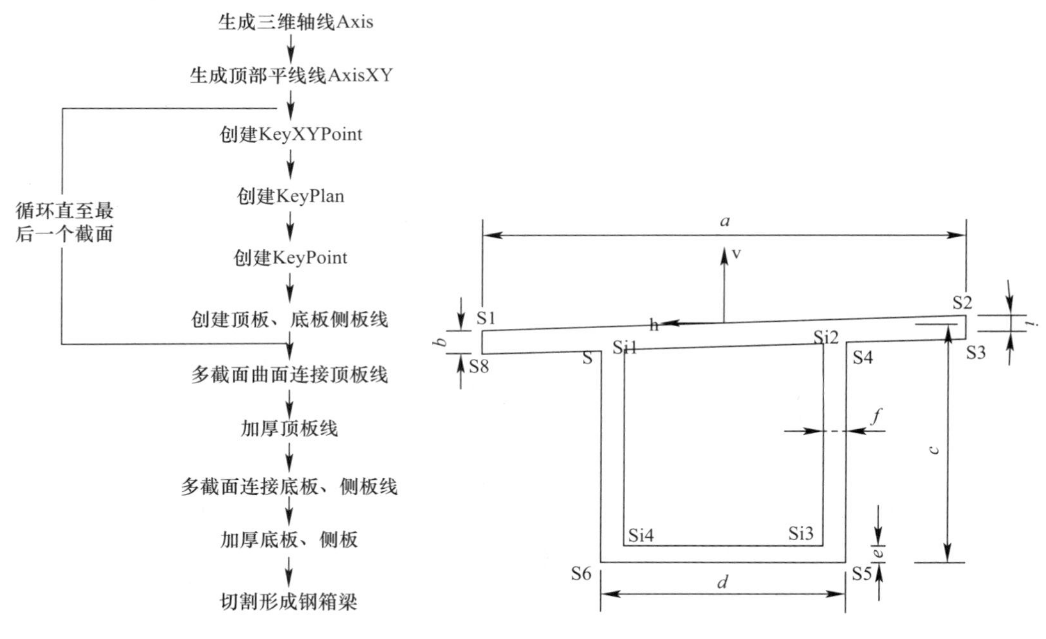

图 8-30　钢箱梁自动生成程序流程图　　　　图 8-31　截面草图图例

	A	B	C	D	E	F	G	H	I	J	K	L	M	N	O
1	中心轴线点	位置 X(mm)	位置 Y(mm)	位置 Z(mm)		关键截面	关键截面里程(mm)	截面草图（mm）	顶板宽a	顶板厚b	箱梁中心高度c	底板宽d	底板厚e	侧板厚f	顶板横坡i
2	Point1	-144725.9	-159221.2	19670		KeySec1	0	sketch1	7700	16	4501	3700	16	14	-2
3	Point2	-141248.5	-158206.5	19676.56		KeySec5	12635	sketch5	7700	16	2700	3700	16	14	-2
4	Point3	-137761.2	-157226.6	19677.68		KeySec9	25270	sketch9	7700	16	4501	3700	16	14	-2
5	Point4	-134264.2	-156281.6	19673.36		KeySec13	43720	sketch13	7700	16	2700	3700	16	14	-2
6	Point5	-130758	-155371.4	19663.64		KeySec17	62170	sketch17	7700	16	4501	3700	16	14	-2
7	Point6	-127242.7	-154497.3	19648.48		KeySec21	88955	sketch21	7700	16	2700	3700	16	14	-2
8	Point7	-123716.8	-153666.6	19627.88		KeySec25	115740	sketch25	7700	16	4501	3700	16	14	-2
9	Point8	-120181.4	-152877.9	19600.84		KeySec29	141285	sketch29	7700	16	2700	3700	16	14	-2
10	Point9	-116636.8	-152131.1	19568.12		KeySec33	166830	sketch33	7700	16	4501	3700	16	14	-2
11	Point10	-113083.6	-151426.5	19529.96		KeySec37	187135	sketch37	7700	16	2700	3700	16	14	2
12	Point11	-109522.2	-150764.1	19486.4		KeySec41	207440	sketch41	7700	16	4501	3700	16	14	2
13	Point12	-105953.3	-150144.1	19437.4		KeySec45	224895	sketch45	7700	16	2700	3700	16	14	2
14	Point13	-102377.3	-149566.4	19383.04		KeySec49	242350	sketch49	7700	16	4501	3700	16	14	2
15	Point14	-98794.6	-149031.3	19322.48		KeySec53	262330	sketch53	7700	16	2700	3700	16	14	2
16	Point15	-95205.9	-148538.7	19256		KeySec57	282310	sketch57	7700	16	4501	3700	16	14	2
17	Point16	-91611.5	-148088.7	19184.12		KeySec61	302095	sketch61	7700	16	2700	3700	16	14	2
18	Point17	-88012.1	-147681.5	19106.84		KeySec65	321880	sketch65	7700	16	4501	3700	16	14	2
19	Point18	-84408.1	-147317	19023.92		KeySec69	341740	sketch69	7700	16	2700	3700	16	14	2

图 8-32　数据集合表创建

（2）钢箱梁文件

自动生成程序的运行需要一个 CATIA 零件模型文件作为载体，程序允许用户在已有零件模型基础上进行钢箱梁生成，缺少模型文件时，程序也会自动创建一个空白的 Part 模型，用作钢箱梁自动生成的载体。钢箱梁模型文件自动创建过程如图 8-33 所示。

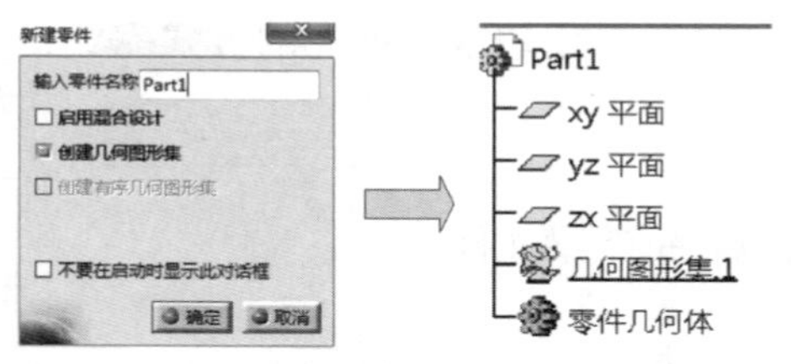

图 8-33 钢箱梁模型文件自动创建

两类文件准备完成后，打开钢箱梁自动生成程序，界面如图 8-34 所示，赋予数据集合表以及钢箱梁文件路径，即可运行自动生成插件。

钢箱梁的构造中包含 U 形肋以及各类加劲肋，在基础钢箱梁模型中完善细节建模，完成的钢箱梁内部效果图如图 8-35 所示。

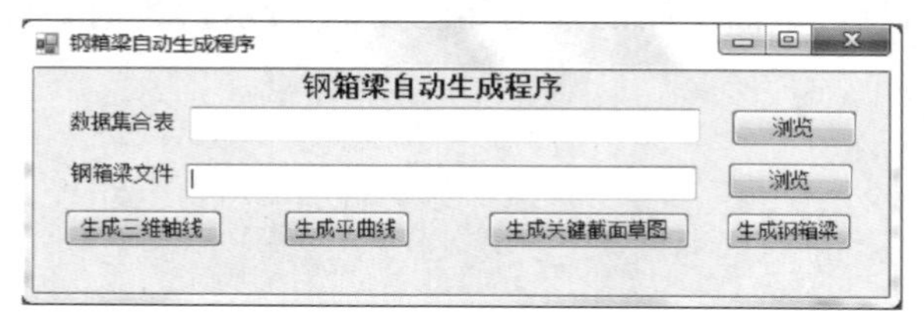

图 8-34 钢箱梁自动生成程序界面

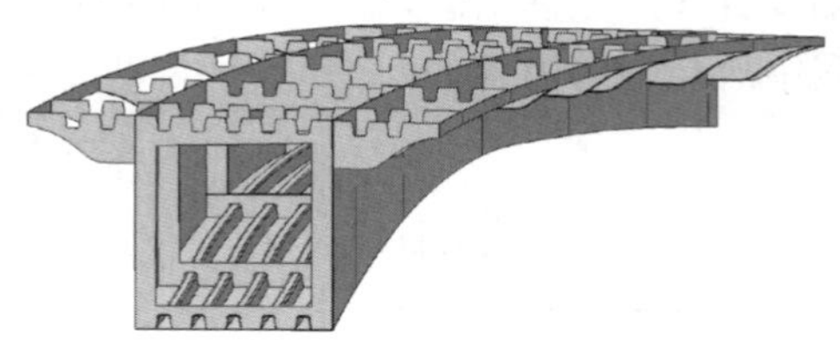

图 8-35 钢箱梁内部效果图

8.3.5 工程应用案例

1. 北虹路立交新建工程简介

北虹路立交周边已建住宅、办公楼地形复杂，作为北横通道桥梁设计中的重要一环，施工难度较大，设计精度需求较高，如图 8-36 所示。北虹路立交各匝道大部分采用钢桥设计，桥梁设计力求为快速、便捷施工创造条件，将机械化、工厂化施工的装配式桥梁结构作为研究确定本工程桥梁桥型方案及施工方案的指导思想，尽量避免满堂支架施工，以使本工程实施过程中，最大程度减少对现状交通的影响，并同时达到节能、环保和低碳的要求。

为保证工程如期完成，且在施工过程中不允许有较大的修改，对设计和施工提出了更高的要求。项目的设计难点主要集中在上部结构预制钢箱梁的结构设计。采用 BIM 技术能在工程安全性、工程造价、工期和工程质量等方面有较大的优势，BIM 技术成为本工程最关键的技术手段。

2. 数据整理

本项目数据处理采用要素表与 CAD 插件相结合的方式，加载插件如图 8-37 所示。通

图 8-36 北虹路立交竣工现场

图 8-37 netload 功能加载 CAD 插件

过编写 CAD 插件选取钢箱梁边界线与分隔线，使用 netload 插件快速求取交点并输出至 Excel 表中，如图 8-38 所示。

平曲线点	位置 X(mm)	位置 Y(mm)	位置 Z(mm)		关键截面	关键截面里程(mm)	Z抬升高度	P1(x,y)		P2(x,y)		P3(x,y)		P4(x,y)		P5(x,
Point1	0	0	0		KeySec1	0	0	0	0	12600	-252	12600	-532	12588	-532	12588
Point2	1571.8	0	0		KeySec2	5590	27.7501	0	0	12600	-252	12600	-532	12588	-532	12588
Point3	3143.6	-0.0001	0		KeySec3	11590	57.7501	0	0	12600	-252	12600	-532	12588	-532	12588
Point4	4715.4	-0.0001	0		KeySec4	17590	87.7501	0	0	12600	-252	12600	-532	12588	-532	12588
Point5	6287.2	-0.0001	0		KeySec5	23590	117.7501	0	0	12600	-252	12600	-532	12588	-532	12588
Point6	7859	-0.0001	0		KeySec6	29590	147.7501	0	0	12600	-252	12600	-532	12588	-532	12588
Point7	9430.8	-0.0002	0		KeySec7	35590	177.7501	0	0	12600	-252	12600	-532	12588	-532	12588
Point8	11002.6	-0.0002	0		KeySec8	41590	207.8137	0	0	12600	-252	12600	-532	12588	-532	12588
Point9	12574.4	-0.0002	0		KeySec9	43590	217.8936	0	0	12600	-252	12600	-532	12588	-532	12588
Point10	14146.2	-0.0003	0		KeySec10	45090	225	0	0	12600	-252	12600	-532	12588	-532	12588
Point11	15718	-0.0003	0		KeySec11	46590	232.8883	0	0	12600	-252	12600	-532	12588	-532	12588
Point12	17289.8	-0.0003	0		KeySec12	48590	242.8108	0	0	12600	-252	12600	-532	12588	-532	12588
Point13	18861.6	-0.0004	0		KeySec13	54590	272.7501	0	0	12600	-252	12600	-532	12588	-532	12588
Point14	20433.4	-0.0004	0		KeySec14	60590	302.7501	0	0	12600	-252	12600	-532	12588	-532	12588
Point15	22005.2	-0.0004	0		KeySec15	66590	332.7501	0	0	12600	-252	12600	-532	12588	-532	12588
Point16	23577	-0.0004	0		KeySec16	72590	362.7501	0	0	12600	-252	12600	-532	12588	-532	12588
Point17	25148.8	-0.0005	0		KeySec17	78590	392.7501	0	0	12600	-252	12600	-532	12588	-532	12588
Point18	26720.6	-0.0005	0		KeySec18	84590	422.7501	0	0	12600	-252	12600	-532	12588	-532	12588
Point19	28292.4	-0.0005	0		KeySec19	90590	452.7501	0	0	12600	-252	12600	-532	12588	-532	12588
Point20	29864.2	-0.0006	0		KeySec20	96590	482.7501	0	0	12600	-252	12600	-532	12588	-532	12588
Point21	31436	-0.0006	0		KeySec21	102590	512.7501	0	0	12600	-252	12600	-532	12588	-532	12588
Point22	33007.8	-0.0006	0		KeySec22	108590	542.8177	0	0	12600	-252	12600	-532	12588	-532	12588
Point23	34579.6	-0.0007	0		KeySec23	110590	552.8953	0	0	12600	-252	12600	-532	12588	-532	12588
Point24	36151.4	-0.0007	0		KeySec24	112090	560.4464	0	0	12600	-252	12600	-532	12588	-532	12588
Point25	37723.2	-0.0007	0		KeySec25	113590	567.8864	0	0	12600	-252	12600	-532	12588	-532	12588
Point26	39295	-0.0007	0		KeySec26	115590	577.8065	0	0	12600	-252	12600	-532	12588	-532	12588
Point27	40866.8	-0.0008	0		KeySec27	121590	607.7501	0	0	12600	-252	12600	-532	12588	-532	12588
Point28	42438.6	-0.0008	0		KeySec28	127590	637.7501	0	0	12600	-252	12600	-532	12588	-532	12588
Point29	44010.4	-0.0008	0		KeySec29	133590	667.7501	0	0	12600	-252	12600	-532	12588	-532	12588
Point30	45582.2	-0.0009	0		KeySec30	139590	697.7501	0	0	12600	-252	12600	-532	12588	-532	12588
Point31	47154	-0.0009	0		KeySec31	145590	727.7501	0	0	12600	-252	12600	-532	12588	-532	12588
Point32	48725.8	-0.0009	0		KeySec32	151590	757.7501	0	0	12600	-252	12600	-532	12588	-532	12588
Point33	50297.6	-0.001	0		KeySec33	157180	785	0	0	12600	-252	12600	-532	12588	-532	12588
Point34	51869.4	-0.001	0		end											

图 8-38　钢箱梁边界线与分隔线交点并输出

3. 钢箱梁快速生成功能

通过基于 VB 语言编写的 CATIA 钢箱梁插件，选取数据集合表以及钢箱梁文件，快速生成钢箱梁外形，如图 8-39 所示。

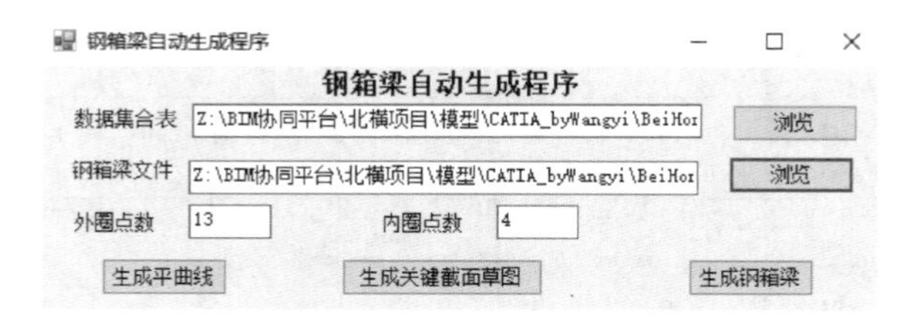

图 8-39　选取数据集合表以及钢箱梁文件

自动生成程序以外部程序的方式驱动 CATIA 进行模型的自动生成。为了方便建模人员在程序运行过程中对模型进行实时监控和方案修改，程序将钢箱梁生成过程分为 3 个关键步骤：生成平曲线、生成关键截面草图、生成钢箱梁。

在输入对应的文件路径后，依次点击按钮驱动 CATIA 执行生成步骤，程序将自动完成钢箱梁模型的整体建立，运行的过程如图 8-40 所示。采用自动生成程序，极大地提升了钢箱梁设计建模效率，也使建模过程中的人为误差降至最低。

根据钢箱梁结构树，完善钢箱梁细节。图 8-41 所示为北虹路立交上部结构钢箱梁 BIM 最终模型。

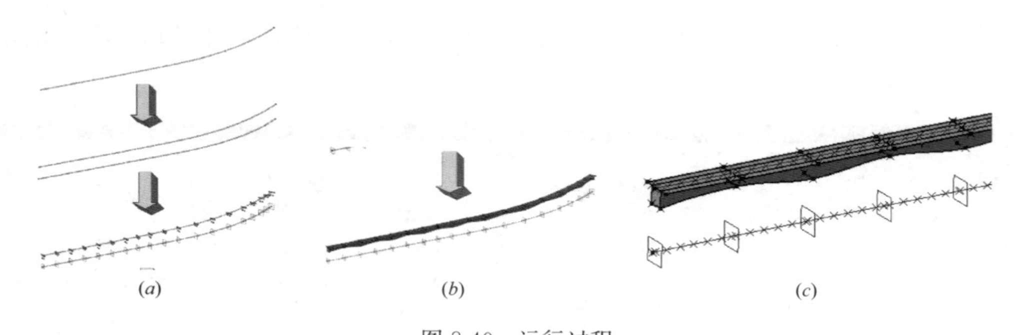

(*a*)　(*b*)　(*c*)

图 8-40　运行过程

(*a*) 三维骨架轴线；(*b*) 生成钢箱梁；(*c*) 钢箱梁最终模型

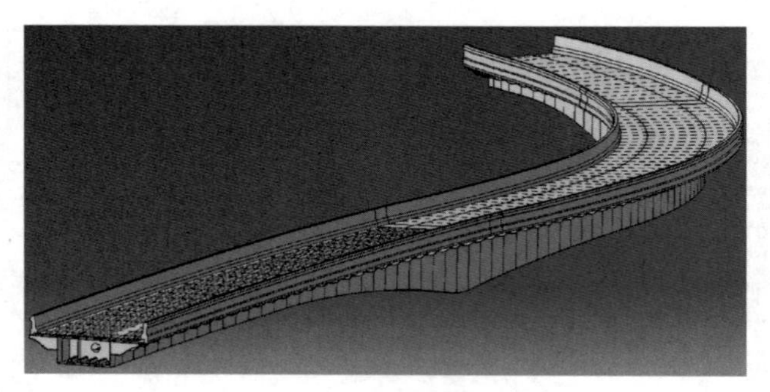

图 8-41　北虹路立交上部结构钢箱梁 BIM 模型

8.3.6　应用效果

在北虹路立交新建工程上，应用本插件建模，有效提升了建模效率，在模型处理上，既高效又能很好地控制模型质量。如图 8-42 所示，传统的 CAD 图纸在立面图中未反映钢箱梁的纵曲线变化，用一根水平线代替。采用 BIM 建模后，钢箱梁的纵曲线以及腹板高度变化均能在模型中直观反映，如图 8-43 所示，避免了设计人员与施工人员理解上的偏差。

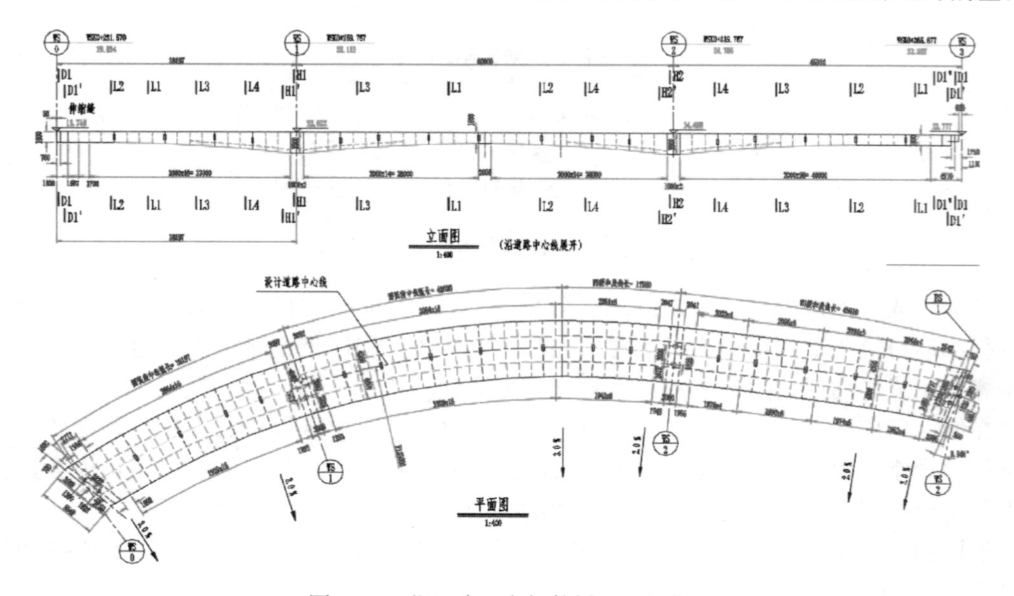

图 8-42　北虹路立交钢箱梁 CAD 图纸

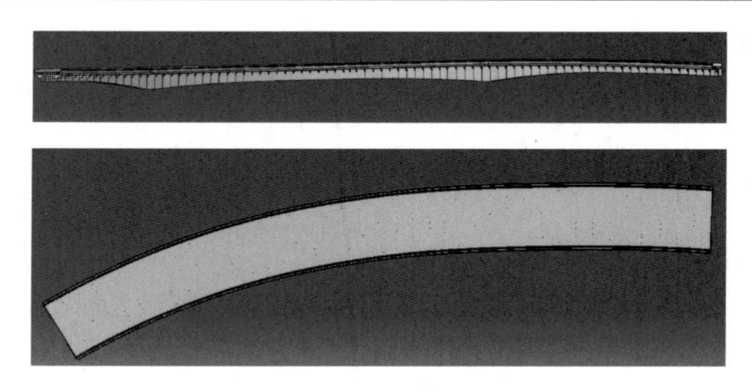

图 8-43　北虹路立交钢箱梁模型平立视图

结合北横通道新建工程北虹路立交段项目，探索机械类软件在钢桥钢箱梁中的建模。在手工建模基础上，提炼并探索使用二次开发方式实现自动建模。研究表明，基于 BIM 的钢箱梁建模能有效整合孤立的二维图纸信息，在施工前期通过三维模型发现设计中存在的错误；与传统 Revit 软件相比，CATIA 虽然操作相对复杂，但其具有更强的曲面造型能力，能充分实现钢箱梁这类异形体的建模；通过二次开发 CATIA，编制自动建模插件，能有效提升建模效率并降低 BIM 模型创建时可能存在的人为误差，提高建模及生产效率。

8.4　市政桥梁、隧道参数化建模软件

8.4.1　总体概况

市政桥梁、隧道参数化建模软件开发总体概况，见表 8-6。

市政桥梁、隧道参数化建模软件开发总体概况　　表 8-6

内容	描述
设计单位	中国市政工程中南设计研究总院有限公司
软件平台	欧特克（Autodesk）
软件名称	Civil3D、Revit、Dynamo
功能描述	复杂立交、高架桥、下穿隧道参数化建模

8.4.2　开发必要性

目前应用广泛的专业市政道路设计软件基本都是基于 AutoCAD 开发的，其操作思路与专业结合较为紧密，图纸生成自动化程度高、速度快，也能便捷地输出三维效果，但只能局限于在自身软件环境中浏览和漫游。Autodesk 公司在国内 BIM 领域占据主导地位，其面向土木工程设计与文档编制的 BIM 解决方案 Civil 3D 由于基于 AutoCAD 开发，数据支持量有限，处理效率较低，对硬件要求较高，在实际应用中很难完成复杂桥隧的精确建模。因此，要完成复杂桥隧的建模就需要借助 Autodesk 公司广泛应用于建筑项目中的 BIM 解决方案 Revit，以及以 Revit 为基础的可视化编程平台 Dynamo。Dynamo 是新型的可视化编程设计、分析软件，能够解决三维空间曲线的绘制、构件定位及异形构件创建等

问题。Revit 与 Dynamo 的结合，不仅让设计人员在创建视觉逻辑、挑战参数化异形造型概念设计上的奇思妙想得以呈现，而且在 BIM 信息交换与分析上也突破了既有限制，取代机械化的重复作业，工作效率显著提升。

8.4.3 软件实现功能

1. 复杂立交建模

首先将 Civil 3D 中处理后的立交主线和匝道线位链接到 Revit 项目文件中，运行 Dynamo 程序，基于特定桩号处的横断面族以及 Excel 设计参数表放样生成主线箱梁模型。然后通过修改 Excel 表格中对应桩号处的断面类型以及宽度参数，运行预先编制的 Dynamo 程序快速生成匝道、沥青路面铺装层及挡墙的三维模型。最后在对应桩号处放置桥墩，完成立交三维模型的创建，如图 8-44 所示。由于立交匝道桥的线型和空间高程关系复杂，因此各匝道桥与主线桥衔接处理起来难度较大。

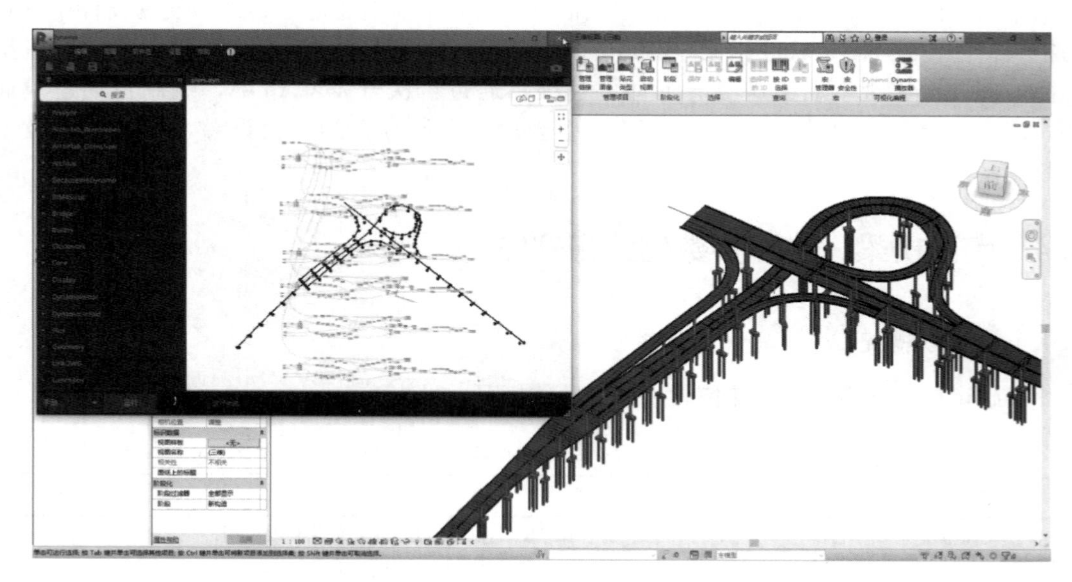

图 8-44　Dynamo 创建复杂立交

2. 高架桥及匝道建模

高架桥及上下匝道的 Revit 三维模型，也是通过 Dynamo 编程拾取 Civil 3D 中的三维道路中心线生成的，如图 8-45 所示。由于桥梁宽度是非线性变化的，因此需要放置多个横断面族分段生成。为了提高数据处理的效率，减轻硬件承载的压力，我们对上述高架、匝道 Dynamo 建模程序进行了优化，将大量的节点图转化为 Python 语言编写的脚本节点。

3. 下穿隧道建模

Dynamo 建立下穿隧道的思路与复杂立交建模类似，如图 8-46 所示，其难点在于需考虑抗浮桩的数量跟随 U 形槽宽度的变化自动调整，这样当出现设计变更需要修改 U 形槽宽度时，模型修改的工作量会大大减少。

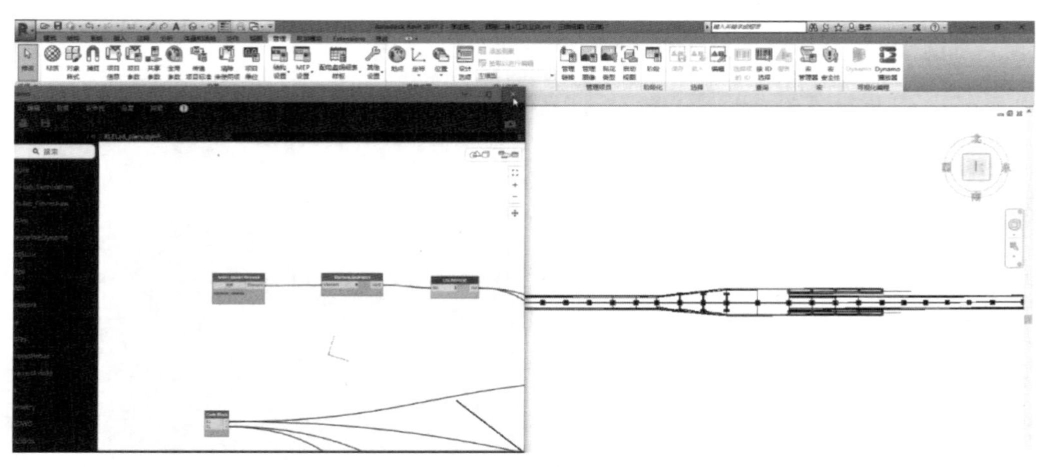

图 8-45　Dynamo 创建高架桥及匝道

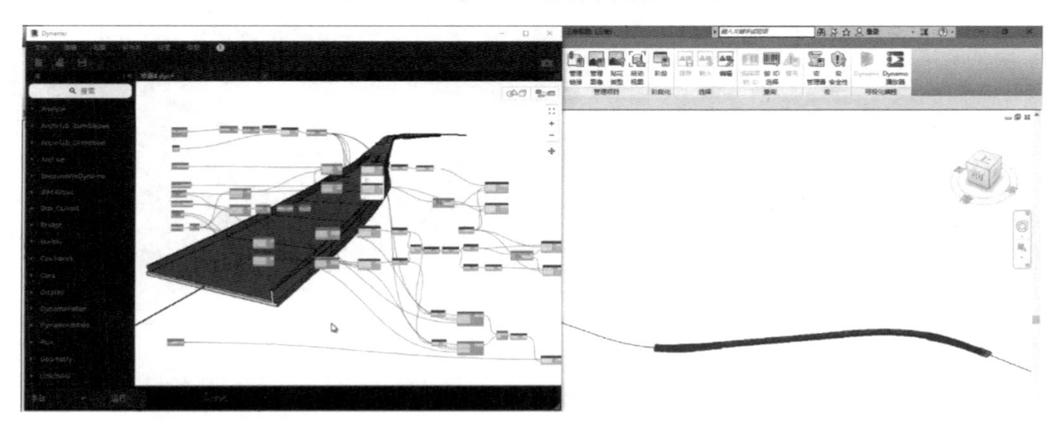

图 8-46　Dynamo 创建下穿隧道

8.4.4　工程应用案例

宜昌市西陵二路快速路位于宜昌市西陵区，是宜昌市总体规划中的一条沿城市东西向的交通主通道，是“三纵五横”快速路网格局中的重要组成部分。工程起于沿江大道立交，止于峡州大道立交，总投资约 30 亿元。主线和辅路均为双向 4 车道，设计速度分别为 60km/h 和 40km/h。主线全长约为 7501m，主线高架桥全长约为 3124m，主线隧道全长为 1265m，辅路全长约为 6615m，如图 8-47 所示。

项目主线西接庙嘴大桥引桥，沿现状西陵二路跨越珍珠路、夷陵大道、东山大道，然后通过主线高架桥，往下接入两侧辅路，而后下穿鸦宜铁路、体育馆路，再上跨大学路、东山二路，经三峡大学宿舍区下穿三峡高速路，最后辅路与主线分离接入明珠路。项目建设条件苛刻、空间线形复杂、桥梁结构变化多样、精细化建模难度较高、施工场地有限，极具 BIM 应用价值，其主要的设计难点如图 8-48 所示。

项目 BIM 设计的主要内容包括以下几个部分：

1. 全段地形模拟

通过 Civil 3D 对外业测量的 4 万多个高程点进行筛选，并转换成三维地形曲面，为后续的道路总体方案设计、交叉口竖向设计等工作提供基础的高程数据，如图 8-49 所示。

图 8-47　项目总图

图 8-48　主要设计难点

2. 总体方案设计

将 Civil 3D 生成的三维地形曲面导入 Infraworks 中，然后叠加高清卫片，最后使用 Infraworks 的道路、桥梁、排水设计模块进行项目总体方案设计，如图 8-50 所示。

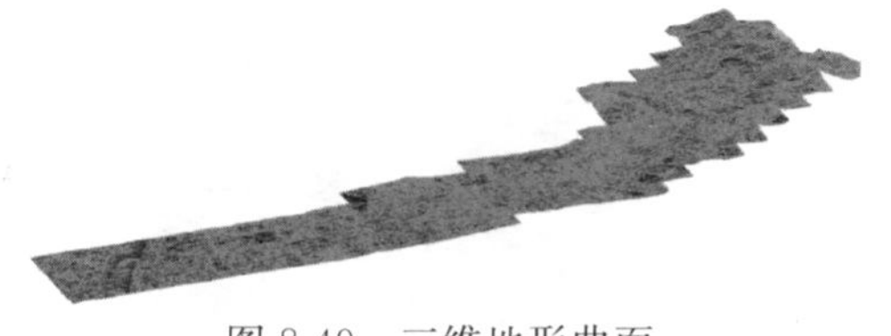

图 8-49　三维地形曲面

图 8-50　总体方案设计

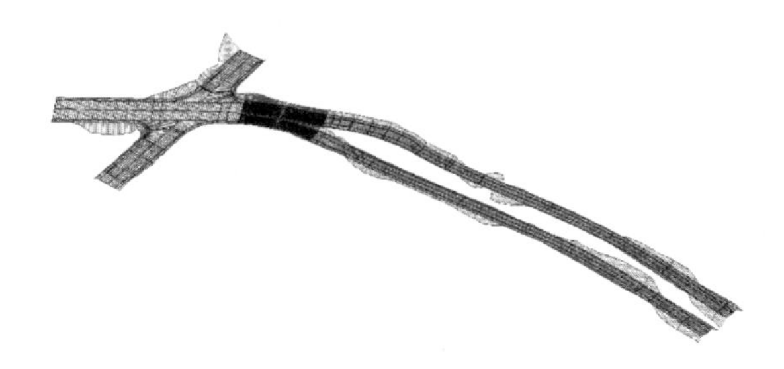

图 8-51　东山四路道路不规则变化段模型

3. 道路工程

利用 Civil 3D 进行道路平纵线形、横断面、交叉口竖向及局部超高加宽设计，并完成部分施工图及工程量统计。东山四路道路不规则变化段由于路基分离，如图 8-51 所示，在纵断面设计中，南北线辅路不受主路纵断面的影响，但在合幅处必定要与主线平面交叉口平滑衔接，而且辅路路基填挖边坡的坡脚是否交叉、在何处交叉，这些问题都需要在总体方案设计时予以充分考虑。

4. 桥梁工程

借助 Revit 和可视化编程工具 Dynamo 对桥梁上下部结构及附属构筑物进行详细设计，生成复杂立交及高架桥模型，如图 8-52 所示。

5. 隧道工程

本项目的下穿隧道出入口段为 U 形槽，U 形槽下设抗浮桩，抗浮桩的数量与 U 形槽的宽度存在关联关系，主体为单箱双室箱涵。我们利用 Revit+Dynamo 进行下穿隧道的参数化设计建模，并实现了抗浮桩数量随着 U 形槽宽度自动调整，如图 8-53 所示。

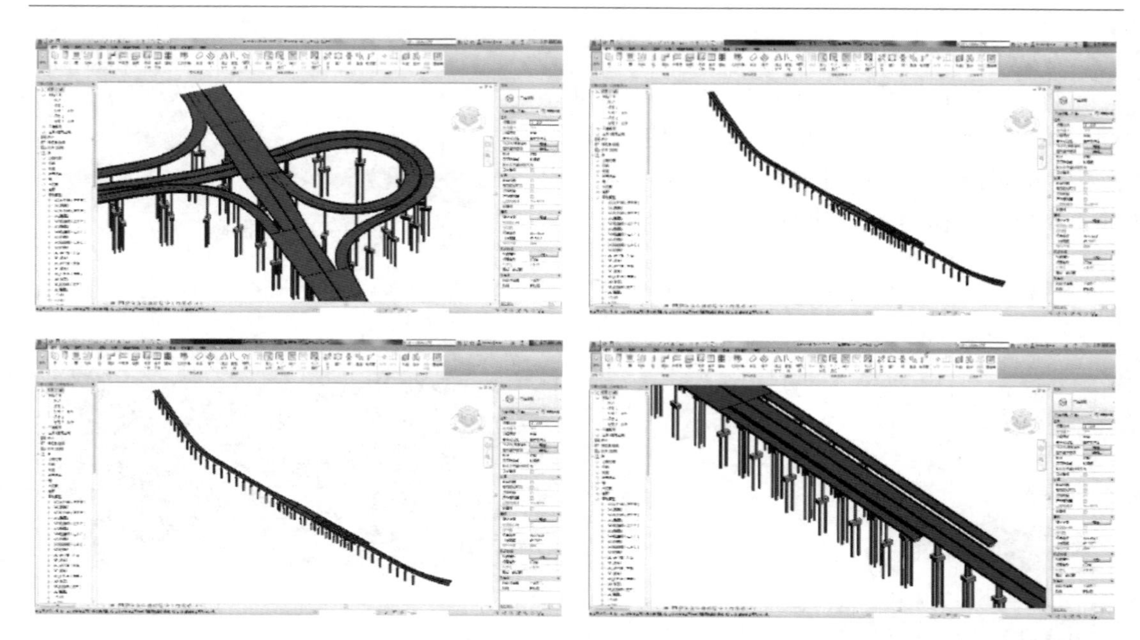

图 8-52　复杂立交及高架桥模型

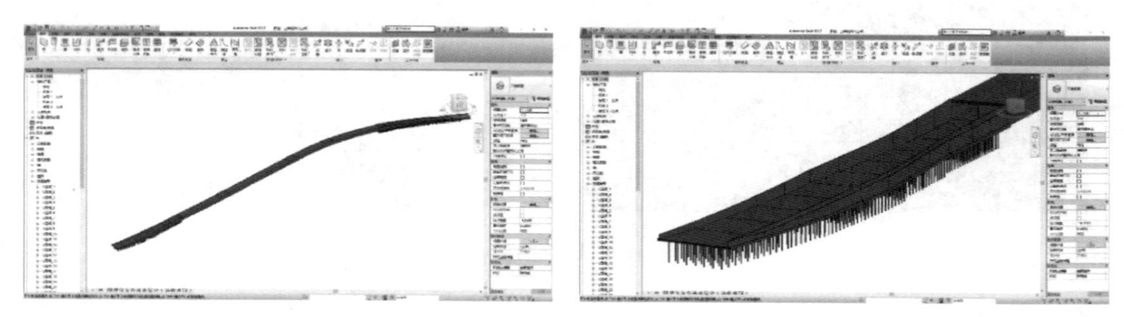

图 8-53　下穿隧道模型

6. 景观工程

由于本项目为城市快速路工程，对于景观设计有一定的要求，因此我们应用 SKETCH-UP 完成了项目周边配景的建模，如图 8-54 所示。

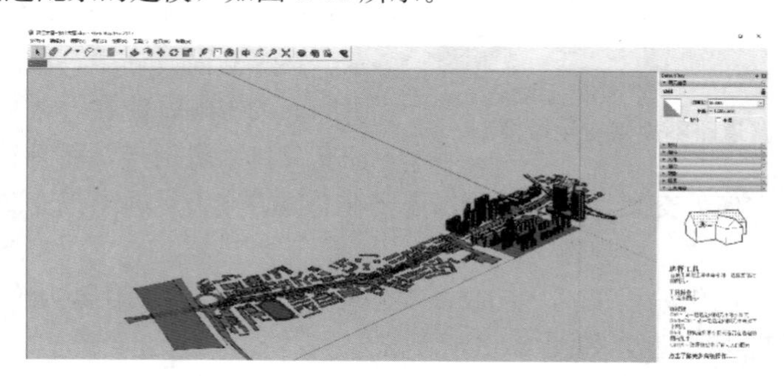

图 8-54　景观模型

7. 交通工程

使用 Civil 3D 进行路面交通标线设计，使用 Revit 进行交通标志牌设计。

8. 其他工程

使用 Revit 和 Civil 3D 完成项目电力电信、给水排水及其他地下管线设计。

工程 BIM 设计与应用涵盖方案设计到施工图设计的各个阶段，并开创性地引入 Dynamo 等新技术。我们运用 Dynamo 软件通过驱动桥梁及隧道模型中各截面参数，完成数据的导入与存档，创新性地实现了复杂立交桥梁、高架桥梁及隧道的参数化建模，如图 8-55 所示。

我们在利用 Dynamo 实现复杂立交桥梁、高架桥梁及隧道的参数化建模的同时，还总结出一套完整的城市道桥项目数据化设计流程，高度参数化及实用性强的特点非常突出，为行业同类项目的 BIM 应用提供了先进可借鉴的范例。

图 8-55　BIM 设计重要节点

（*a*）沿江大道立交设计；（*b*）高架桥变宽设计；（*c*）上下桥匝道设计；（*d*）地面辅道及交叉口设计

8.4.5　应用效果

目前主流的 BIM 应用软件的功能较为完善，已能满足大多数用户基本的应用需求。然而，应用软件大多以提供通用的功能为主，在面对实际项目应用中的特殊需求时，常会捉襟见肘，且现在的工程越来越庞大和复杂，常须处理大量的数据及复杂的空间几何造型，这时就需要应用软件能提供用户自行扩充或定制化应用的工具，来满足用户进一步的需求。

为了满足用户对定制化功能的需求，许多应用软件都提供了 API 编写程序的方式来开发扩充功能，以满足工程建设中的特殊需求，或进行一些自动化、智能化的数据处理。然而，编写 API 程序需要对编程语言有一定的编写及开发基础，对于一些没有编程语言基础的 BIM 设计人员而言，这是一件漫长而困难的事情。

Revit 作为 Autodesk 公司针对工程建设行业 BIM 解决方案的核心产品，目前已成为国内 BIM 实施过程中的重要平台。Revit 非常适用于建筑物的三维信息模型搭建和多专业设计协同，但在桥梁、隧道等基础设施空间曲线带状构筑物设计中应用则较为困难。而 Dynamo 作为内嵌于 Revit 的可视化编程平台，其简单易行的可视化编程方式、强大灵活的参数化空间造型能力、批量高效的数据处理功能，拓展了 Revit 在基础设施领域的适用性和可操作性，提高了 Revit 的使用效率。同时，Dynamo 的视觉化程序设计方式大大降低了程序开发的门槛，它以脚本的形式，为设计人员提供了图形化的界面，组织连接预先设计好的节点来表达数据处理的逻辑，形成一个可执行的程序，降低传统程序开发的难度，让开发者能更专注于功能开发本身。由于 Dynamo 程序与 Revit 的 BIM 模型能即时联动，无需输出，对复杂几何和参数化造型设计、数据连接、工作流程自动化等都有很好地支持。

在现阶段桥梁、隧道等基础设施建设项目中，BIM 作为前沿技术已得到逐步普及，应用价值也逐渐显现。三维模型是 BIM 信息的基础和载体，如何快速实现高架、立交等城市复杂桥梁和下穿隧道的精确建模一直是困扰行业的技术难题。在本项目中，我们通过 Civil 3D、Revit 和 Dynamo 的组合使用，成功实践了通过桥梁及隧道设计数据快速创建精确模型的解决方案。设计过程中，我们紧紧围绕数据开展工作，利用 Dynamo 搭建 Civil 3D 与 Revit 之间的数据通道，实现了全过程基于统一数据源的建模流程，总结出了一整套立交、高架、隧道的建模方法，规范了设计流程并提高了建模效率，建立了企业级桥梁隧道建模标准。借助 Dynamo 强大的可视化编程能力，实现了三维空间曲线的绘制、构件定位、异形构件的创建，解决了在 Revit 中创建立交、高架、隧道的难题。同时通过高效地整理桥梁、隧道模型中各个截面参数，进行数据的导入和存档。

在本项目的设计过程中，我们利用 Civil 3D＋Revit＋Dynamo 的产品组合，通过可视化编程开发了一整套基于准确数据的城市桥梁隧道建模程序，克服了三维环境下桥梁隧道设计难题，简化了大量重复性建模工作，大大减轻了工作量。据本项目测算，通过 Dynamo 程序建模的效率是常规建模的 3 倍左右，还可简化模型检查、模型修正的工作流程，并实现数据的抓取。未来在同类项目中，设计师只需要输入新的数据，并微调建模程序，就能一键完成模型创建，效率可进一步提升。

8.5 复杂结构批量生成建模软件

8.5.1 总体概况

复杂结构批量生成建模软件开发总体概况，见表 8-7。

复杂结构批量生成建模软件开发总体概况 **表 8-7**

内容	描述
设计单位	北京市市政工程设计研究总院有限公司
软件平台	达索（Dassault Systemes）
软件名称	CATIA V5
功能描述	复杂结构模板化和批量生成的技术

8.5.2　开发必要性

长安大桥最大特点之一就是塔柱壁板的超常规扭曲面造型，这使得传统的二维平面设计手段无法完成该桥塔柱的设计。同时大桥还存在诸如局部节点构造复杂、需要局部分析的细节构造多、制造及架设难度大、精度管控难等诸多难题。通过引入 BIM 技术，协同设计管理，使大桥在设计、制造及施工等各个环节的难题都得到了有效地解决。

8.5.3　软件实现功能

“骨架＋模板”技术是 CATIA 的一个经典建模思路。长安大桥项目通过“骨架＋模板”技术进行建模，成功地解决了大桥结构协同设计的问题。

长安大桥主塔为倾斜不对称扭转变截面钢箱拱形塔柱形式。这种构造在结构上非常新颖，桥梁外形也具有强烈的建筑景观效果，但桥梁钢塔设计与制造的难度非常大，如图 8-56 所示。

8.5.4　长安大桥主梁横隔板生成案例

长安大桥主桥的横隔板位于两侧分离双箱主梁内部，与主梁之间的大横梁相接，具体构造如图 8-57 所示。

图 8-56　长安大桥三维模型

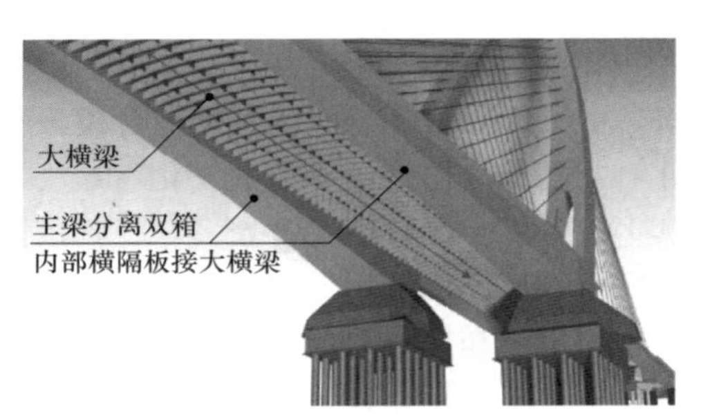

图 8-57　主梁横隔板位置示意图

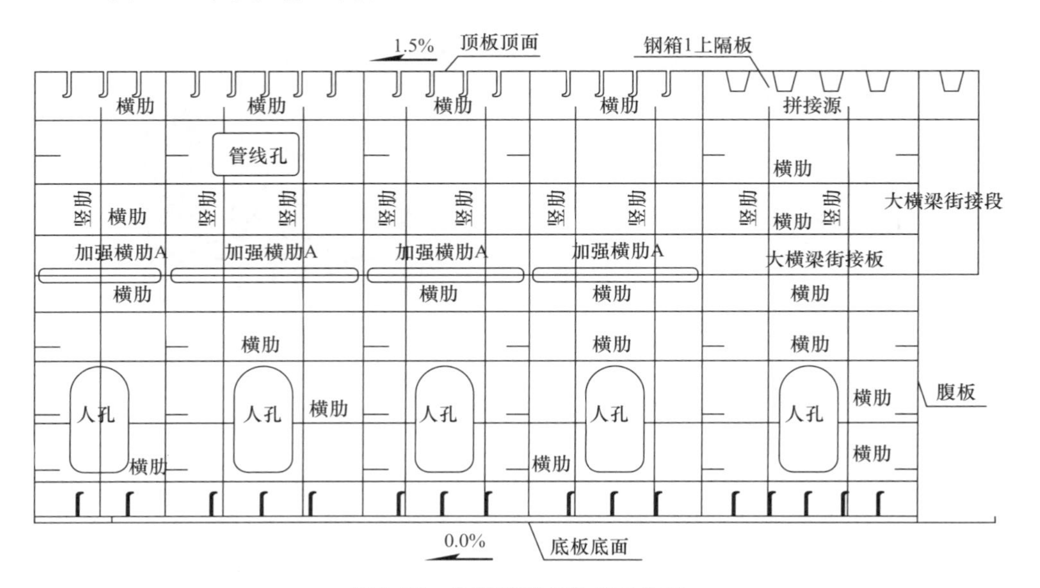

图 8-58　典型横隔板构造示意图

从支点到跨中，大桥主梁高度由 10m 变为 3m，宽度由 15m 变为 7.5m，且由单箱 6 室变为单箱 3 室。主梁的变化导致全桥数百块横隔板的尺寸和构造各不相同，图 8-58 展示了塔梁固结处主梁断面横隔板的构造形式。

从图 8-58 可以看出，一块典型的横隔板由如下几部分构成：

（1）横隔板主体，实腹式，需开主梁顶底板加劲肋的通过孔、人孔且在与大横梁拼接板相交位置断开。

（2）T 形加劲肋，用于在较大的横隔板区格提供足够的面外刚度，设置 T 形加劲肋的标准定为：横隔板区格竖向高度大于 8m 时，需要设置横向 T 形加劲肋；横隔板区格横向宽度大于 6m 时，需要设置竖向 T 形加劲肋。

（3）普通加劲肋，分为横向和竖向，设置原则是普通加劲肋横、竖向间距均为 1m 或以下。

（4）大横梁上下翼缘拼接板，一端对接主梁间大横梁的上下翼缘，另一端对接横隔板上的加劲肋，属于传力构件，在与横隔板其他构件相交时需要保持连续。

（5）人孔加强圈，每个箱室内的横隔板上均需要开一个人孔，人孔周边需要设置局部加劲作用的加强圈。

下面就以上述确定的构造为基础，介绍在 CATIA 中建立模板和批量实例化的方法。

1. 横隔板模板化

主梁横隔板的特点使其很适合模板化建模，首先，所有的横隔板有大量公用的生成条件，并且各个横隔板参数的变化有统一的规则。进一步观察发现，横隔板作为一个整体，其生成条件和参数都过于繁多，将其按照上文所述拆分成不同的部件，分别建立各个部件的模板，而后将它们像“搭积木”一样组装起来，便能形成一块完整的横隔板。主梁顶板、腹板面和横隔板定位面等前提条件，如图 8-59 所示。图 8-60 中上排从左至右依次为大横梁下翼缘拼接板、大横梁上翼缘拼接板、人孔加强圈（含减去体）、横向板肋；下排从左至右依次为竖向 T 形加劲肋、横向 T 形加劲肋、横隔板主板、竖向板肋。

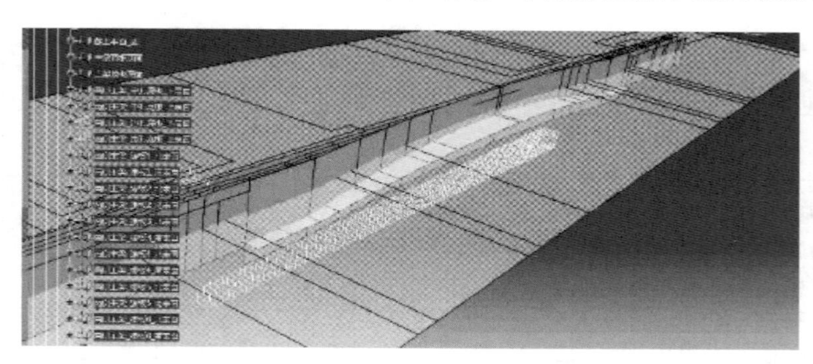

图 8-59　定位面

2. 结束模板批量实体化

横隔板各个部件在相交时连续性的优先级不同，出于精细化设计的考虑，在组装横隔板的过程中，不能简单地堆砌相互独立的部件，也不能将所有的部件融合成一体，而是要考虑各个部件的组装顺序，真实地反映出部件间的相互关系。部件相交时的错误和正确处理，如图 8-61 所示。

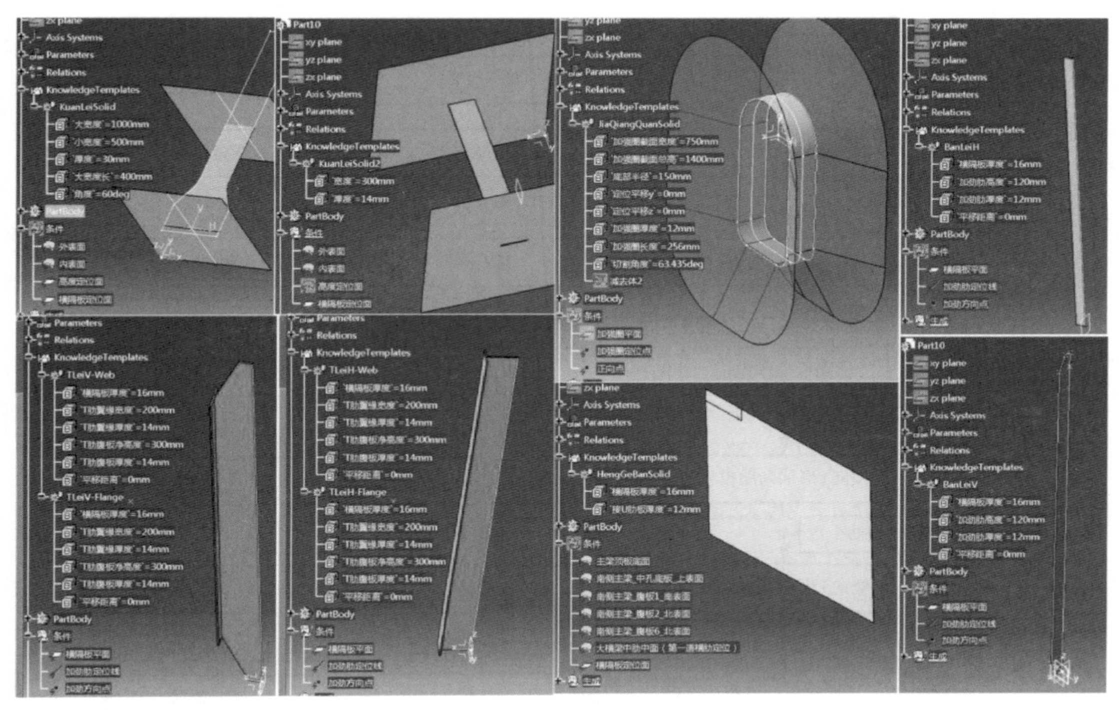

图 8-60　主梁横隔板各部件模板图

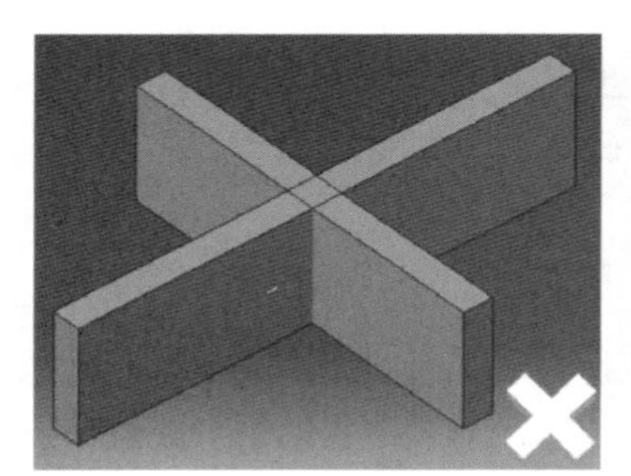

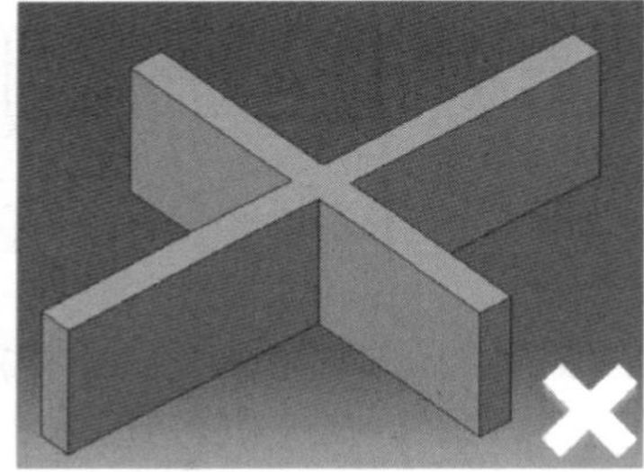

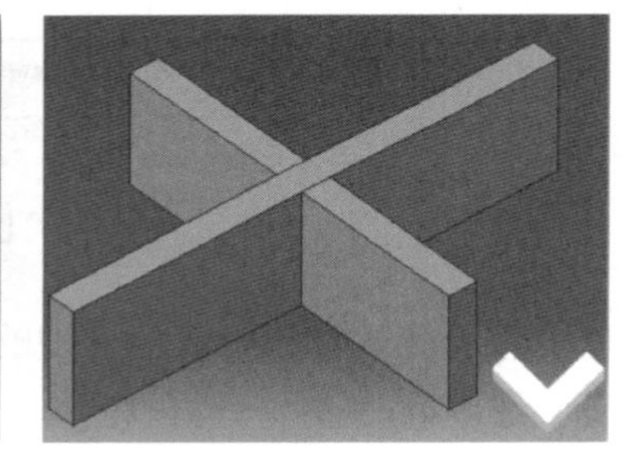

图 8-61　部件相交处理示意图

要理清横隔板各部件复杂的相交关系，首先需要确定它们的连续性优先级。根据上文分析，结合结构受力和构造要求，确定连续性优先级如下：生成条件（主梁各腹板、加劲肋通过孔等）-大横梁上下翼缘拼接板（人孔加强圈同级）-横隔板主体-横向 T 形加劲肋-竖向 T 形加劲肋-横向板肋-竖向板肋。

其次，按照连续性优先级顺序生成一个部件时，若依次减去与之前所有部件的相交部分，操作非常复杂容易出错，且不符合线性的程序化思维。因此，想到建立一个独立于各个部件的“减去体”，每个部件实例化时都对“减去体”进行更新，令“减去体”内包含所有比此步骤实例化部件级别高的所有部件。将上述分析总结成程序化流程，如图 8-62 所示。横向观察，第一行中间输入条件和参数左右分别为模板以及模板生成的实体，下面 7 行为各步骤的模板与“减去体”做布尔减运算生成最终结果的过程。纵向观察，第一列为各个模板的判定和生成；第二列为模板做布尔减运算时的“减去体”，从上到下为“减去体”依次更新的过程；第一列模板作为被减数，第二列输入条件作为减数，通过布尔减运算得到第三列最终的生成结果。

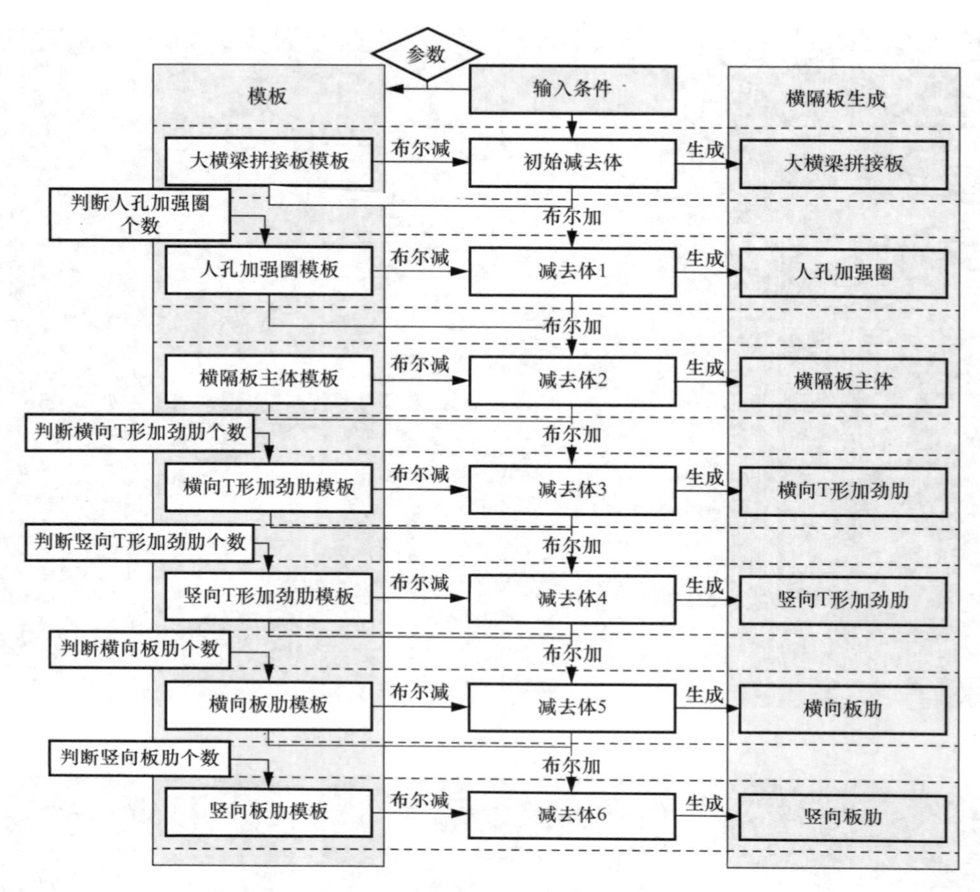

图 8-62　横隔板生成程序化流程图

按照上述流程，将前文中的模板实例化，生成一块典型构造的横隔板，如图 8-63 所示。

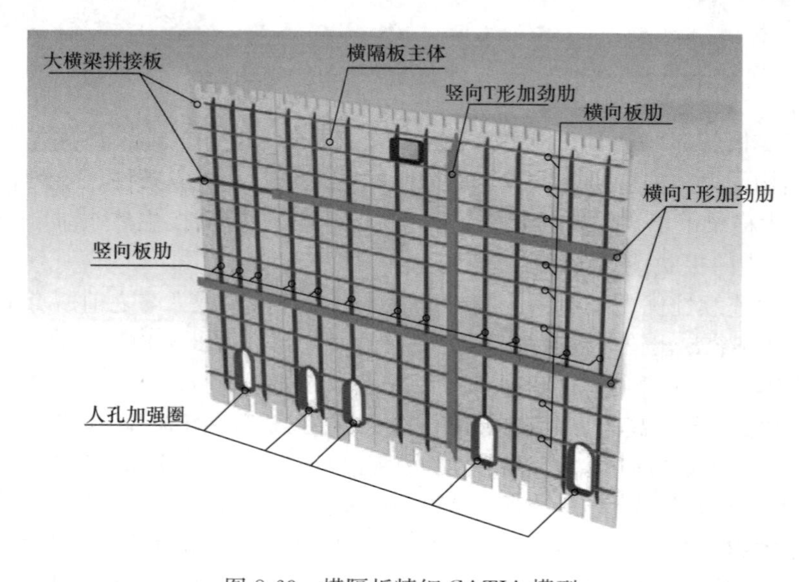

图 8-63　横隔板精细 CATIA 模型

8.5.5 应用效果

“骨架+模板”是CATIA平台的一个典型建模方法，这种技术思路的适用性强，且应用较为灵活。对于简单的构件而言，“骨架+模板”的技术思路优势并不明显，但对于复杂的构件而言，这种技术无论是对建模过程，还是对后期模型的修改，优势都非常明显。

第 9 章　水处理工程 BIM 应用二次开发成果

9.1　基于 Revit 的水处理构筑物参数化设计软件

9.1.1　总体概况

基于 Revit 的水处理构筑物参数化设计软件开发总体概况，见表 9-1。

基于 Revit 的水处理构筑物参数化设计软件开发总体概况　　表 9-1

内容	描述
设计单位	中国市政工程中南设计研究总院有限公司
软件平台	欧特克（Autodesk）
软件名称	REVIT
功能描述	创建工艺模型、结构模型、钢筋信息、二维视图

9.1.2　开发必要性

水厂中部分水处理构筑物结构、工艺较为复杂，同时也较为标准。常规 BIM 手工建模方式不仅耗时费力，而且创建的模型也难以直接重复利用。目前市场上只有专业的管道三维设计解决方案，还没有专门针对给水排水构筑物的 BIM 设计软件。因此，一款快速、便捷、高效的设计软件是设计人员迫切需要的。为了提高设计人员的工作效率，使其只需输入必要的设计参数，便能自动生成水处理构筑物的 BIM 模型及施工图，我们借助 Revit 平台进行了水处理构筑物参数化设计软件开发，并使用该软件创建了水处理构筑物工艺、结构 BIM 模型，结构 BIM 模型中包含梁、板、柱、墙、基础的钢筋信息以及施工图。

9.1.3　软件实现功能

1. 开发平台及实现方式

基于 Autodesk Revit 平台，在 Microsoft Visual Studio 集成开发环境中，使用 C# 语言通过调用 Revit API 编程二次开发软件。

Revit 是 Autodesk 公司开发的一款 BIM 设计软件，具备强大的 BIM 设计及工程建设全生命周期数据管理能力，为本软件二次开发提供了强有力的支持。

Visual Studio 集成开发环境是 Microsoft 公司提供的一套集代码编写、分析、编译、调试于一体的软件开发工具集。

C# 语言是 Microsoft 公司提供的一种运行于 .NET Framework 之上的面向对象的高

级开发语言。凭借强大的操作能力、优雅的语法风格、创新的语言特性和便捷的面向组件编程的支持成为当下最受程序员喜爱的开发语言之一。

2. 软件的主要模块

典型水处理构筑物气水冲洗滤池参数化设计软件主要功能模块，如图9-1所示。软件主要由功能、界面及出图3个模块组成。实现的主要功能为创建工艺模型、创建结构模型、附加钢筋信息以及创建施工图所需的视图。

3. 创建结构模型

启动Revit，首先选择“结构样板”新建项目，然后切换到三维视图，输入可变参数设计滤池，最后点击“创建结构模型”按钮，便能自动生成滤池结构模型。结构模型的创建包括标高轴网的自动绘制，滤池中梁、板、柱、墙、独立基础等各种实例以及内建模型的自动创建，如图9-2所示。

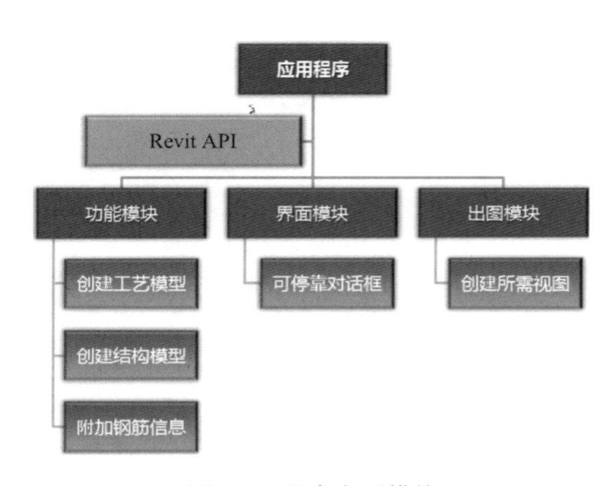

图9-1　程序主要模块

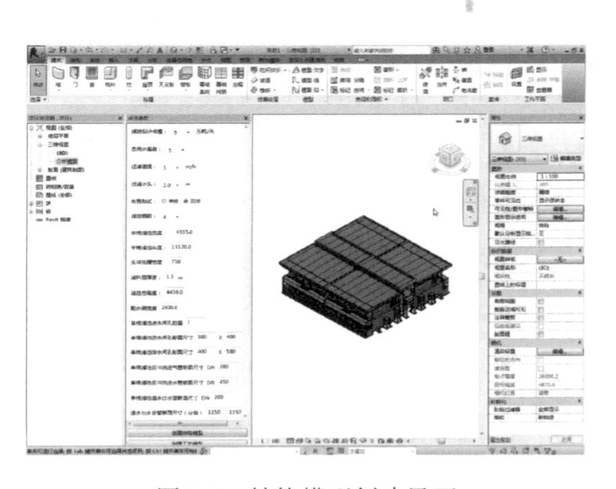

图9-2　结构模型创建界面

4. 创建工艺模型

启动Revit，首先选择“机械样板”新建项目，然后切换到三维视图，输入可变参数设计滤池，最后点击“创建工艺模型”按钮，便能自动生成滤池工艺模型。工艺模型的创建包括标高轴网的自动绘制，管道、管段类型的自动创建，管道布管系统的自动配置，阀门族的加载以及族实例的自动创建，阀门与管道以及管道与管道的自动连接，如图9-3所示。

5. 附加钢筋信息

为了解决在Revit中布置实体钢筋所带来的绘制繁琐及模型运行缓慢的问题，软件将钢筋信息附加到滤池的梁、板、柱、墙以及基础之中，同时控制其相应视图中的钢筋显示。首先选择一个需要附加钢筋信息的实例，然后输入钢筋信息，最后点击“附加信息”按钮，便能使钢筋信息附加到这个实例之中。输入的钢筋信息不仅显示于这个实例的平面视图中，而且在剖面图及属性选项板中都能显示，如图9-4所示。

6. 创建施工图所需的视图

在创建BIM模型的同时，软件会自动创建施工图所需的视图，并对视图中各实例的尺寸进行自动标注，从而实现施工图纸的自动生成，如图9-5所示。

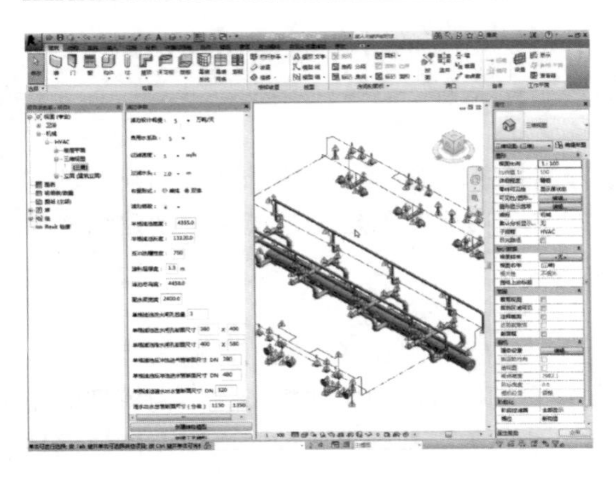

图 9-3　工艺模型创建界面

图 9-4　附加钢筋信息界面

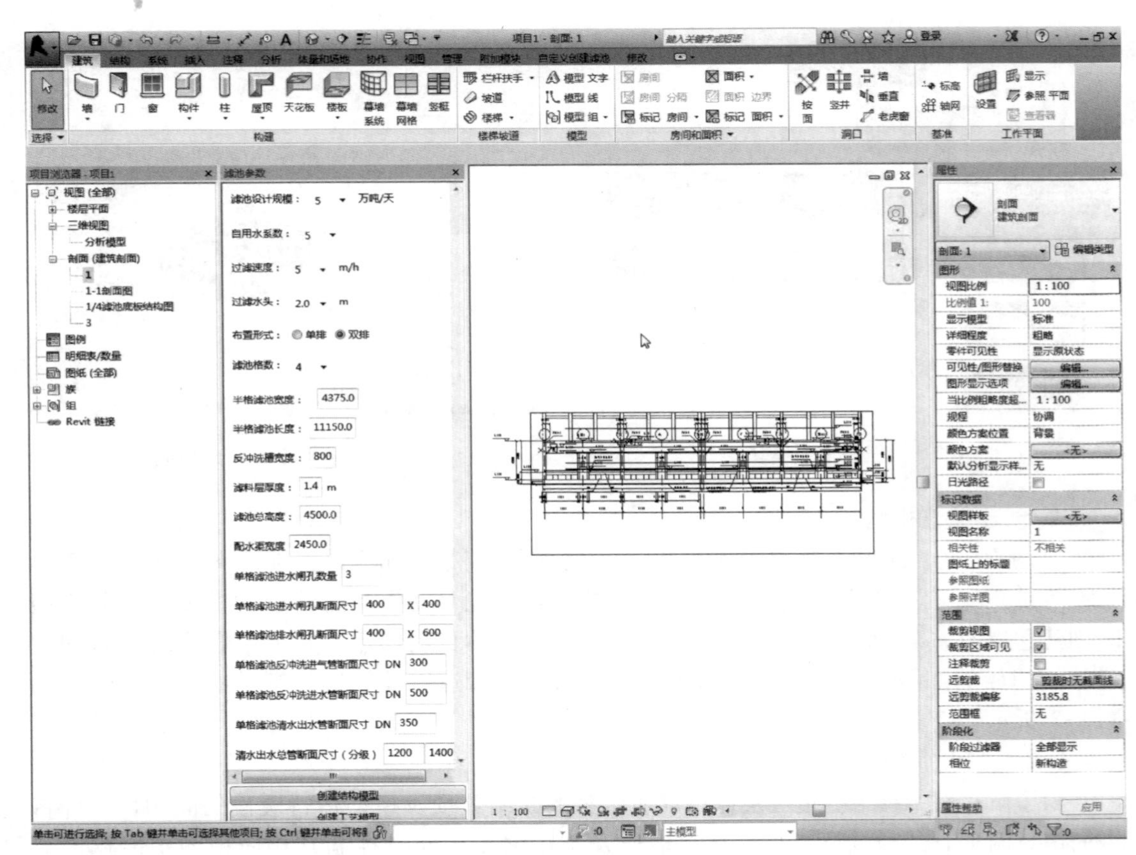

图 9-5　自动生成的施工图所需的视图

9.1.4　工程应用案例

柳梧新区给水厂工程是拉萨市环保基础设施重点项目，工程服务范围为整个柳梧新区，规划用地总面积为 42.70km^2，总供水规模为 10 万 m^3/d，出水水质达到现行国家标准《生活饮用水卫生标准》GB 5749—2006 的要求。项目分水源工程、净水工程、输水工程三部分，如图 9-6 所示。

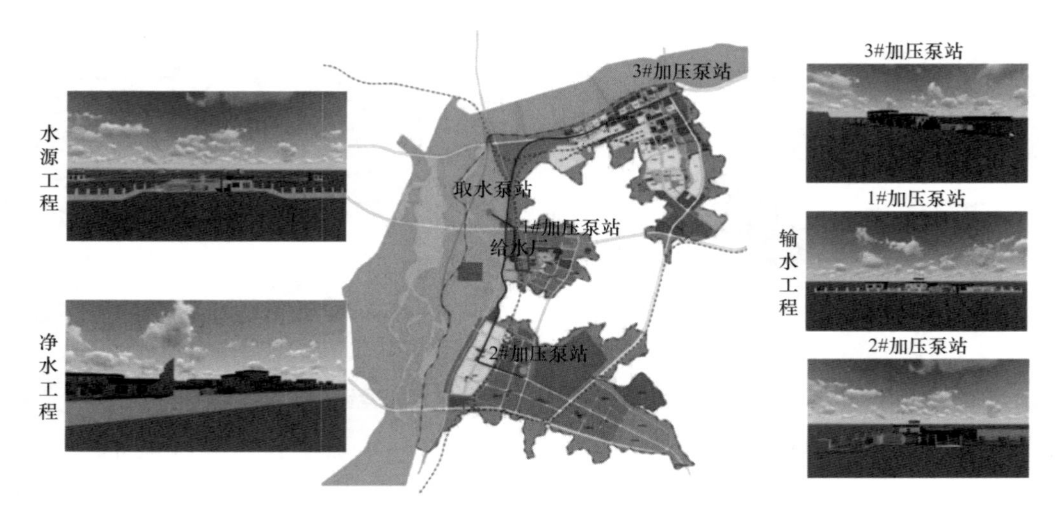

图 9-6　项目组成

柳梧新区给水厂位于拉萨市察巴路北侧。水厂分为常规处理系统、深度处理系统、废水回收系统、污泥处理系统和水厂管理系统，如图 9-7 所示。

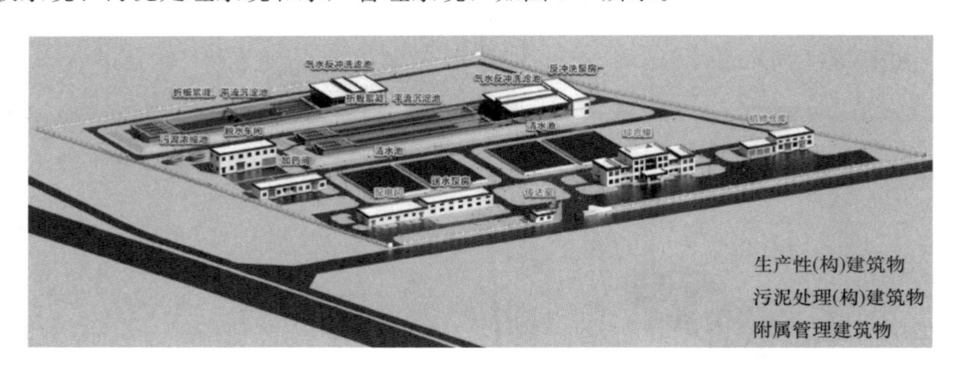

图 9-7　给水厂模型

该项目实现了净水工程全专业、全过程、统一平台共享模型和数据的精细化协同设计，实现了自主开发 BIM 软件与多个应用软件的功能集成互补。项目的亮点在于在方案研究与设计、模型创建与参数化设计阶段，使用自主开发的基于 Revit 的水处理构筑物参数化设计软件，创建了气水冲洗滤池、加药间等主要水处理构筑物的模型。

在加药间结构设计中，首先启动 Revit，选择“结构样板”新建项目，然后切换到三维视图，输入可变参数设计加药间，最后点击“创建结构模型”按钮，便能自动生成加药间结构模型。结构模型的创建包括标高轴网的自动绘制，加药间中梁、板、柱、墙、独立基础等各种实例以及内建模型的自动创建，如图 9-8 所示。

在加药间工艺设计中，首先启动 Revit，选择“机械样板”新建项目，然后切换到三维视图，输入可变参数设计加药间，最后点击“创建工艺模型”按钮，便能自动生成加药间工艺模型。工艺模型的创建包括标高轴网的自动绘制，管道、管段类型的自动创建，管道布管系统的自动配置，阀门族的加载以及族实例的自动创建，阀门与管道以及管道与管道的自动连接，如图 9-9 所示。

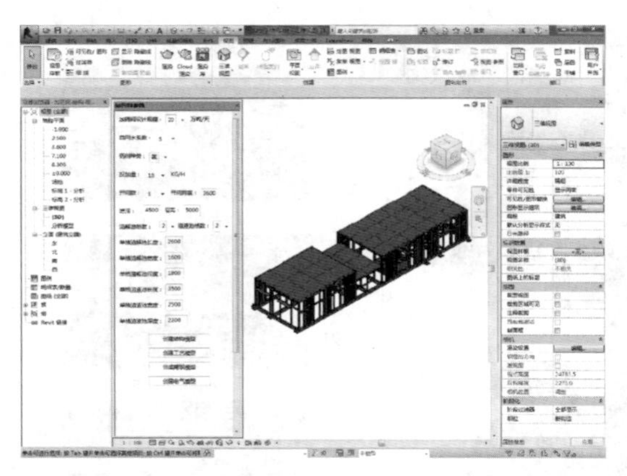

图 9-8 加药间结构模型创建界面

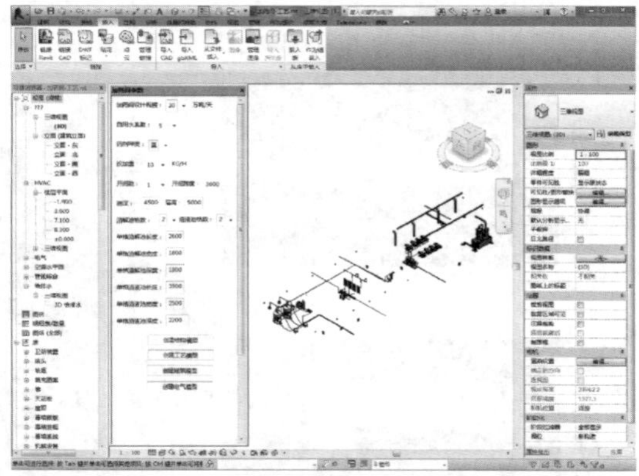

图 9-9 加药间工艺模型创建界面

在加药间建筑设计中，首先启动 Revit，选择“建筑样板”新建项目，然后切换到三维视图，输入可变参数设计加药间，最后点击“创建建筑模型”按钮，便能自动生成加药间建筑模型，如图 9-10 所示。

在加药间电气设计中，首先启动 Revit，选择打开“机械样板”，然后切换到三维视图，输入可变参数设计加药间，最后点击“创建电气模型”按钮，便能自动生成加药间电气模型，如图 9-11 所示。

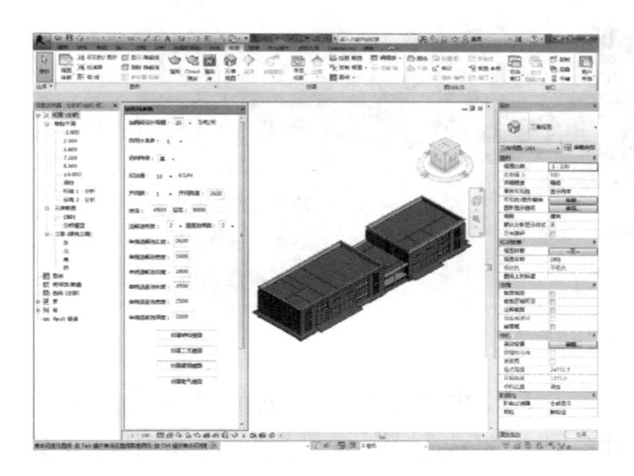

图 9-10 加药间建筑模型创建界面

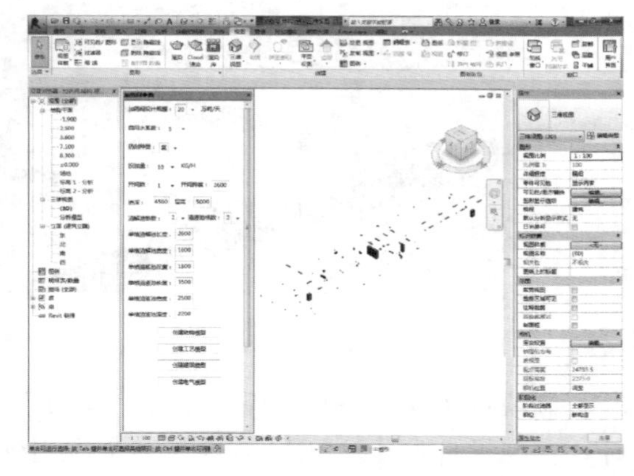

图 9-11 加药间电气模型创建界面

在进行加药间结构配筋时，首先选择一个需要附加钢筋信息的实例，然后输入钢筋信息，最后点击“附加信息”按钮，便能使钢筋信息附加到这个实例之中，如图 9-12 所示。

在创建加药间 BIM 模型的同时，软件会自动创建加药间施工图所需的视图，并对视图中各实例的尺寸进行自动标注，从而实现施工图纸的自动生成，如图 9-13 所示。

9.1.5 应用效果

使用自主开发的基于 Revit 的水处理构筑物参数化设计软件，可以有效地解决主要复杂水处理构筑物建模、配筋、出图困难的问题，从而大幅度地提高设计效率，使水处理构筑物实现 BIM 参数化设计成为可能。

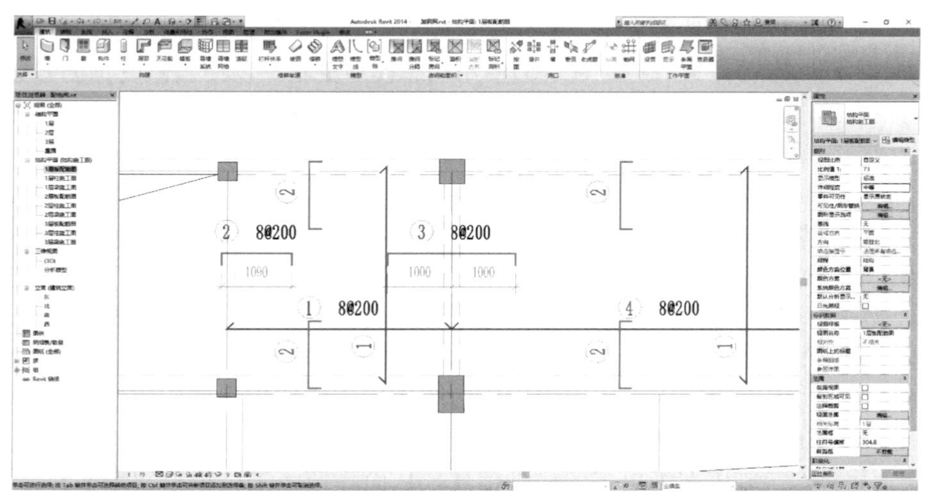

图 9-12　加药间附加钢筋信息界面

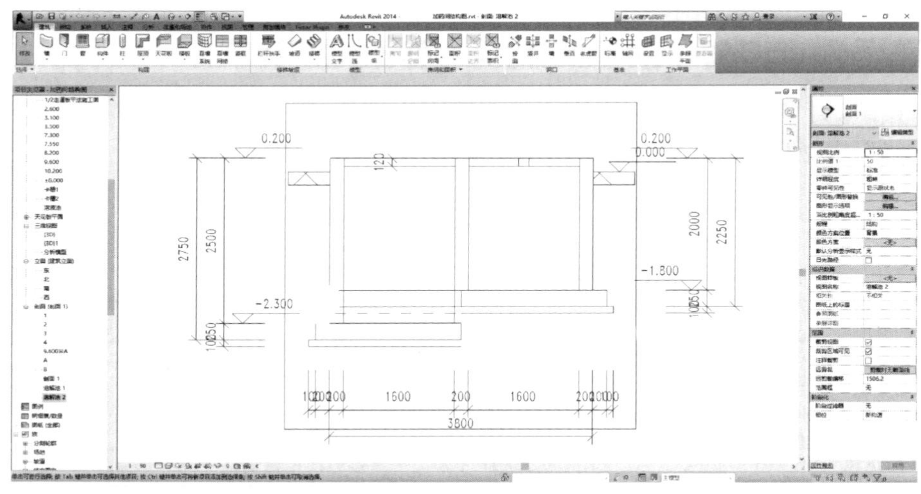

图 9-13　自动生成的加药间施工图所需的视图

在柳梧新区给水厂工程的 BIM 设计中，我们通过输入相关设计参数实现了对不同规格、不同样式的水处理构筑物的 BIM 参数化设计，满足项目在方案设计、初步设计及施工图设计阶段的需求，应用效果体现在以下 3 个方面：

（1）快速生成全专业 BIM 模型

以往要完成一个复杂水处理构筑物的全专业 BIM 设计往往要花费几天甚至更长时间，而在本项目中我们只需输入必要的设计参数，便能快速生成工艺、结构、建筑、电气全专业 BIM 模型。当设计条件发生改变，需要调整参数值时，各专业模型中的每一个构件都会发生联动，以保证整体 BIM 模型的拓扑关系的完整性与正确性。

（2）快速添加钢筋信息

在 Revit 中直接布置钢筋往往存在耗时费力、模型卡顿的问题，而且布置的实体钢筋也不便于二维出图。水处理构筑物参数化设计软件能通过为结构模型中的梁、板、柱、墙添加共享参数的方式，输入钢筋平法信息，钢筋样式在平面和剖面视图中用模型线表示，这样就能显著减小模型文件的大小，明显提高模型浏览查看的速度，大幅提升模型生成及修改的效率。同时对每个梁、板、柱、墙使用动态模型更新，以便当修改钢筋参数时能即时反映到相应的视图中。通过参数化设计软件的使用，原本繁重的钢筋布置及出图工作在本项目中变得简单而高效，结构设计的速率得以大幅提升。

（3）施工图快速生成

在创建各专业 BIM 模型的同时，水处理构筑物参数化设计软件会自动创建施工图所需的视图。软件可以通过预设的特定视图对 BIM 模型进行剖切，也可以通过自定义视图对 BIM 模型进行剖切，并对视图中的尺寸进行自动标注，从而完成施工图纸的自动生成，以满足设计交付的需要。我们在本项目中通过软件生成的施工图完全可以满足传统二维出图规范的要求，并且使设计人员从繁琐重复的图纸标注中解脱出来，更专注于设计本身，不仅大幅提高了出图效率，还有效提升了设计品质。同时通过 BIM 模型剖切生成的施工图能够表达相对传统施工图纸更多的构件信息，从而降低施工过程中的难度和出错概率，给予施工单位更多便利。

9.2 基于 ArchiCAD 的水处理构筑物参数化设计软件

9.2.1 总体概况

基于 ArchiCAD 的水处理构筑物参数化设计软件开发总体概况，见表 9-2。

基于 ArchiCAD 的水处理构筑物参数化设计软件开发总体概况　　表 9-2

内容	描述
设计单位	中国市政工程华北设计研究总院有限公司
软件平台	图软（GRAPHISOFT）
软件名称	ArchiCAD
功能描述	水工艺图库、污水处理构筑物设计插件

9.2.2 开发必要性

市政行业应用 BIM 技术设计给水排水厂在方案、初设、施工图阶段均已取得了一定的成绩。但也存在不足之处：首先，现有 BIM 平台的 MEP 系统设计软件尚无针对给水排水厂设计的图库部件，软件中的 MEP 图库部件也不符合图集规范的要求；其次，BIM 模型的搭建工程量较大，在投标阶段时间紧任务重，应用 BIM 设计，虽然提高了设计质量，但在模型创建方面占用太多时间，现有 BIM 软件尚没有针对给水排水厂各类构筑物的辅助设计工具。在设计方案调整时常常重复性建模，使设计人员在方案比选及优化阶段不能将创新思维发挥到极致。以上两点都为 BIM 技术在市政工程水处理方向上的应用与推广带来极大的困难。

针对市政工程给水排水项目中 BIM 技术的应用难点，中国市政工程华北设计研究院有限公司基于现有 BIM 平台，采取参数化设计理念，开发了水工艺图库。图库涵盖了水工艺专业所需的各类设备的智能化图库部件。开发人员通过对污水处理工艺构筑物设计流程的深入研究，并基于BIM平台的二次开发，对该流程进行了智能化编程，构建出一套污水处理构筑物设计插件。该插件可通过输入工艺条件及设计参数，快速生成能够满足投标及初设深度的构筑物模型，并可实现在总体系统设计要求改变的情况下能够对构筑物整体及细部进行二次深化编辑。该插件充分发挥了BIM技术在方案和初设阶段的设计优势。

9.2.3 软件实现功能

1. 水工艺图库

三维设计中，拥有自主的三维图库管理平台、完善的数据交换接口技术、良好的数据库管理手段，是当前和未来三维设计中不可或缺的重要一步。完善、系统、丰富的三维图库，是三维设计的坚实基础，是快速、准确、优质地进行三维设计的重要保证，是未来三维设计的必然趋势。随着三维图库的开发完成，应用三维图库技术可以使设计者根据自身的设计要求更清晰、更迅捷地找到自己所需的任何图库模型，并进行参数的调整，完成一项三维设计，从而大大减少了设计者的重复劳动，提高了设计者的工作效率。

采用参数化技术开发水工艺专业所需的各类设备，将它们以目录树的形式分类存放。开发出的三维图库具有完整性、健壮性、可修改性，可以使设计者在三维设计中通过使用参数化的图库部件快速、便捷、有效地构建与需求相匹配的模型，如图9-14所示。

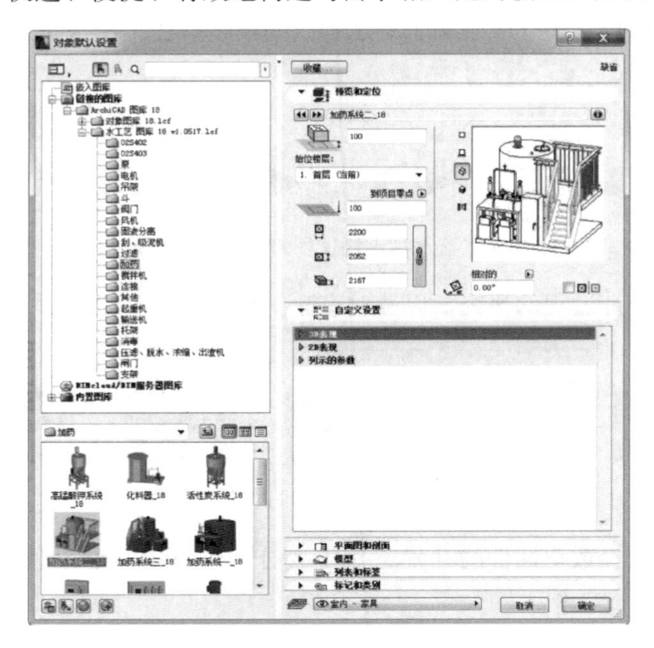

图9-14 参数化图库使用界面

2. 给水排水构筑物参数化插件

基于ArchiCAD平台，编写出一套典型给水排水构筑物参数化插件，其中包括圆形沉淀池、奥贝尔氧化沟、平流沉淀池和V型滤池。这套插件中每种构筑物都有相应的插件界面，在界面上设置好各种参数即可快速生成所需要的模型。

用C++语言对给水排水构筑物建模API进行编写，主要任务包括：静态库、模态对话框调用程序及回调函数。

本程序的设计入口为使用 ArchiCAD 的撤销栈回调池体主程序。主程序开始调用模态对话框，用主界面的回调函数对数据进行计算整合，生成后台数据结构后将数据传递给功能 API 及 GDL，实现池体构筑物模型的自动搭建。

因此，给水排水构筑物生成主要分为以下 4 个子功能：

（1）整合主界面设计数据；

（2）调用回调函数；

（3）调用静态库函数及设备 GDL；

（4）生成给水排水构筑物图库构件。

功能流程如图 9-15 所示。

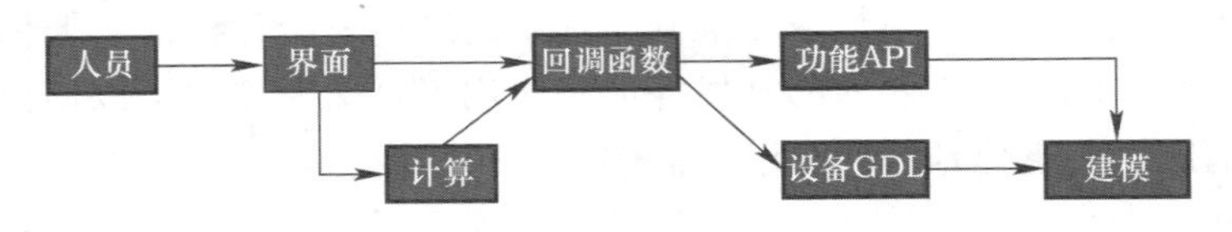

图 9-15　功能流程图

后台通过模态对话框回调函数调用专业设计人员填写的数据，通过计算校核后将数据回传给主界面；再由后台将主界面数据转换成程序可识别的数据结构供静态库功能 API 调用，用于放置相应构件，最终实现给水排水构筑物模型搭建。给水排水构筑物模型搭建数据流图如图 9-16 所示。

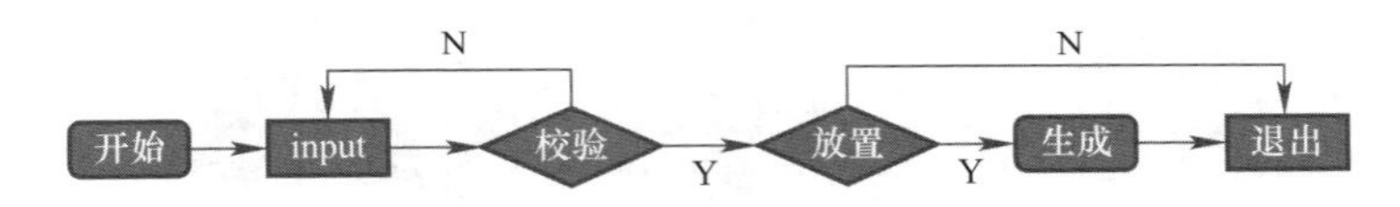

图 9-16　给水排水构筑物模型搭建数据流图

通过对水工艺设计过程的研究，以及对市政工程设计人员需求的采集，获得池体 BIM 设计工作流程，如图 9-17 所示。

图 9-17　池体 BIM 设计工作流程图

给水排水构筑物参数化插件的开发工作主要分为计算书功能设计和 BIM 模型功能设计两部分。

3. 计算书功能设计

由于计算书中设计参数的复杂性、多样性，计算书界面设计采用列表和分页结合的形式表现。分页面中设计有输入框、选择框、文本框和按钮等窗体控件。

每个计算书界面，后台对应自己的回调函数。回调函数随时监控操作系统的消息队列，从消息队列中获取有效操作，并把设计人员操作的参数通过界面存入内存，同时在后台完成对数据的存储、计算、提取，等待生成模型模块的调用。

根据不同功能的池体，设计对应的不同样式的计算书。计算书不仅要包括池体建模所需要的几何参数，更要包括符合设计流程和规范的设计参数。

在主界面中，每一个分页计算书后台都对应一个回调函数，其功能大体类似：

（1）监听用户在模态对话框界面中的事件；

（2）获取用户在前端的输入数据，并在后台进行整合、加工、计算；

（3）在用户完成输入计算书后，退出模态对话框。

4. BIM 模型功能设计

在回调函数退出后，生成模型的功能模块调用内存中计算完成的数据，通过 API 完成由数据转化为三维模型的过程。

接下来我们选择一类构筑物展示参数化插件的开发过程，通过对工艺流程中各构筑物的比较，最终选定了圆形沉淀池作为验证对象。圆形沉淀池的特点是尺寸控制参数较少，在暂不考虑进出水形式的前提下，只需要控制直径、高度、坡度等，且其刮泥机尺寸与池体直径具有相关性，便于参数化驱动，是用于方法验证的最佳选择。

作为验证模型，圆形沉淀池的界面设计较为简单，采用直接输入尺寸参数控制模型生成，使用者需输入以下基本参数：池体直径、池体高度、池壁厚度、排泥区坡度及排泥斗直径，池体会自动调用刮泥机图库对象，刮泥机尺寸根据输入的池体直径驱动参数化调整，界面设计如图 9-18 所示。

通过对圆形沉淀池基础尺寸参数的驱动，生成了沉淀池模型，并同步驱动调用图库对象与池体相吻合，初步实现了建模目标。通过在平面图上添加剖面线，相应位置的剖切面可自动生成，如图 9-19 所示。对该圆形沉淀池的典型剖面继续调整，添加文字标注与尺寸标注后，可以达到方案至初设深度要求。

池壁由墙元素构成，池底由壳体构成，刮泥机为独立的图库对象，实现了预期目标，即生成的模型不再是一个整体的 GSM 对象，而是由墙、梁、板、柱等基本构件元素组成的可再次编辑的模型，如图 9-20 所示。

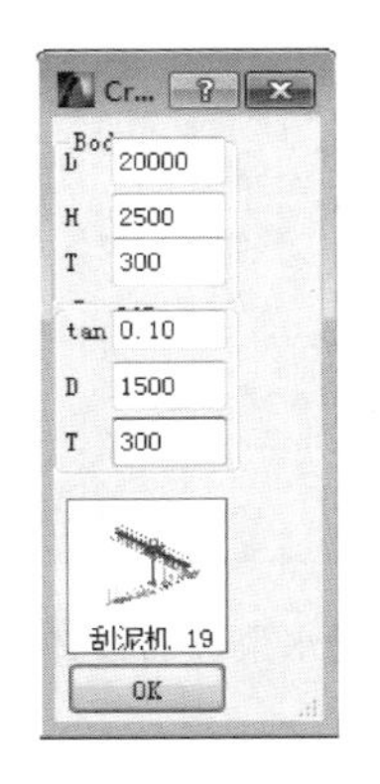

图 9-18　圆形沉淀池界面设计

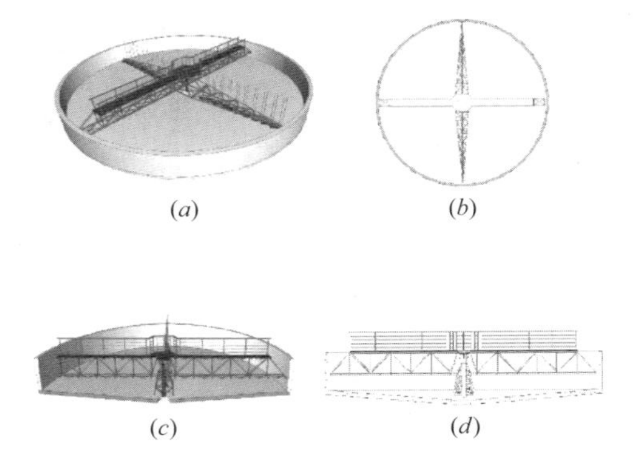

图 9-19　模型和剖切面二维视图

（a）模型平面；（b）平面二维视图；

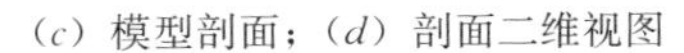

（c）模型剖面；（d）剖面二维视图

图 9-20　参数驱动模型

9.2.4　参数化构筑物应用案例（V 型滤池）

（1）单格面积 $B \times L$ 界面设计，如图 9-21 所示。

（2）单格高度界面设计，如图 9-22 所示。

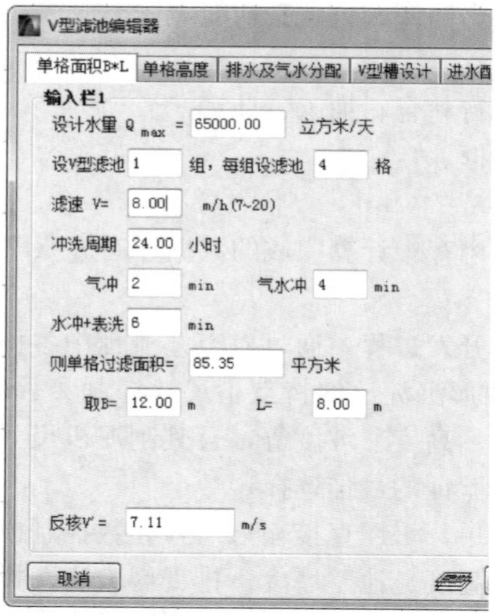

图 9-21　单格面积界面设计

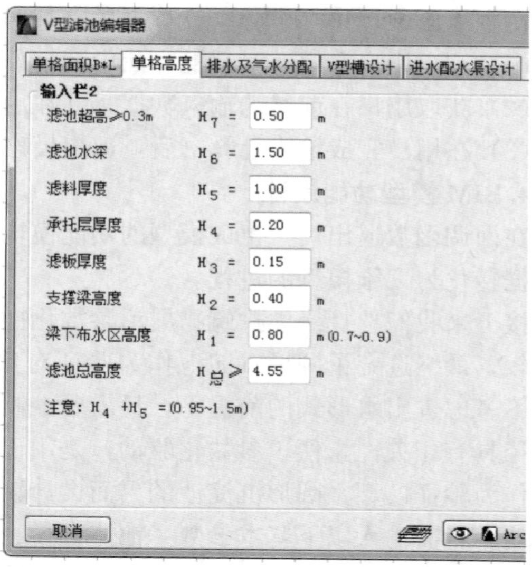

图 9-22　单格高度界面设计

（3）排水及气水分配界面设计，如图 9-23 所示。

（4）进水配水渠界面设计，如图 9-24 所示。

（5）模型生成和二维视图，如图 9-25 所示。

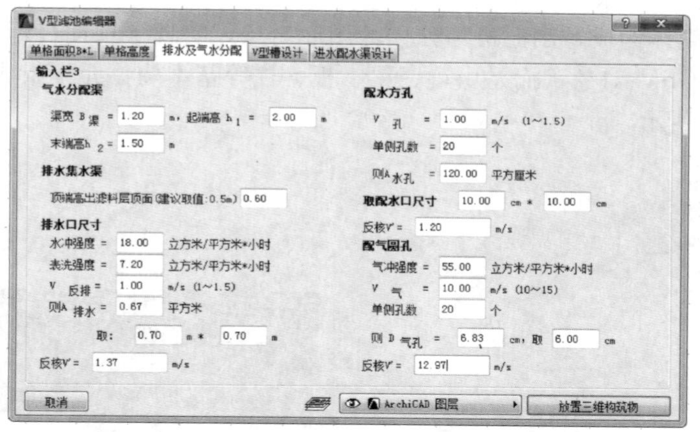

图 9-23　排水及气水分配界面设计

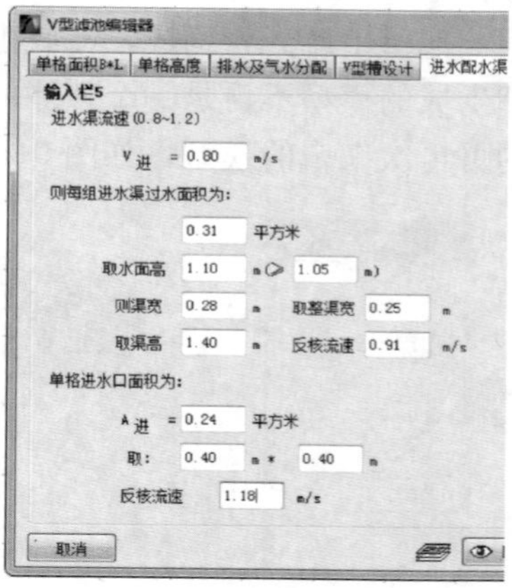

图 9-24　进水配水渠界面设计

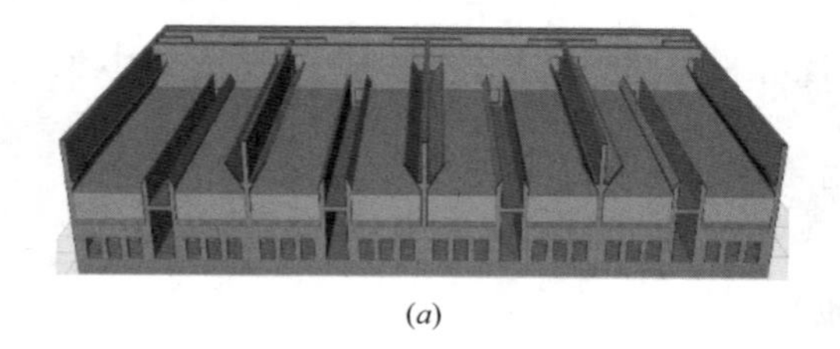

(*a*)

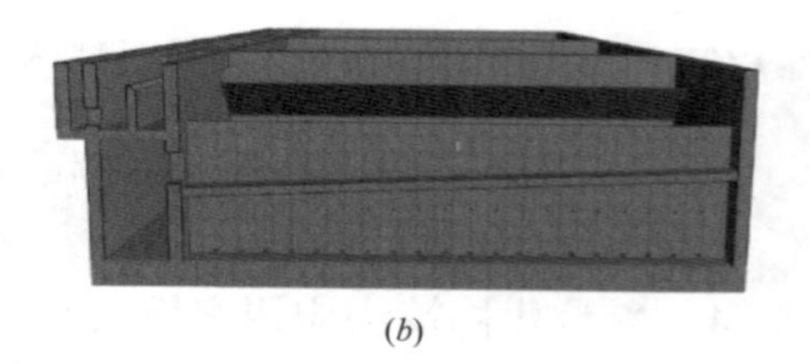

(*b*)

图 9-25　模型生成和二维视图（一）

（*a*）1-1 剖面对应轴测模型视角；（*b*）2-2 剖面对应轴测模型视角

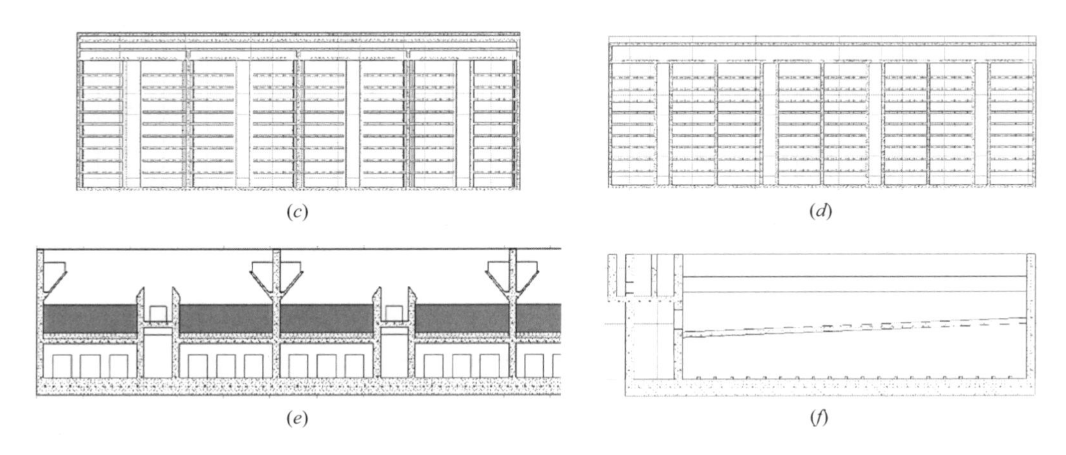

(c)　(d)　(e)　(f)

图9-25　模型生成和二维视图（二）

(c) 5.00m标高平面视图显示；(d) 2.50m标高平面视图显示；
(e) 自动生成的1-1剖面图；(f) 自动生成的2-2剖面图

9.2.5　应用案例

昆山市北区污水处理厂三期扩建工程中V型滤池的设计规模为4.8万m^3/d，以此构筑物设计为例，简要说明应用水处理构筑物参数化插件与ArchiCAD软件进行BIM设计的优势。

用ArchiCAD BIM软件设计池体时，首先通过计算书得出工艺类型，确定工艺结构；然后应用BIM工具绘制三维模型。由于工艺结构复杂、空间紧凑，难免出现工艺碰撞，出现类似情况时需要设计人员从三维视角对模型进行进一步调整。模型中的每个部件都是独立的，单体模型中的构件数量繁多，如果出现类似项目同种工艺的单体设计时，借用以往设计模型难度较大，需对多个部件一一进行修改，大量的工作量导致类似项目让设计人员选择重新设计跳过对以往项目的修改。

而应用水处理构筑物参数化插件设计池体时，仅需要专业设计人员根据设计需求在软件计算书界面中填写设计数据，一键生成BIM模型，操作简单，生成快速。此模型的优势在于可进行二次修改，以满足模型的深化应用。在招标投标及初设阶段可大大减少重复性的建模工作，减轻设计人员负担，提高工作效率，有利于三维设计的推广工作。

设计人员通过BIM技术设计昆山市北区污水处理厂三期扩建工程中V型滤池，最终生成的施工图纸如图9-26所示。

9.2.6　应用效果

为解决现阶段BIM软件的设计弊端，自主开发了针对给水排水专业的水工艺图库，该图库充分涵盖了水工艺专业所需的智能化图库部件，弥补了BIM软件自带图库中部件种类少且不符合图集规范的缺陷。使用该图库完成了昆山市北区污水处理厂中设备的建模工作，在设计过程中，尽量使用参数化的图库部件，相比于AchiCAD自带图库，它可以帮助设计人员高效地构建符合需求的模型。

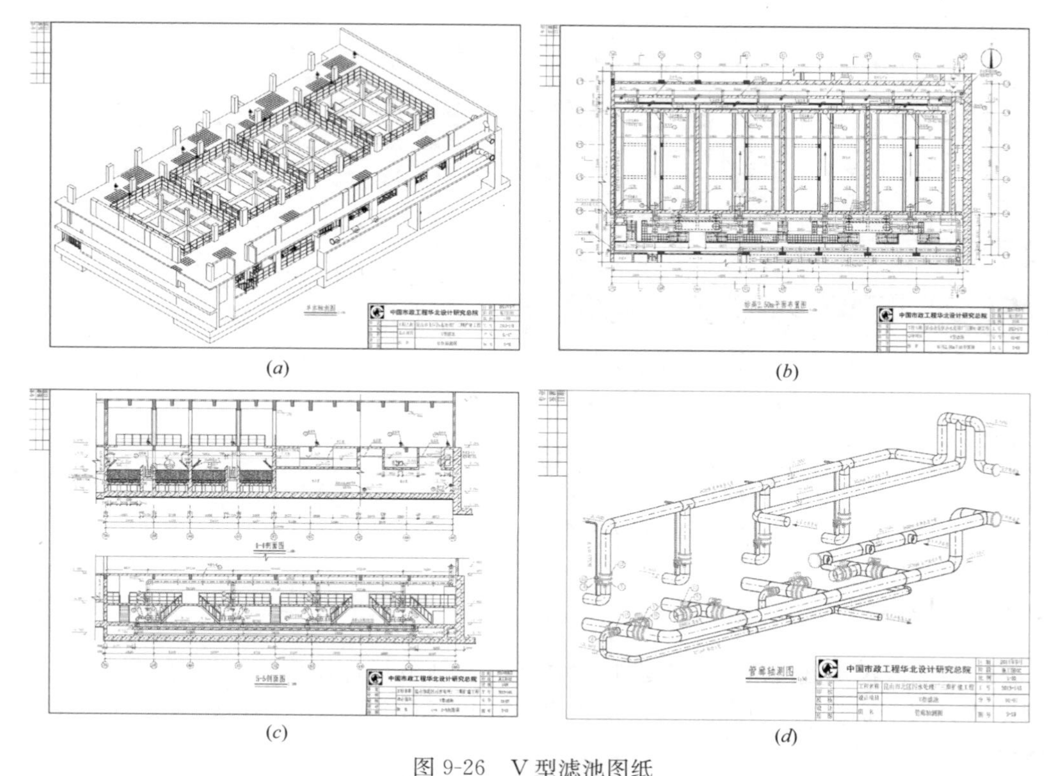

图 9-26　V 型滤池图纸

（a）单体轴测图；（b）标高 2.5m 平面布置图；（c）5-5 剖面图；（d）管廊轴测图

开发人员对各类工艺构筑物进行了参数化编程，开发了辅助给水排水项目设计的插件，仅需在界面上输入工艺参数即可快速生成能够满足投标及初设深度的构筑物模型，而且在设计要求改变时可以对已经生成的模型进行二次编辑。该插件可以减少重复性的建模工作，大大提高了设计人员的工作效率。这一优势在污水处理厂项目的实施中得到了充分的发挥。

通过对 AchiCAD 软件的二次开发，探索出一条快速建模的道路，并以昆山市北区污水处理厂项目实施为契机，实现了数字化应用，加快了 BIM 技术的推广，提升了设计企业的核心竞争力。

9.3　基于 Revit 的清水池参数化建模软件

9.3.1　总体概况

基于 Revit 的清水池参数化建模软件开发总体概况，见表 9-3。

基于 Revit 的清水池参数化建模软件开发总体概况　　**表 9-3**

内容	描述
设计单位	上海市政工程设计研究总院（集团）有限公司
软件平台	欧特克（Autodesk）
软件名称	REVIT
功能描述	创建清水池模型

9.3.2 开发必要性

参数化设计是通过改动图形/模型的某一部分或某几部分的尺寸、修改已定义好的参数自动完成对图形/模型中相关部分的改动，从而实现对图形/模型的驱动。参数驱动的方式便于用户修改和设计，通过对参数的修改实现对设计成果的优化。参数化设计极大地改善了图形/模型的修改手段、提高了设计的柔性，在动态设计、优化设计等领域发挥着越来越大的作用，体现出很高的应用价值。

参数化设计的核心内容包含两个部分：参数化图元/模型和参数化修改引擎。参数化设计方法最早用于工业零件设计，后逐渐向其他领域拓展。

采用BIM技术进行参数化设计也有很多软件支持，如Revit支持参数化族、全局参数化以及尺寸驱动等功能。

对给水排水结构而言，同一类清水池的结构形状、结构布置基本类似，设计逻辑基本相同。在一般的清水池设计中，通常会找类似的工程进行修改或套用，但由于二维设计的图元不联动，所以在已有图纸基础上修改的工作量也很大。在BIM图纸中，图元与模型是“联动”的，模型修改时，图纸随之变动。若结合参数化的方式进行BIM设计，将极大地简化工作量、提升设计效率，给BIM技术推广带来活力。

9.3.3 软件实现功能

在现有Revit2016软件中，增加清水池建模工具面板，如图9-27所示。在该工具面板下增加柱组、导流墙、构件（池底板、池顶板、池壁、隔墙）、洞孔等工具项。点击每个工具项可进入生成相应构件的模式窗口。

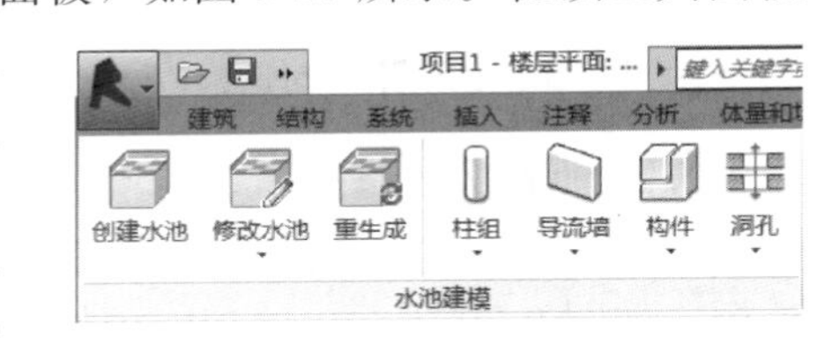

图9-27 清水池建模工具面板

在模型生成后，可有一个集中式的参数修改界面来修改所有的参数，并可根据修改的参数来实时修改模型。

现阶段的开发主要包括：软件界面接口以及池底板、池顶板、池壁、隔墙、柱、导流墙、人孔、集水坑等构件快速生成与修改，并可集成化参数修改，软件参数功能见表9-4。

软件参数功能 表9-4

构件	参数
池底板	长、宽、厚、高程、分隔形式、沉降缝大小等
池顶板	长、宽、厚、高程等
池壁	截面形式等
隔墙	截面形式、位置等
柱	间距、数量、外形尺寸等
导流墙	截面形式、位置等
人孔	尺寸大小、位置等
集水坑	尺寸大小、位置

9.3.4 软件操作流程

1. 水池的创建

点击“创建水池”，打开创建水池对话框，如图 9-28 所示。

可以输入需要创建水池的基本数据和构件信息，如水池名称、池体大小、池底标高、底板外挑、池壁厚、底板厚和顶板厚（是否要创建顶板可勾选）。

输入池体尺寸（100000×80000），单击“创建”按钮，然后根据提示在项目中点击放置位置，即可完成水池的创建，如图 9-29 所示。

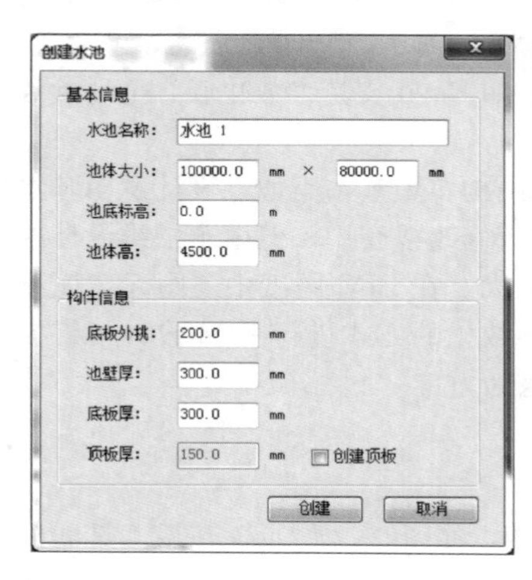

图 9-28 创建水池对话框

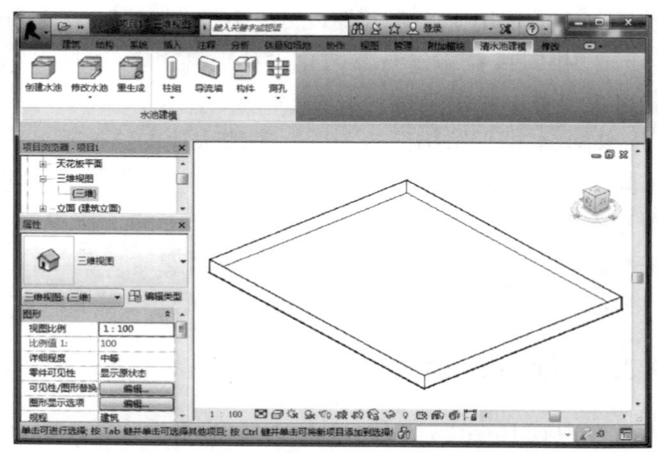

图 9-29 水池创建效果显示

2. 水池参数的修改

点击“修改水池→修改水池参数”，然后选择需要修改的水池，打开修改水池参数对话框，如图 9-30 所示。该功能可修改水池的基本参数，其参数的设置方式与创建水池完全一致。输入池体尺寸（200000×80000），单击“确定”按钮，即可完成水池的修改，如图 9-31 所示。

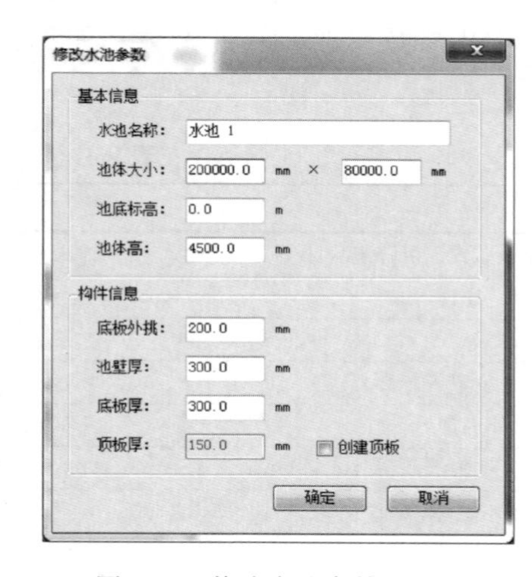

图 9-30 修改水池参数对话框

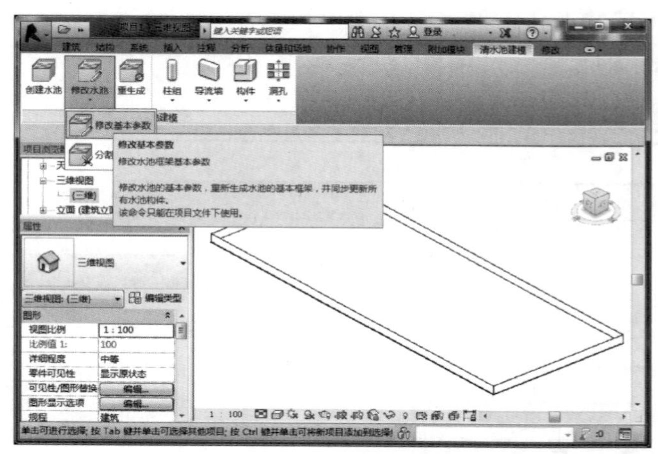

图 9-31 水池修改效果显示

3. 分割水池

点击“修改水池→分割水池”，然后选择需要分割的水池，打开分割水池对话框，如图9-32所示。可以在此对话框中添加水池的横纵向缝，并可让其自动横纵向对齐。也可点击要修改的缝进行单缝距离设置或者删除该缝。另外，可通过整体设置调整沉降缝宽、隔墙偏移、隔墙厚度以及主隔墙的横纵向。点击“确定”按钮后可将水池根据设置分割成多个部分，如图9-33所示。

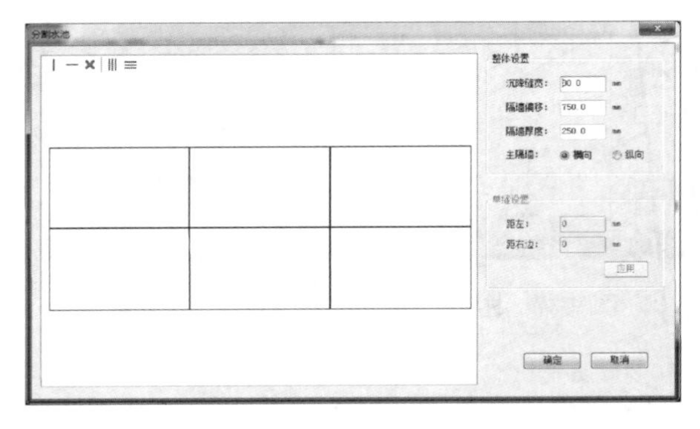

图9-32 分割水池对话框

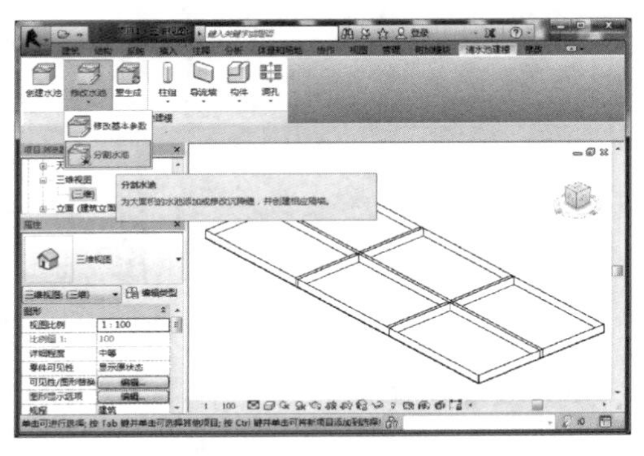

图9-33 水池分割效果显示

4. 创建柱

点击“柱组→创建柱”，打开创建柱对话框，如图9-34所示。在柱类型中选取相应的类型。设置横向和纵向的对齐和放置方式。设置完成后点击“放置”按钮，并在系统提示下选择需要放置柱的水池底板，柱会自动根据设置放置在选择的底板上，如图9-35所示。在进行该操作前请先确认项目中有柱的族类型。为了配合程序能自动调整柱的高度，请在设计族的时候确保有参数名为“高”的长度型实例参数，并将该参数与实际柱高进行绑定。

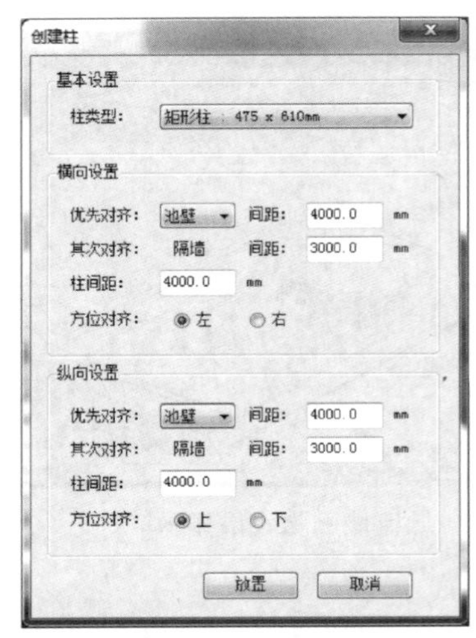

图9-34 创建柱对话框

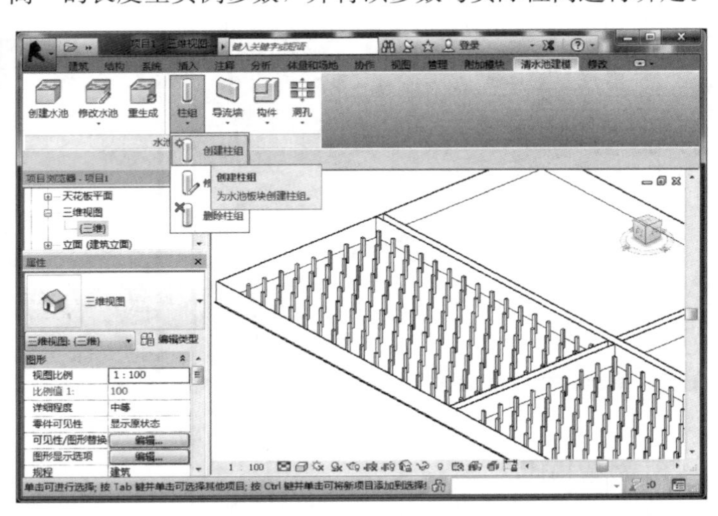

图9-35 放置柱效果显示

5. 修改与删除柱

点击“柱组→修改柱”或“柱组→删除柱”，打开对话框，如图9-36所示。选择现有的柱组来修改或删除现有的柱排布设置，修改柱间距为6000，如图9-37所示。

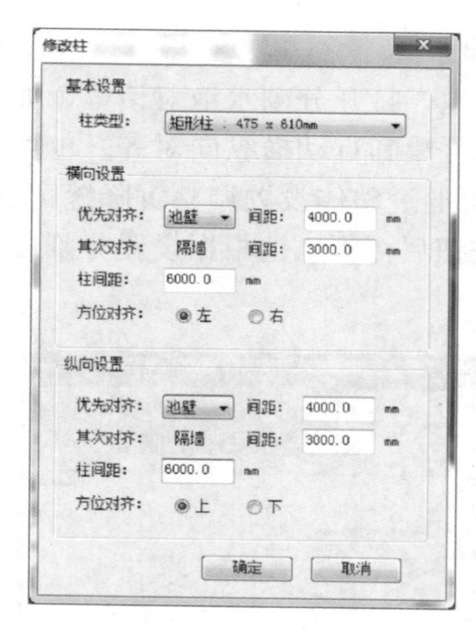

图 9-36 修改柱对话框

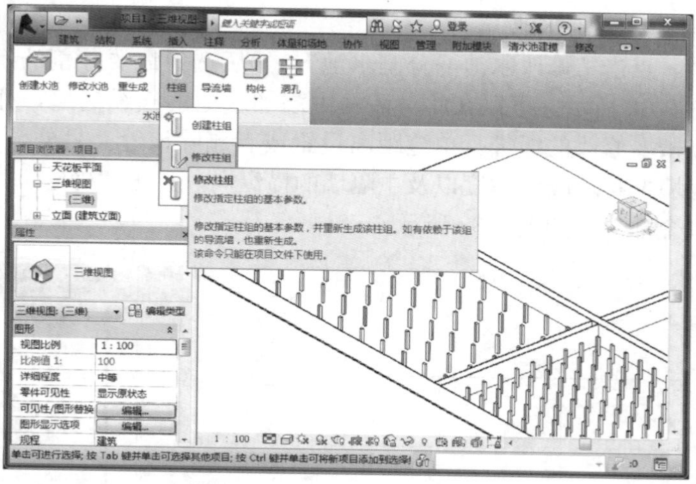

图 9-37 柱间距修改效果显示

6. 放置导流墙

点击“导流墙→放置导流墙”，打开导流墙设置对话框，如图 9-38 所示。选择导流墙类型，并设置墙体顶部位置向下偏移的高度，点击“创建”按钮。选取需要创建导流墙的两个端点构件（柱、隔墙或者池壁）自动生成导流墙。需要注意的是两个端点可以都为柱，但不能都为隔墙或者池壁，如图 9-39 所示。

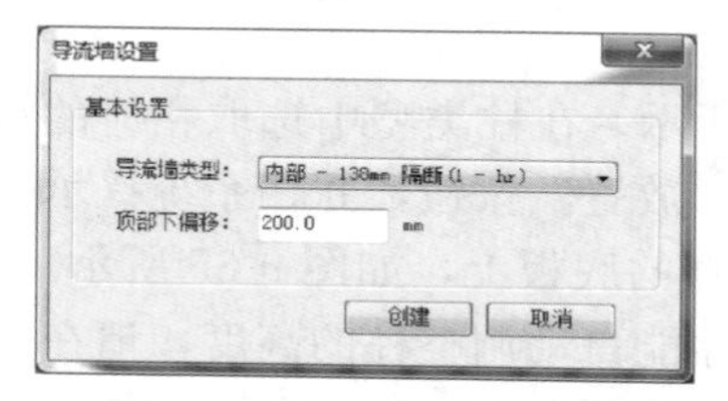

图 9-38 导流墙设置对话框

7. 删除导流墙

点击“导流墙→删除导流墙”，并选择现有的导流墙来删除，如图 9-40 所示。

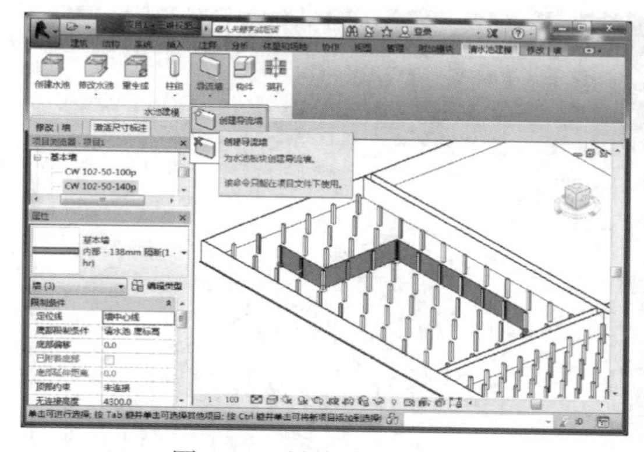

图 9-39 导流墙效果显示

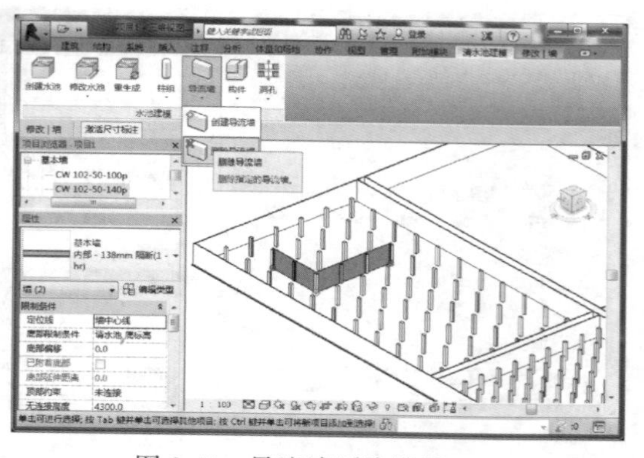

图 9-40 导流墙删除效果显示

8. 放置构件

放置的构件有集水坑和人孔两种，如图 9-41、图 9-43 所示，默认的这两种构件族存放在本二次开发插件的目录下，如 D：\Program Files\RevitDEV\ClearPool，名称分别为“JSK. rfa”和“RK. rfa”。

用户可自定义这两种构件族，但为了保证程序能自动识别和设置这两种构件族，请确保其为基于楼板的族，并且大小参数为长、宽（人孔与集水坑都需要）、高、底宽、底长

（集水坑都需要）。点击“构件→放置构件”，打开构件设置对话框。选择类型：集水坑或人孔，设置尺寸、大小和高度，设置所要放置的位置（包括水平位置、垂直位置）。点击“创建”按钮，然后选择需要放置构件的顶板或底板，完成放置，如图 9-42、图 9-44 所示。

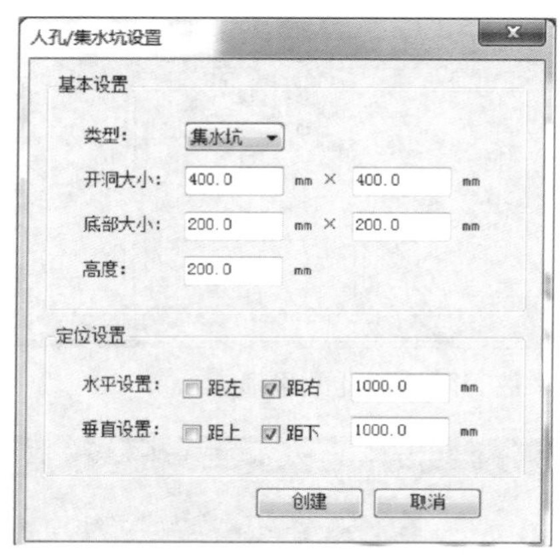

图 9-41　放置集水坑对话框

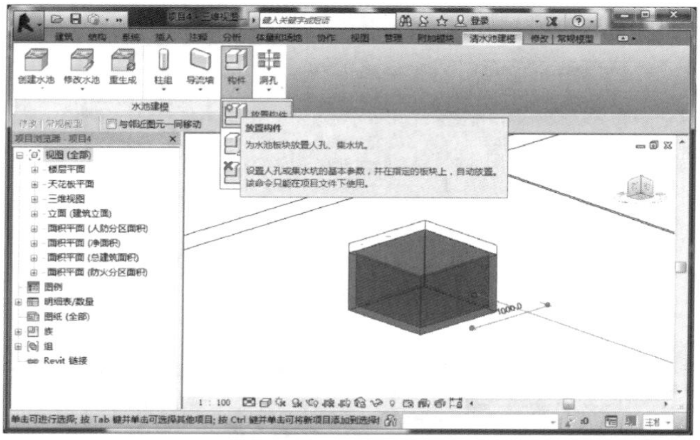

图 9-42　放置集水坑效果显示

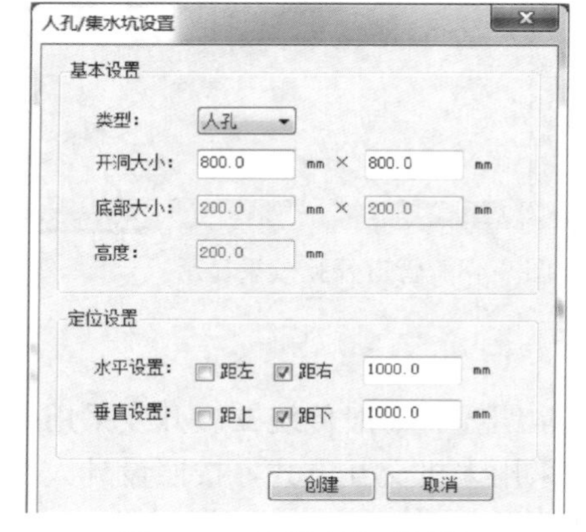

图 9-43　放置人孔对话框

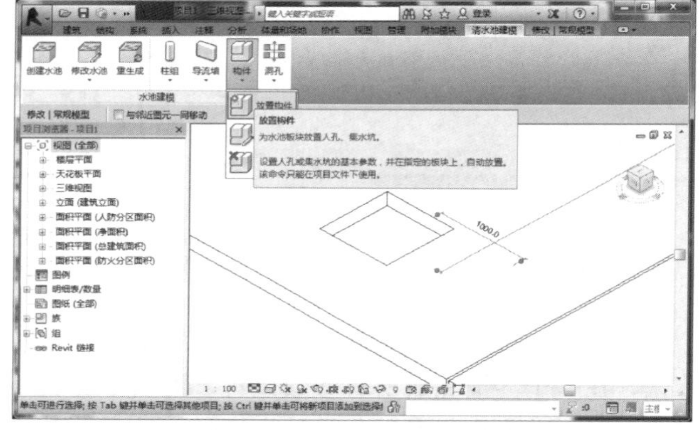

图 9-44　放置人孔效果显示

9. 放置隔墙或导流墙洞孔

点击“洞孔→放置隔墙洞孔”，打开隔墙洞孔设置对话框，如图 9-45 所示。洞孔设置类型：圆形或者矩形；大小尺寸设置：圆形设置半径，矩形设置长度、宽度；定位设置：设置其水平边距和垂直边距，并可选择是否限制放置数。点击“创建”按钮并选择需要开孔的隔墙或导流墙，如图 9-46 所示。

10. 管道开孔

点击“洞孔→管道洞孔”，选择需要开孔的水池，如图 9-47 所示。然后依次选择相交的管道，就能自动根据管道在水池边上（池壁、顶板、底板）开孔。管道必须与水池边（池壁、顶板、底板）正交，如图 9-48 所示。

11. 重新生成水池

点击“重生成”，选择需要重生成的水池，水池模型将根据原设置及管道相应变化重新生成。如水池构件被无意删除，或者管道大小和位置发生变化时，可使用该功能重新对水池进行计算和生成。

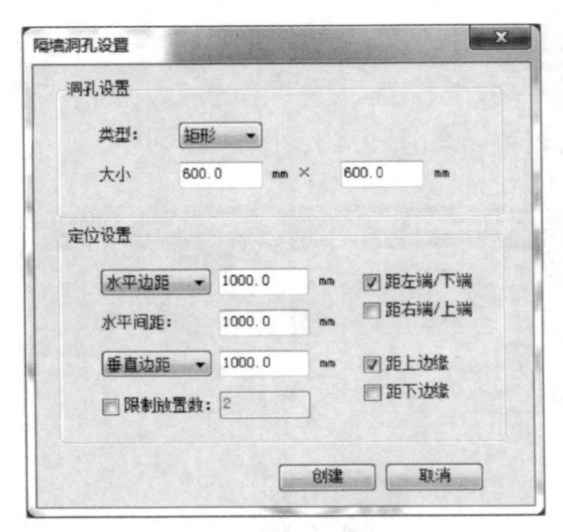

图 9-45　隔墙洞孔设置对话框

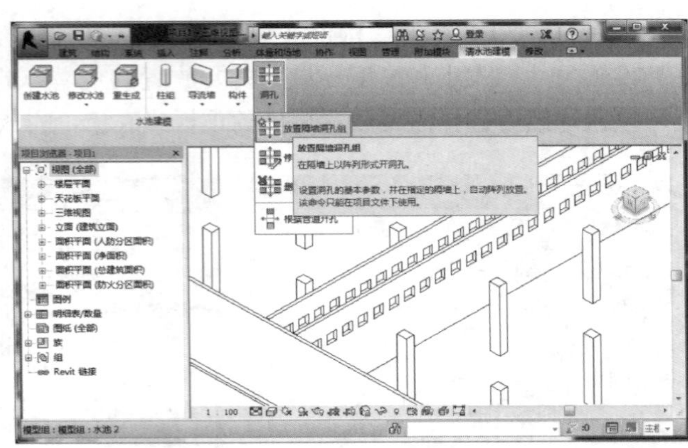

图 9-46　放置隔墙洞孔效果显示

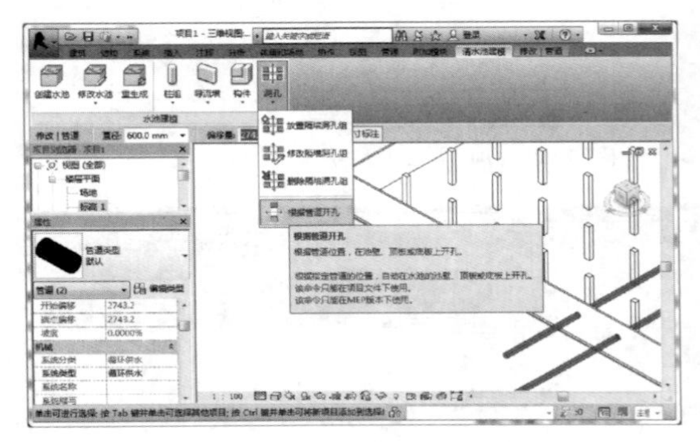

图 9-47　管道开孔界面

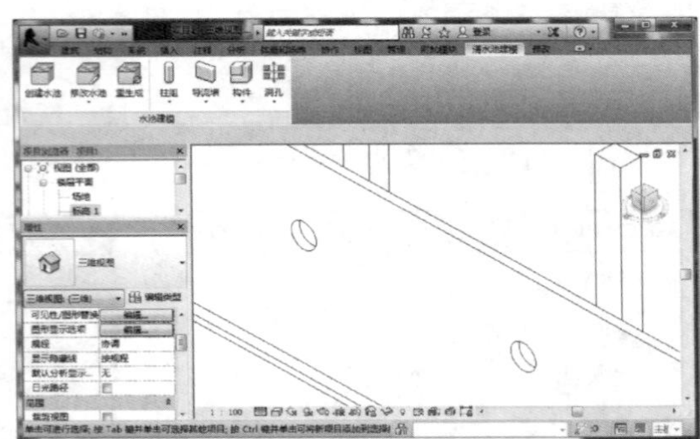

图 9-48　管道开孔效果显示

9.3.5　应用效果

清水池构造简单，重复工作量大，二次开发效果非常明显。一般传统二次开发采用一体化，在一个界面完成所有参数设置。本项目二次开发采用人机交互方式，按照设计人员思路，针对功能进行参数化设计，满足设计人员个性化要求。

本项目虽然针对清水池开发，但是许多功能也适用于其他给水排水构筑物，如构件放置、开孔等，提高了给水排水构筑物建模效率。滤池管道隔墙开孔如图 9-49 所示，平流沉淀池隔墙墙孔如图 9-50 所示。

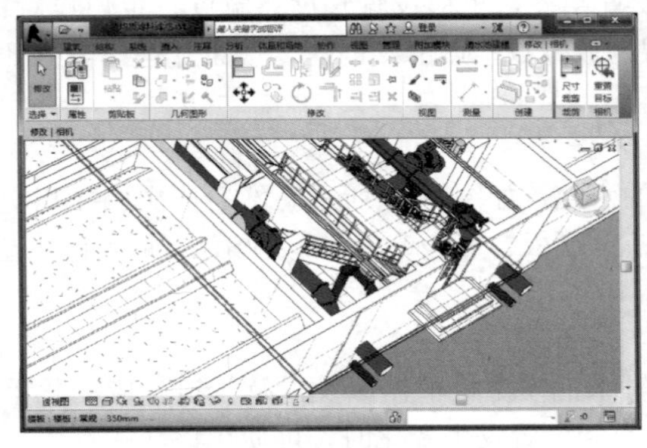

图 9-49　滤池管道隔墙开孔

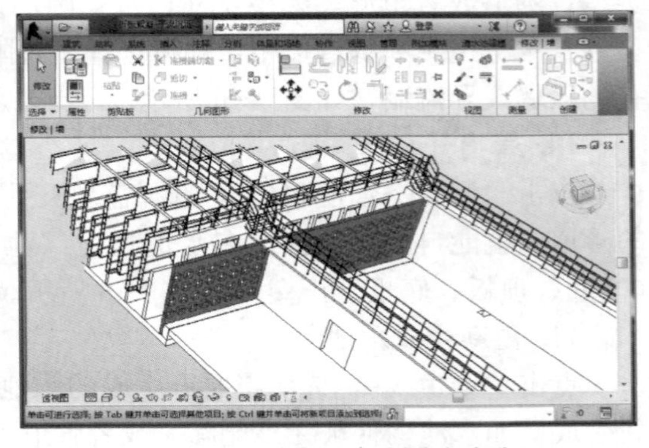

图 9-50　平流沉淀池隔墙墙孔

第 10 章 地下工程 BIM 应用二次开发成果

10.1 综合管廊设计软件（SMEDI-UTBIM）

10.1.1 总体概况

SMEDI-UTBIM 软件开发总体概况，见表 10-1。

SMEDI-UTBIM 软件开发总体概况 **表 10-1**

内容	描述
设计单位	上海市政工程设计研究总院（集团）有限公司
软件平台	Robert McNeel & Associates
软件名称	Rhino
功能描述	融合设计流程，实现综合管廊廊体、内部管道、周边环境参数化快速建模

10.1.2 开发必要性

研究指出，从实施障碍层次来分析，目前直接使用 BIM 进行工程设计存在 4 个层面的障碍，即人员基础的障碍、软件易用性的障碍、图纸表达标准的障碍和工作流程的障碍。当前 BIM 建模一般有 3 种方式，第一种为先建 BIM 模型后出二维图的方式，第二种为先出二维图后建 BIM 模型的方式，第三种为第一、二种的混合模式。目前，国内大部分应用 BIM 建模的工程都是采用第二种方式，即由专门的建模人员将设计院的二维图纸翻成三维模型。第一种方式，直接使用 BIM 工具进行工程设计，之所以难以真正实施，原因来自前述 4 个层次的障碍。从真正在一线工作的设计师角度来讲，其实就是使用新软件会造成效率突降。使用 BIM 工具进行设计，需要直接关注三维空间的方方面面和细节信息，所产出的模型信息量大，投入精力自然也大，设计师站在自身只为出图的角度，自然觉得投入产出性价比不高，因此抱怨软件不好用也在情理之中。这就是当前很多设计院对 BIM 平台进行二次开发的初衷，其力图填平 BIM 平台和真正设计所需工具之间的鸿沟，让设计人员在效率无损的状态下转换到新的设计平台。

近几年，在 BIM 之上，衍生建模和计算建模的概念开始受到关注，欧特克 AU 大师汇上，衍生建模、计算建模工具在建立复杂模型和自动化建模方面崭露头角。欧特克公司在 Revit 2017 版本之后内置了 Dynamo 程序化建模插件，这是一种基于节点（node）的可视化编程工具，这一工具的主要应用于两个方面，一是手工建模困难情形下通过算法计算建模，二是重复性工作的自动建模。

衍生建模的目标是创造新的设计流程，这个流程通过开发当前计算机技术和制造能力，生产空间上合理、规则上正确、高效且可制造的设计。通俗一点讲，就是要开发一种更为强大的人机交互设计系统，通过输入设计条件，在一定的约束规则下，让计算机自动生成设计方案，如果加入人工智能的要素，甚至可以生成若干优化方案。

综合管廊工程 BIM 建模相对繁琐，其整体线路建模需要考虑纵向坡度，具有典型的线状工程特点，而其节点建模要求则是点状工程的特点，最终节点又要置入线路之中，匹配所处位置的各部分尺寸、高程、坡度等。因此，对于综合管廊工程其建模系统需要同时处理线状工程和点状工程，鱼和熊掌往往难以兼得。通常在软件商旗下的主流产品中，总是一款强于线路建模，而另一款擅长于点状建筑建模。目前基于几大软件商平台的解决方案基本都是多软件互相配合，带来的问题有数据传递障碍、建模过程繁琐等。鉴于此，本书采用 Rhino/Grasshopper 计算建模软件，利用 Rhino 空间曲线的表达能力和 Grasshopper 的参数化能力，以计算建模思路为导向，构建出一款流程上吻合设计思路、表达上满足设计要求的综合管廊设计软件，将工程师从繁琐的手工建模过程中解放出来。

10.1.3 软件实现功能

SMEDI-UTBIM 以 Rhino 为基础平台，借助参数化模块、通用建筑设计模块、通用管道设计模块等，使用 Python、C#/VB.net 以及节点可视化编程等技术构建，软件不仅支持参数化、交互式的设计过程，同时支持模型类别分类、BIM 信息传递，内容上包含了综合管廊本体的建模和综合管廊周边外部环境的建模。SMEDI-UTBIM 软件的整体开发思路，如图 10-1 所示。

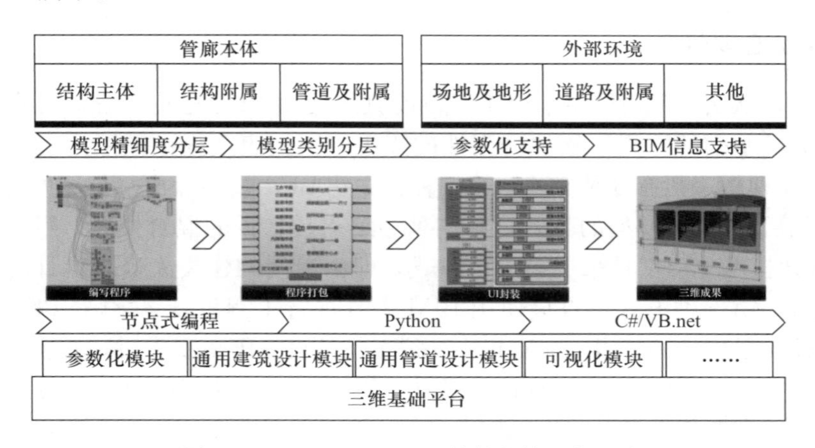

图 10-1 SMEDI-UTBIM 软件整体开发思路

SMEDI-UTBIM 软件以综合管廊设计建模为核心，如图 10-2 所示。将建模过程分解为若干符合设计思路和设计流程的子过程，如图 10-3 所示，并在子过程之间传递设计数据和设计成果，同时辅以前期规划分析和后期性能分析功能。

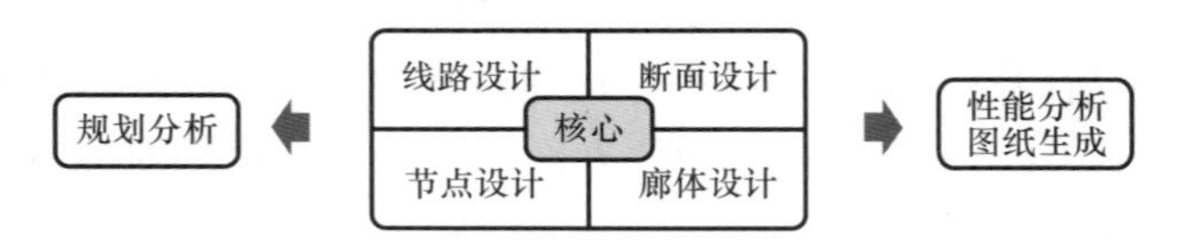

图 10-2 SMEDI-UTBIM 软件核心功能

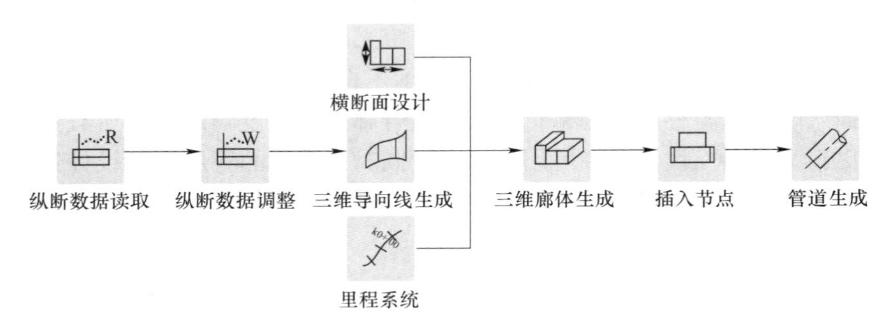

图 10-3　SMEDI-UTBIM 软件建模流程

1. 横断面设计

横断面设计采用参数化交互式的方式进行，在软件界面中可输入管廊分舱数、管廊各舱主要尺寸、管廊各部位结构尺寸等参数，三维图形界面即时反馈设计成果。同时为了进一步加强用户友好性，软件提供屏幕尺寸参数直接编辑、即时更新的功能，更为直观地引导用户进行交互设计。横断面细部设计提供断面管道设计、断面排水沟设计功能。横断面设计成果可出图，同时设计数据以二进制数据格式输出，作为后续设计的输入。对于完成的横断面设计数据可加入断面图库，方便重复利用，减少数据输入量，如图 10-4 所示。

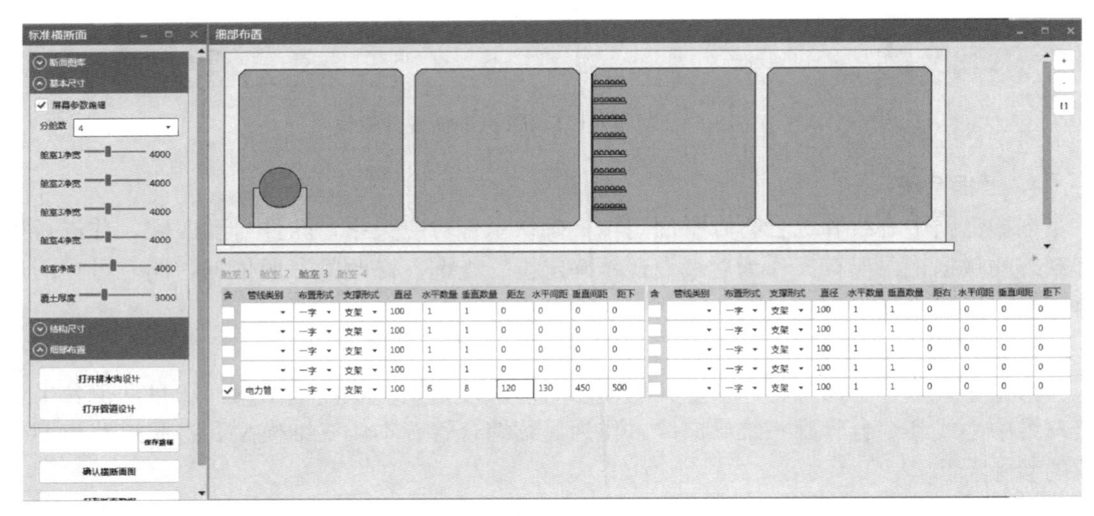

图 10-4　SMEDI-UTBIM 横断面设计模块

2. 纵断数据读取

对于能够提交三维道路模型的，可直接使用三维道路模型作为设计参照，对于没有三维道路模型的，可利用道路二维设计图纸。软件提供对现有道路纵断面图纸信息的结构化关联功能，通过用户交互选取道路设计纵断面图，将道路里程桩号、道路现状高程、道路设计标高、道路设计地面线等图面离散的信息自动结构化关联，并以二进制数据格式输出保存。在软件界面中可直接对结构化关联的数据进行增加、删除、修改等操作，也可导出到 Excel 中进行修改，再重新导入到软件中。

3. 纵断生成及纵断数据调整

根据横断面设计数据和所提取的道路纵断数据，使用软件内置的纵断面风格样式，重新设计纵断面，纵断面表达的内容可根据需要自定义，并自动添加管廊设计纵断面数据和图形，所有数据及图形相互关联，如图 10-5 所示。根据设计需要，可交互式修改管廊的纵向线形，插入、移除、移动关键编辑点，调整管廊纵向坡度，纵断面所有数据随着用户的修改即时更新。纵断面设计成果可用于出图，同时调整后的管廊纵断设计数据以二进制数据格式输出，作为后续设计的输入。

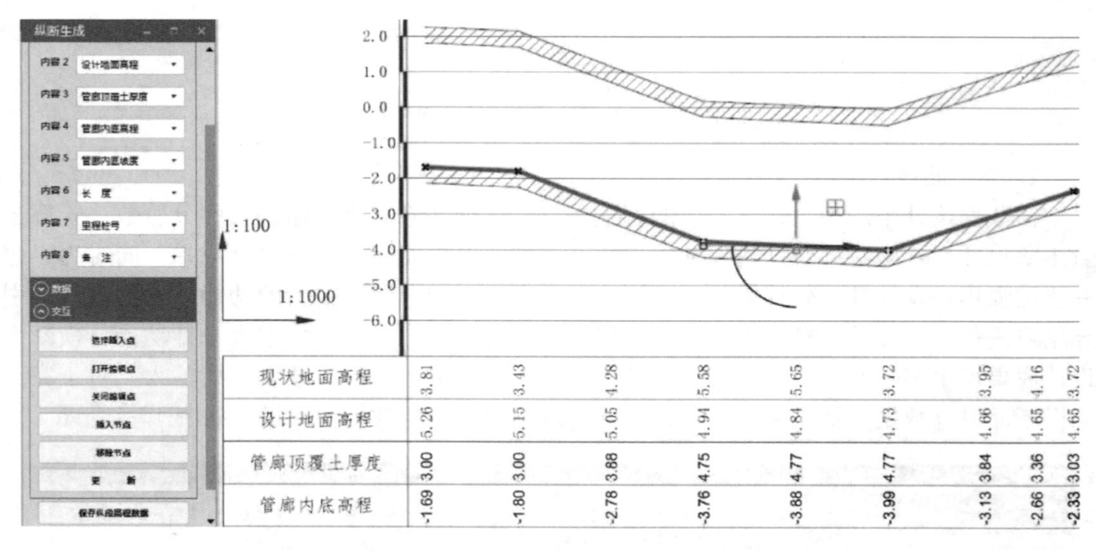

图 10-5 SMEDI-UTBIM 纵断面设计模块

4. 里程系统

根据道路中心线和综合管廊平面定位，确认里程对应关系，软件自动匹配，并进行里程系统的数据记录保存，作为后续设计精确定位、查询、修改的参照依据，同时可在图形界面按需生成平面里程桩号表达。

5. 三维导向线生成

根据综合管廊平面定位和修改完成的纵断面设计数据，软件采用内插法自动拟合出道路三维中心线和综合管廊三维导向线，作为后续综合管廊本体三维模型和参照道路模型生成的参考。

6. 三维廊体生成

根据综合管廊三维导向线，按需读取横断面设计数据，生成综合管廊标准段本体模型。为提高程序运行效率，在预览和最终生成状态下，模型表达采取了两种不同的显示机制，预览状态下采用 Mesh 的方式显示模型，提高运行效率，而最终生成的模型采用 Nurbs 的方式表达，提高建模精度。

7. 插入节点

为满足工程个性化设计的需要，软件提供两种插入管廊节点的机制。对于可标准化的节点，软件首先对此类节点进行参数化表达，并提供参数化节点插入线路模型的机制；对于个性化的节点，用户建模完成后按照软件要求进行设定，软件可自动辨识用户设定参数，并采用交互方式辅助用户将节点插入线路模型，如图 10-6 所示。

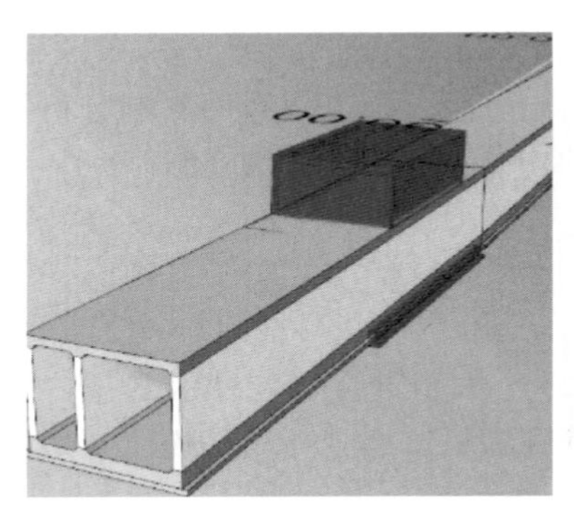
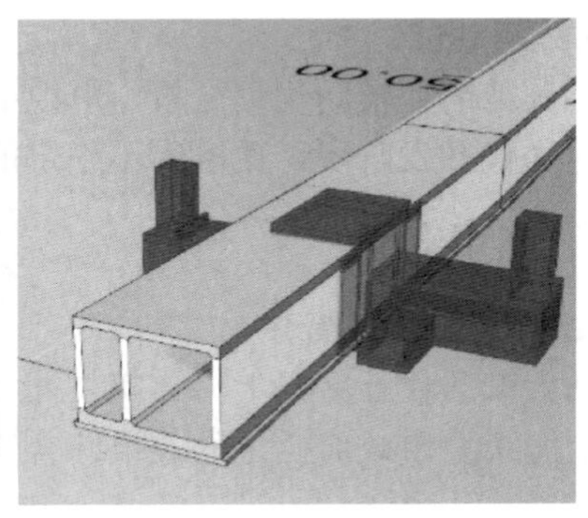

图 10-6　SMEDI-UTBIM 插入节点模块

参数化节点本身可用于独立的单体设计，按需调整分舱数及各部分尺寸参数，生成模型，并作后续深化设计之用。参数化节点插入线路模型时，自动获取线路模型的设计参数，并进行自动匹配更新，同时匹配所处位置的综合管廊底坡，根据需要可自动切断综合管廊线路模型，设置沉降缝。

非参数化节点除本身不具备参数化能力外，其余机制均与参数化节点相同。

8. 管道生成

根据综合管廊三维导向线，读取横断面设计数据，一次性生成综合管廊内部管道模型。根据模型 LOD 精细度的不同要求，可选择采取两种策略生成管廊模型。当 LOD 精细度要求较低时，可采用占位模型的方式生成管道，运行效率高；当 LOD 精细度要求较高时，可采用内置原生管道功能生成模型，表达精准，但效率较低。

9. 环境生成

除了生成综合管廊本体模型之外，软件提供快速生成道路模型和周边环境模型的功能。

使用预先准备好的道路横断面设计，结合已生成的道路三维中心线，可快速生成道路模型，与综合管廊整合在一起后，可用于设计方案的推敲分析。同时可辅助放置树木绿化、路灯等设施，如图 10-7 所示。

软件提供读取 OSM 地图数据生成周边环境模型的功能。通过在 openstreetmap 上框选一定区域导出 OSM 地图数据，即可利用此数据快速生成周边建筑物、道路、水系等模型，用于综合管廊方案分析。

图 10-7　SMEDI-UTBIM 环境生成

10. 其他分析功能

软件提供其他诸如辅助规划分析、电缆引出分析、施工作业面影响分析等功能。软件当前处于快速迭代开发阶段，更多尚不稳定的功能在此不做详细介绍。

10.1.4 工程应用案例

1. 松江综合管廊工程简介

松江南站大型居住社区是上海市第二批 23 个大型试点居住社区之一，松南大居综合管廊项目是上海市委市政府确定的 3 个综合管廊项目试点之一，是松江新型城镇化建设的 30 项重点任务之一，更是“十三五”上海市级重大工程。

将全部管线纳入综合管廊是住房和城乡建设部及国家相关文件的明确要求，也是解决马路拉链、实现管线集约敷设与管理的重要措施。本工程因地制宜地在玉阳大道将电力、通信、给水、雨水、污水、天然气等地下管线全部纳入综合管廊，有效释放了道路下部空间，实现了管线集中建设、集约管理的目标。

同时需充分考虑北部华阳湖沿岸高品质开发的需求，将综合管廊与地下空间综合利用结合，实现了功能和经济的最佳平衡。为了最大程度地利用地下空间，节约土地资源，综合考虑城市公共设施的需求，本次设计需结合综合管廊的舱室，以设计出与城市景观相融合，并能够更好地服务于居民的公共地下空间。

鉴于以上要求，本工程部分路段综合管廊断面复杂，其中玉阳大道段部分综合管廊断面采用了双层六舱的形式，工程设计和实施中对综合管廊内外部空间关系的分析尤为重要。

2. BIM 设计建模成果

本工程涉及旗亭路、白粮路、玉阳大道 3 个路段，其中旗亭路为双舱和双舱分离两种断面形式，白粮路为单舱形式，而玉阳大道段最为复杂，为单层三舱和双层六舱断面形式。使用 SMEDI-UTBIM 软件首先进行各路段的综合管廊横断面设计，完成横断面设计后将数据传递到后续设计流程，并进行了模型输出和部分二维图输出。成果如图 10-8 所示。

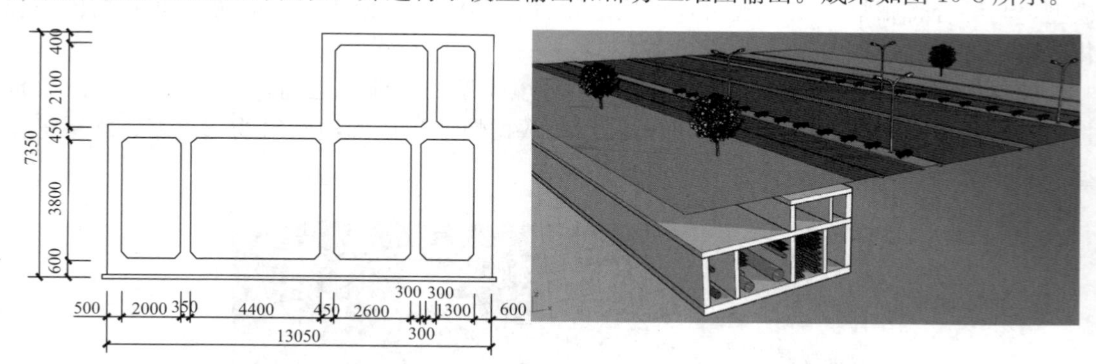

图 10-8 松江综合管廊工程横断面设计及方案模型

3. 应用效果

SMEDI-UTBIM 软件目前还处于快速迭代开发阶段，主体功能已完成设计并稳定，目前用于一些项目的前期方案阶段。由于软件开发借助了高效率的参数化引擎，对于方案变更或者多方案比较尤为高效，通过调整参数，并采用软件内置的数据流传递设计数据，就可快速生成诸多设计方案，用于方案比较及进一步深化设计。

在松江综合管廊工程中，涉及 3 条道路，共 5 种横断面类型的管廊，使用 SMEDI-UTBIM 软件进行设计，快速地生成了综合管廊设计模型，其效率比使用通用 BIM 软件手工建模提高了数倍。使用软件提供的一些辅助功能及分析功能，也将常规手工建模比较困难的一部分内容，如电力电缆的引出口建模，进行了合理快速的布置。

10.2　综合管廊设计建模软件

10.2.1　总体概况

综合管廊设计建模软件开发总体概况，见表 10-2。

综合管廊设计建模软件开发总体概况　　表 10-2

内容	描述
设计单位	悉地（苏州）勘察设计顾问有限公司
软件平台	欧特克（Autodesk）
软件名称	REVIT 2016
功能描述	快速生成各类管廊节点模型和处理模型关系

10.2.2　开发必要性

综合管廊路线长、专业多、场地环境复杂，具有路线和结构两个属性。Revit 具有较强的结构建模功能，但对于路线线型和纵断设计的建模功能较弱。Civil 3D 对路线线型、纵断设计、曲面等模型处理功能较强，但结构建模功能较弱。综合管廊 BIM 建模既要对管廊的路线走向、纵断面数据进行建模，又要对管廊结构进行建模。若能在 Revit 软件中调用 Civil 3D 强大的路线处理功能，将大大提高综合管廊的建模效率；此外，管廊功能节点的构造相对简单，可以做成一些模块化的节点库，提升设计人员的建模效率。

10.2.3　软件实现功能

基于 BIM 的综合管廊参数化设计程序是从管廊 BIM 设计的实际需求出发，结合传统设计流程和方法，对 Revit 现有功能进行集成和拓展，提升模型创建效率和质量，使设计人员能够根据功能需求快速生成各类管廊断面和节点模型，用于出图和统计工程量。

该程序基于 Autodesk Revit 2016 开发，只需将整个 TunnelAddins 文件夹拷贝到 C:\ProgramData\Autodesk\Revit\Addins\2016 文件夹下，即能正常使用。

本程序功能分为四大模块：通用功能、标准段、管廊节点和附属设施，如图 10-9 所示。

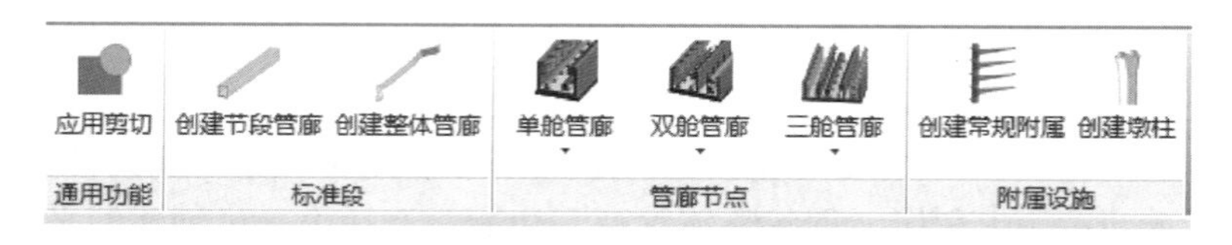

图 10-9　软件功能概览

1. 通用功能模块

通过该功能可以实现项目文件内所有梁、板、柱、墙的相互剪切关系，主要解决管廊基本单元的常规模型处理，如“应用剪切”，就是处理梁、板、柱、墙的相互剪切关系，如图 10-10 所示。

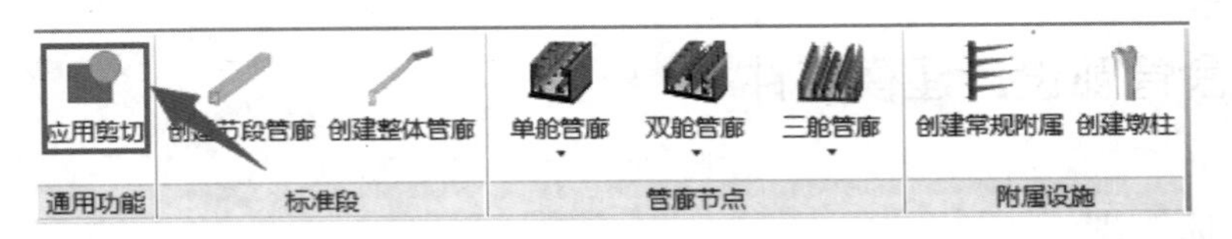

图 10-10 “应用剪切”功能

2. 标准段模块

标准段功能用于创建管廊标准段，目前具有两种方法：一种是根据断面创建，另一种是通过读取 Civil3D 的路线进行创建，如图 10-11 所示。

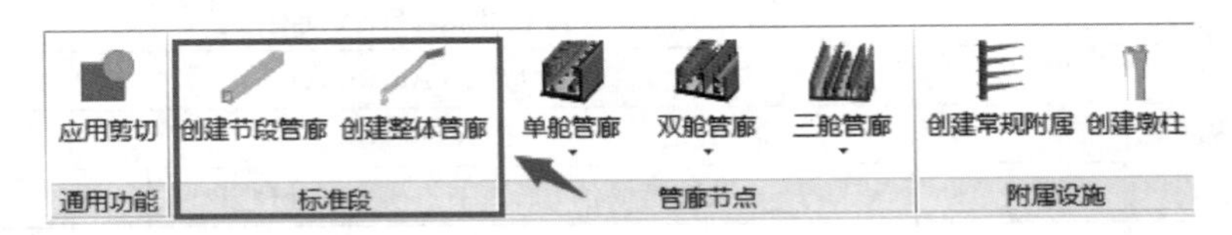

图 10-11 标准段功能

（1）创建节段管廊，如图 10-12 所示。

步骤：1）创建管廊横断面轮廓；

2）拾取横断面轮廓，并选择路径线；

3）生成节段管廊。

（2）创建整体管廊，如图 10-13 所示。

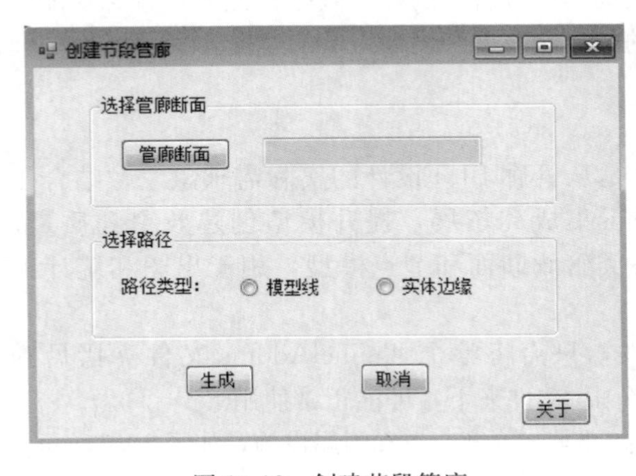

图 10-12 创建节段管廊

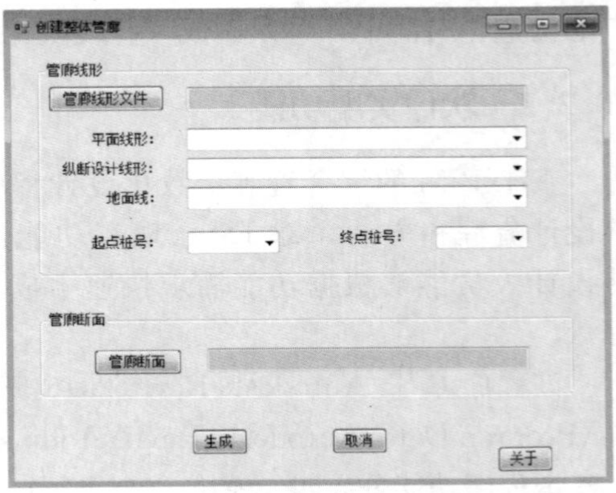

图 10-13 创建整体管廊

步骤：1）创建管廊横断面；

2）在 Civil 3D 中创建管廊平、纵曲线，并导出为 Landxml 文件；

3）在 Revit 中利用“创建整体管廊”功能，选择第一步创建的平、纵 Landxml 文件；

4）设定创建桩号；

5）选择管廊横断面轮廓；

6）生成管廊总体模型。

3. 管廊节点模块

管廊节点模块用于创建综合管廊的各类功能节点，目前分成单舱、双舱和三舱，每类舱室下面包含了通风口、排风口、管线分支口、端部井的节点类型，如图 10-14 所示。

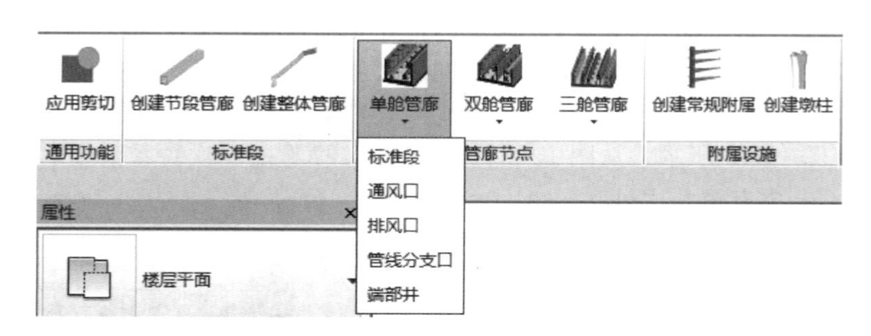

图 10-14　管廊节点

以管线分支口为例，管线分支口的参数主要包含平面尺寸、横断面尺寸、立面标高、楼板类型、墙体类型等内容，如图 10-15 所示。

4. 附属设施模块

创建附属设施模块可批量创建支架、吊架、支墩、灯具等构件，如图 10-16 所示。

步骤：（1）选择需要创建的构件族和类型；

（2）输入参数：旋转角度、间距、起点位置等；

（3）选取布置路径线；

（4）批量生成附属设施。

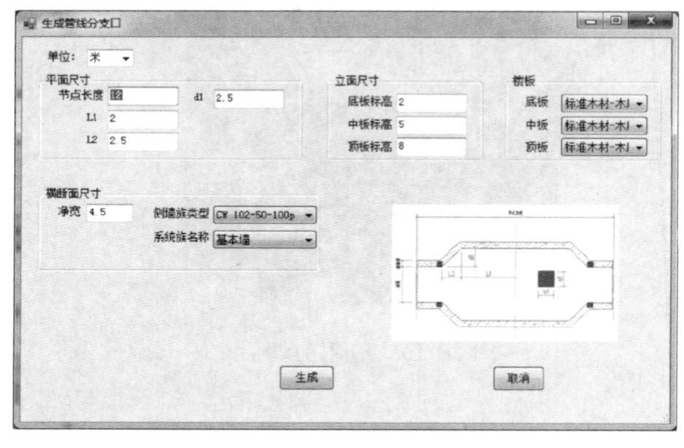

图 10-15　管线分支口——单舱

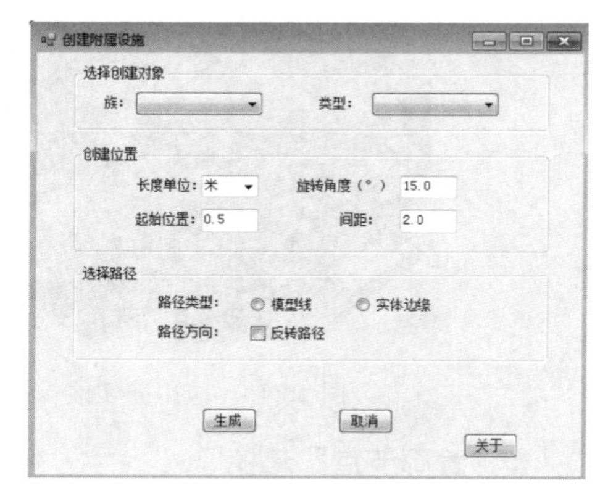

图 10-16　创建附属设施

10.2.4　工程应用案例

以苏州太湖新城吴中片区综合管廊工程为例。苏州太湖新城是市委市政府“一核四城”城市发展战略的重要组成部分，太湖新城又分为吴中太湖新城和吴江太湖新城，本项目位于吴中太湖新城。本项目是吴中太湖新城的重大基础设施项目之一，包含龙翔路、东太湖路、景周街、竹山路、旺山路、天鹅荡路、溪霞街、济之街、子文街、君益路 10 条综合管廊，总长将近 20km。

在本项目中，运用插件进行建模，大大提升了建模效率，可快速布置各类功能节点、标准段及附属设施，有效控制了模型质量，使得模型能用于准确的工程计量、清晰显示结构关系，并能用于技术交底。

1. “应用剪切”功能

在“应用剪切”前，梁、板、柱、墙之间存在相互重叠，在拖动模型时会闪烁，这不仅影响模型表现，也不易看清楚结构层次，同时工程量统计不准确。按照图 10-17 所示的设置方法，符合工程量清单计算规则，可一次性处理梁、板、柱、墙的剪切关系，处理前后如图 10-18、图 10-19 所示。从图 10-19 可以看出，模型的层次关系清晰，相互扣减关系也符合要求，不会再有重叠之处。

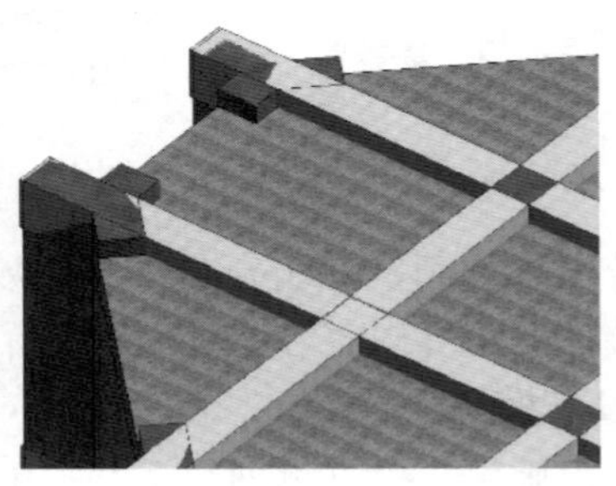

图 10-17 应用剪切设置

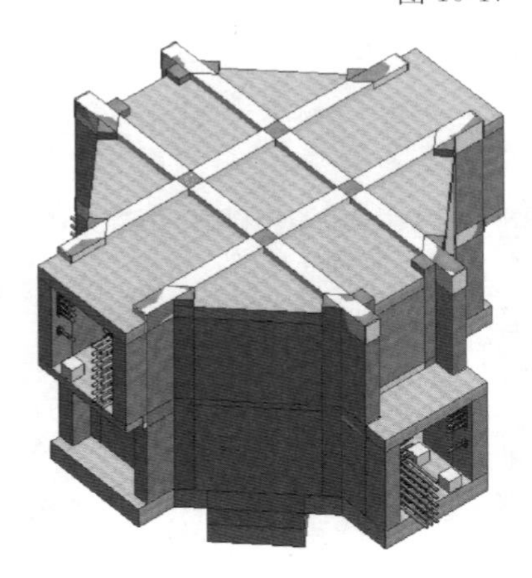

图 10-18 应用剪切前

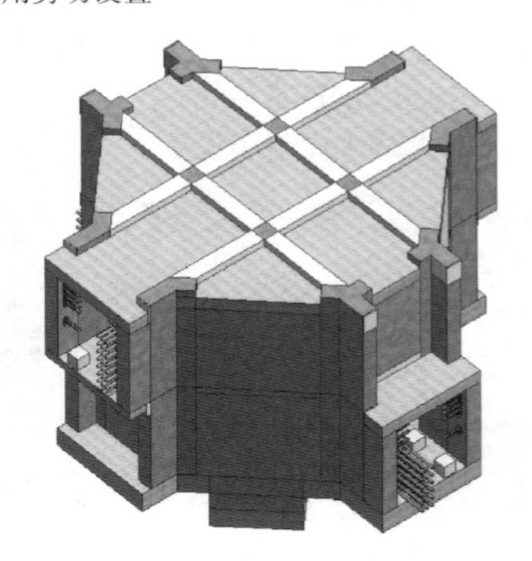

图 10-19 应用剪切后

2. “管廊节点”建模

以单舱管廊的管线分支口为例。两边引出管线分支口在无特殊边界的情况下，形式基本相同，通过中间段外扩的方式实现管线引出。管线分支口的参数设置主要有：单位、平面尺寸、横断面尺寸、立面尺寸和楼板等，如图 10-20 所示，由于参数设置里包含族类型，因此该功能的使用需要配合 Revit 项目样板文件。通过这些基本参数设置，就能快速按照要求生成需要的管线分支口模型，如图 10-21 所示。如有需要，还可以将这些参数导出文件，用于其他分析。

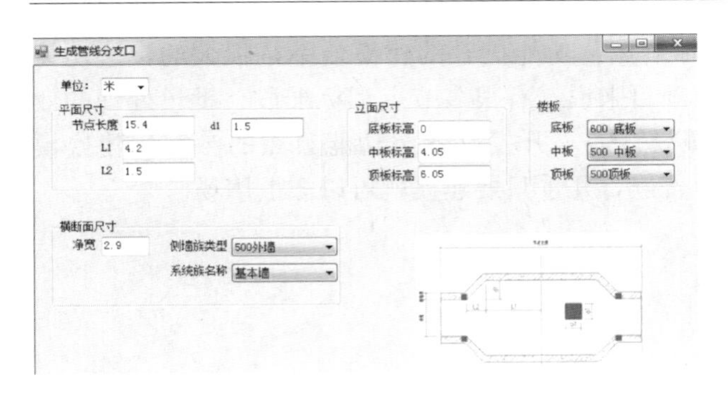

图 10-20　参数设置面板

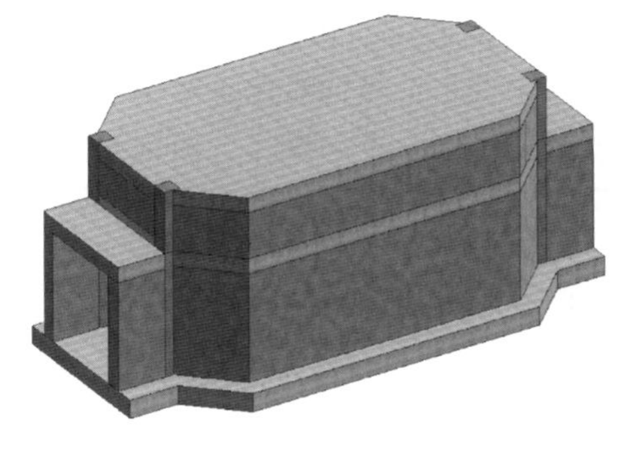

图 10-21　模型生成

10.2.5　应用效果

在苏州太湖新城吴中片区综合管廊工程项目上，应用本插件进行建模，有效提升了建模效率，在模型处理上，既高效又能很好地控制模型质量。

管廊节点建模，原先的方法是将CAD图纸参照进入Revit，在Revit中定好底板、中板和顶板标高后，在相应的标高处分别参照底板平面、中板平面和顶板平面，按照先画竖向构件墙、柱，再画水平构件板、梁的顺序进行建模。初次建成的模型往往存在模型重叠、剪切关系混乱的问题，它的工程量统计结果如图10-22所示，优化后的工程量统计结果如图10-23所示。

A	B	C	D
族	类型	材质: 名称	材质: 体积
基本墙	500外墙	C30混凝土-侧墙	5.63
基本墙	500外墙	C30混凝土-侧墙	2.04
基本墙	500外墙	C30混凝土-侧墙	2.30
基本墙	500外墙	C30混凝土-侧墙	2.33
基本墙	500外墙	C30混凝土-侧墙	5.90
基本墙	500外墙	C30混凝土-侧墙	6.91
基本墙	500外墙	C30混凝土-侧墙	7.09
基本墙	500外墙	C30混凝土-侧墙	8.59
基本墙	500外墙	C30混凝土-侧墙	8.61
基本墙	500外墙	C30混凝土-侧墙	9.31
基本墙	500外墙	C30混凝土-侧墙	34.86
楼板	500 顶板	C30混凝土-顶板	39.57
楼板	500顶板	C30混凝土-顶板	45.50
楼板	600 底板	C30混凝土-底板	66.58
混凝土-矩形-柱	500 x 500	混凝土 - 现场浇注混凝土	1.59
混凝土-矩形-柱	500 x 500	混凝土 - 现场浇注混凝土	3.55
混凝土-矩形梁	500 x 800 mm	C30混凝土-梁	0.87
总计: 31			251.22

图 10-22　未优化模型工程量统计

A	B	C	D
族	类型	材质: 名称	材质: 体积
基本墙	500外墙	C30混凝土-侧墙	4.19
基本墙	500外墙	C30混凝土-侧墙	1.44
基本墙	500外墙	C30混凝土-侧墙	1.62
基本墙	500外墙	C30混凝土-侧墙	1.75
基本墙	500外墙	C30混凝土-侧墙	5.17
基本墙	500外墙	C30混凝土-侧墙	6.06
基本墙	500外墙	C30混凝土-侧墙	6.21
基本墙	500外墙	C30混凝土-侧墙	7.53
基本墙	500外墙	C30混凝土-侧墙	6.46
基本墙	500外墙	C30混凝土-侧墙	6.99
基本墙	500外墙	C30混凝土-侧墙	30.56
楼板	500 顶板	C30混凝土-顶板	39.15
楼板	500顶板	C30混凝土-顶板	43.55
楼板	600 底板	C30混凝土-底板	66.58
混凝土-矩形-柱	500 x 500	混凝土 - 现场浇注混凝土	2.00
混凝土-矩形-柱	500 x 500	混凝土 - 现场浇注混凝土	4.05
混凝土-矩形梁	500 x 800 mm	C30混凝土-梁	2.32
总计: 31			235.63

图 10-23　优化后模型工程量统计

现对使用插件前后的各项指标，如建模时间、模型处理时间、统计结果等进行对比，见表10-3。

使用插件功能的指标对比　　**表 10-3**

插件功能	指标	指标描述	不使用插件	使用插件
管廊节点	建模时间	以单舱管廊管线分支口为例，按照图纸完成梁、板、柱、墙的模型搭建所需的时间，不考虑模型的连接和剪切关系是否正确	8min	1min
应用剪切	模型处理时间	以单舱管廊管线分支口为例，处理好梁、板、柱、墙的剪切关系，完成板切墙，梁切板、墙，柱切梁、板、墙所需的时间	3min	30s
应用剪切	工程量	以单舱管廊管线分支口为例，使用应用剪切功能前后的工程量统计结果对比	251.22m³	235.63m³

从表 10-3 可以看出，使用插件“管廊节点”功能提升的建模效率是很大的，这还只是其中一个节点的对比，对于一整个管廊项目来说，有很多节点和标准段，批量处理的效率要远远高于手动操作。前提是需要按照设计需求开发好各类功能节点的参数化建模模块。而“应用剪切”功能的应用场景非常普遍，几乎只要建模就可以派上用场。

10.3 地下综合管廊设计软件

10.3.1 总体概况

地下综合管廊设计软件开发总体概况，见表 10-4。

地下综合管廊设计软件开发总体概况　　表 10-4

内容	描述
设计单位	中国市政工程华北设计研究总院有限公司
软件平台	图软（GRAPHISOFT）
软件名称	ArchiCAD
功能描述	管廊 BIM 设计平台

10.3.2 开发必要性

在地下综合管廊建设中 BIM 技术的应用大大提高了设计质量，但在项目应用中也存在诸多的不足之处。就目前市面上的 BIM 软件来看，还没有针对管廊设计的专业软件。现有 BIM 软件尚没有对应综合管廊设计的辅助功能，无法对管廊节点、交叉口等提供针对性的设计辅助；更无法完成管廊选线、管廊纵断剖切分析、管廊自动铺设等工作。

目前 ArchiCAD 软件 MEP 系统自带图库缺乏针对管廊设计的专业图库，且部分图库存在 2D 表现形式上不符合国内行业出图标准的问题。为完善 BIM 技术在地下综合管廊建设过程中的应用，迫切需要对 BIM 软件在地下综合管廊专业方向进行二次开发。

为了解决地下综合管廊建设中 BIM 技术的应用难点，华北院编写了一套管廊 BIM 设计平台。通过对所设计管廊进行数据化表格化编译，实现对管廊标准断面、平纵面的三维设计。使设计人员能够据此快速地进行道路初步设计方案的展示，方便推广。

10.3.3 管廊 BIM 设计平台开发

1. 架构说明

ArchiCAD 的二次开发是在 C/C++编程语言的基础上进行设计的，使用生成动态链接库的形式，与 ArchiCAD 主体的应用程序进行动态链接。

基于 ArchiCAD 平台 API 接口进行二次开发，通过 API 驱动 GDL 构件来实现最终功能，其中主要包含通过 API 获取 2D 及 3D 信息、分析处理、传递信息、创建生成。二次开发体系结构如图 10-24 所示。

GDL 为 ArchiCAD 最基本的构件类型，文件后缀为 *.gsm。GDL 描述 3D 脚本语言，其中可包含多种变量信息、三维信息、二维信息、人机交互界面信息、属性信息等。

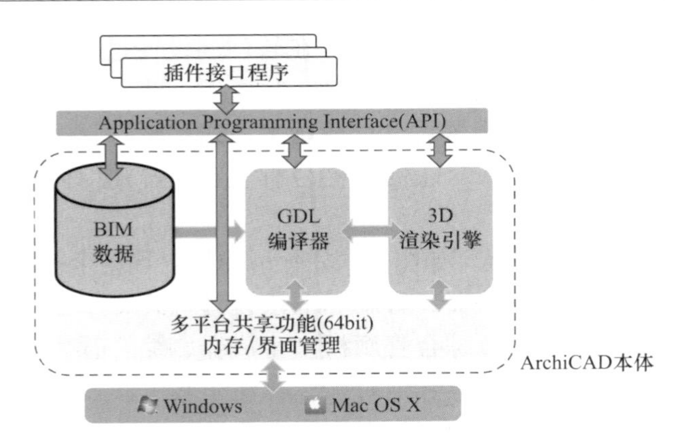

图 10-24　二次开发体系结构图

2. 一般管廊设计出图流程

针对综合管廊 BIM 设计要求，对 ArchiCAD 软件进行二次开发，通过获取标准界面编辑器中的管廊断面、已有道路高程数据、各桩点的三维信息，利用二次开发管廊的 GDL 构件自动生成包含管道信息的三维管廊模型，设计流程图如图 10-25 所示。多功能模块数据间是互通共享的，功能模块间的逻辑关系如图 10-26 所示，设计中产生的模型数据可供信息采集及传输，大大提高了设计效率。

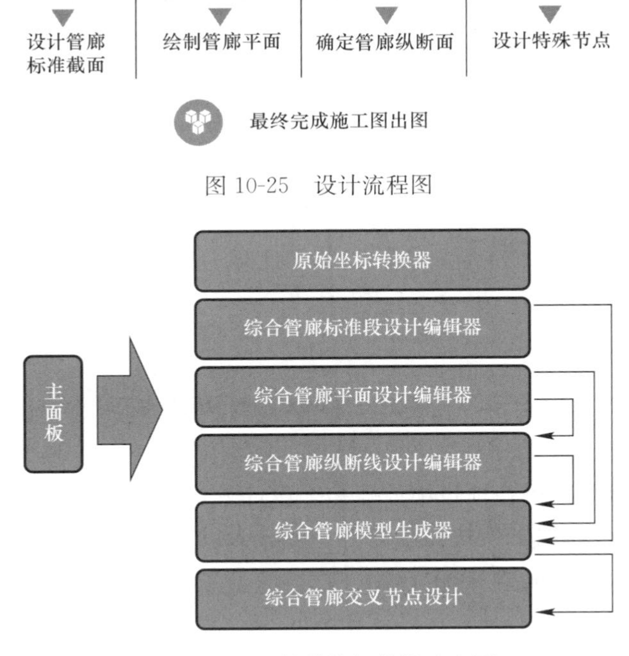

图 10-25　设计流程图

图 10-26　功能模块间数据流向图

3. 管廊 BIM 设计平台菜单栏及工具箱面板

管廊 BIM 设计平台以综合管廊的一般设计流程为基础，对设计流程进行拆分，实现综合管廊全设计流程的所有功能。

管廊 BIM 设计平台需求及功能繁多，所以在软件的设计过程中根据流程拆分为六大板块，分别针对各个板块设计了图形化的人机交互面板，并通过菜单栏依次显示为：工具箱、原始坐标转换器、管廊标准段设计、管廊平面线编辑、管廊纵断线编辑、综合管廊模型生成器、综合管廊交叉口设计器、桩号标注工具、绝对坐标标注工具及设计案例。

其中“工具箱”为悬浮式面板，如图 10-27 所示，其包含 9 个按钮，分别为：原始坐标转换器、管廊标准段设计、管廊平面线编辑、管廊纵断线编辑、综合管廊模型生成器、综合管廊交叉口设计器、桩号标注工具、绝对坐标标注工具。其设计是为了方便软件应用过程中快速弹出所需功能面板。

图 10-27 管廊 BIM 设计平台工具箱功能面板

4. 综合管廊标准段设计编辑器

在综合管廊初步设计阶段首先就要确定管廊所承载的功能，其中包含哪些管线。设计人员根据其中所包含的管线来确定管廊分舱及各个舱室所需净尺寸，再由结构设计人员估算管廊标准段钢筋混凝土构筑物的具体尺寸。

根据以上需求，设计了“标准段舱体 . GSM”，由 GDL 语言编写，可以作为管廊整体尺寸、管廊舱体个数、各个舱室所需净尺寸及倒角尺寸等数据载体。通过“管廊标准段设计”工具面板实现对设计人员设计草图的读取和数据传递，可由“标准段舱体 . GSM”在项目中生成三维混凝土构筑物。在此构筑物基础上通过在 AchiCAD 中绘制各个舱体内所需管线以及支架、支托等，完成综合管廊标准段设计。软件中管廊标准截面设计应用如图 10-28 所示。

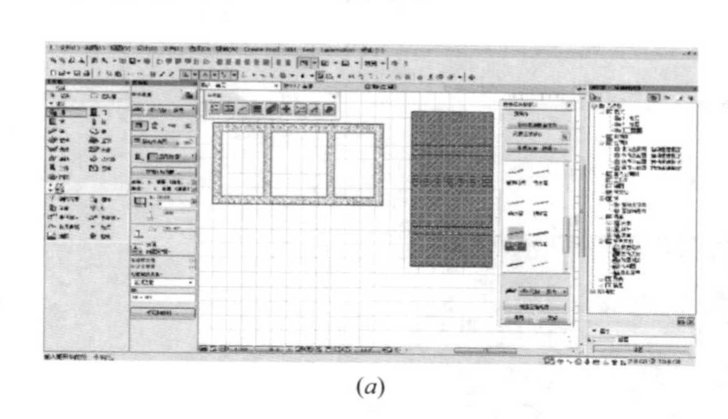

(*a*)

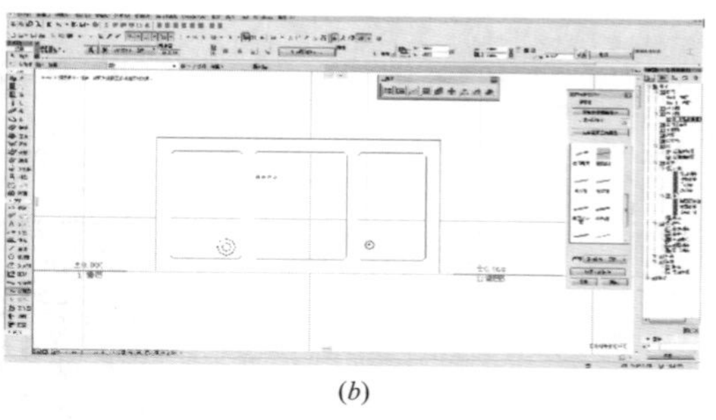

(*b*)

图 10-28 软件中管廊标准截面设计应用

(*a*) 截面绘制；(*b*) 立面图调整

“标准段舱体 . GSM”可在项目中放置多个设计方案，供设计人员参照比选。

因此，管廊标准段编辑器模块在功能上主要分为以下 5 种子功能：

(1) 判断是否加载 GDL 图库构件；

(2) 获取填充信息；

(3) 生成管廊舱体 GDL 图库构件；

(4) 获取鼠标点击点的坐标；

(5) 生成管线 GDL 图库构件。

功能流程图如图 10-29 所示。

首先，后台程序将设计人员在 ArchiCAD 中用二维填充工具绘制的管廊舱体截面信息，接收并转换成符合 API 开发的数据类型传递给 GDL 编译器。GDL 编译器将传递来的数据和 GDL 脚本共同编译，实现管廊标准段舱体模型的生成。然后，后台程序再将设计人员在 3D 空间内用鼠标点击需要放置管线的位置坐标信息，接收并转换成符合 API 开发的数据类型传递给 GDL 编译器。GDL 编译器将传递来的数据和 GDL 脚本共同编译，实现管线构件模型的生成，数据流图如图 10-30 所示。

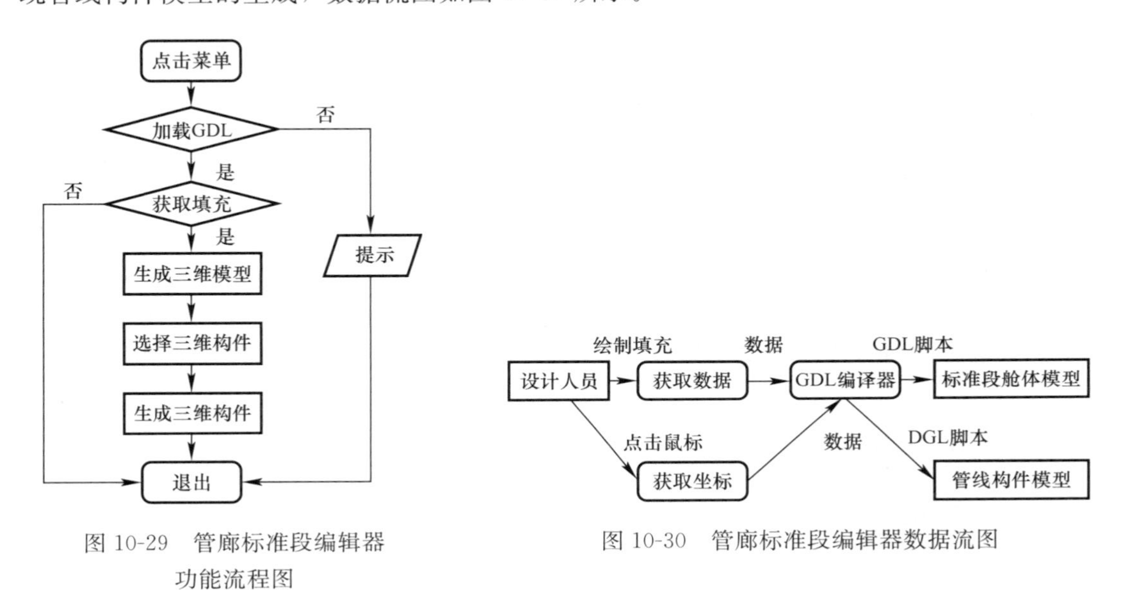

图 10-29　管廊标准段编辑器功能流程图

图 10-30　管廊标准段编辑器数据流图

5. 综合管廊平面设计编辑器

在综合管廊平面设计阶段首先要获取现状或道路设计 CAD 文件，通过 ArchiCAD 自带导入功能，导入现状或设计道路平面，获取道路中线。通过管廊 BIM 设计平台中“管廊平面设计编辑器”功能面板，对 CAD 中的平面信息进行提取、分析，并指导管廊的平面设计。其中还有对桩点进行自动标注等功能，方便后期设计出图。

综合管廊平面设计针对的是对道路平面整体路径进行布设，管廊平面位置由道路专业设计人员提供的道路中线偏移之后得到，并且按照某一特定道路里程对道路中线进行桩号分割，通常为 20m。所以本功能模块提供按定长分割多义线的功能，并将分割后得到的平面坐标信息存入管廊平面线 GDL 参数化构件中。同时支持在该平面线构件上自动标注国家设计标准规定的桩号符号，用于显示管廊平面路径的里程数。软件中管廊平面线设计应用如图 10-31 所示。

因此，管廊平面编辑器模块在功能上主要分为以下 6 种子功能：

（1）判断项目文件是否加载 GDL 图库构件；

（2）获取多义线信息；

（3）按定长分割多义线并求得分割点坐标；

（4）生成平面线 GDL 图库构件；

（5）获取平面线 GDL 图库构件信息；

（6）自动标注 GDL 图库构件桩号。

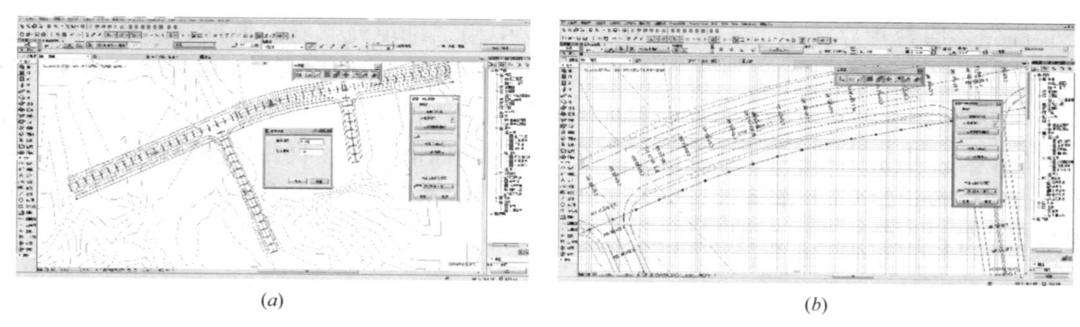

(a)　　(b)

图 10-31　软件中管廊平面线设计应用

(a) 桩号设置；(b) 平面线

功能流程图如图 10-32 所示。

设计人员在项目文件的 2D 平面内对道路专业提供的道路中线进行偏移。后台程序将设计人员偏移得到的多义线信息进行接收并转换成符合 API 开发的数据类型。整合并进行分割多义线的计算，将计算结果传递给 GDL 编译器。GDL 编译器将传递来的数据和 GDL 脚本共同编译，实现管廊平面线模型、桩号标注模型的生成。数据流图如图 10-33 所示。

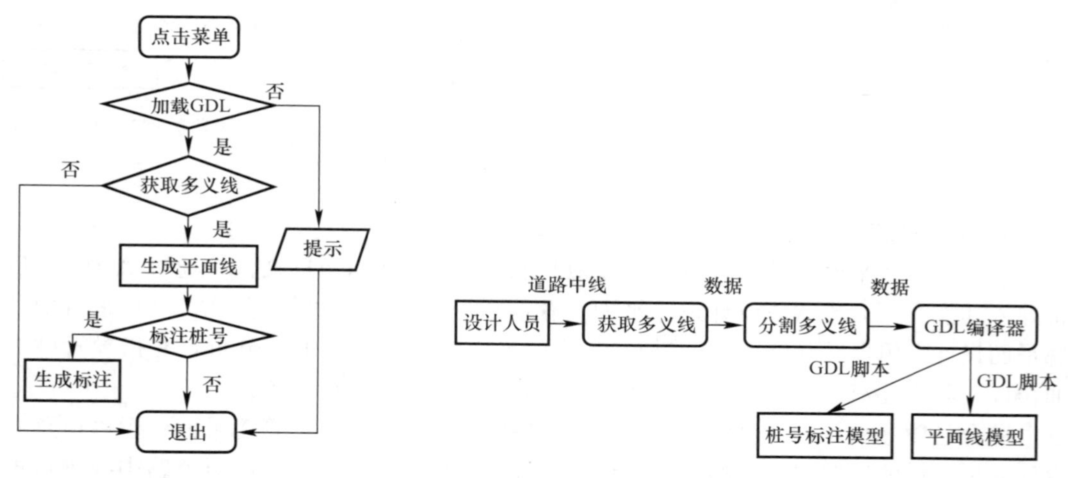

图 10-32　管廊平面编辑器功能流程图

图 10-33　管廊平面编辑器数据流图

6. 综合管廊纵断线设计编辑器

在综合管廊纵断面设计阶段通过第三方软件或道路设计文件获取地形纵断面信息，通过 ArchiCAD 自带导入功能，导入 ArchiCAD 中，清理无用 2D 线条，获取纵断面表达线，整理线形，使之变成管廊 BIM 设计平台可读取的多义线格式，确定设计管廊的起点位置，对线进行裁剪。通过“管廊纵断线编辑器”获取高程信息，根据“设计平面线 GDL”、埋深、绝对高程，生成平行于地形纵断线的“管廊纵断线”，并且各个桩点为活动热点，方便设计人员点选。

管廊的纵断线设计依托于管廊的平面线设计。x 轴方向为管廊平面图的桩号，y 轴方向为管廊各桩号点的高程。所以本功能模块提供按定长水平分割多义线的功能，并将分割后得到的点的 y 轴方向坐标信息作为桩号点的高程信息，连同该点对应的桩号值存入管廊纵断线 GDL 参数化构件中。同时支持在该纵断线构件上添加功能标注符号，用于在布设管廊模型时特殊显示管廊功能段。软件中管廊纵断线设计应用如图 10-34 所示。

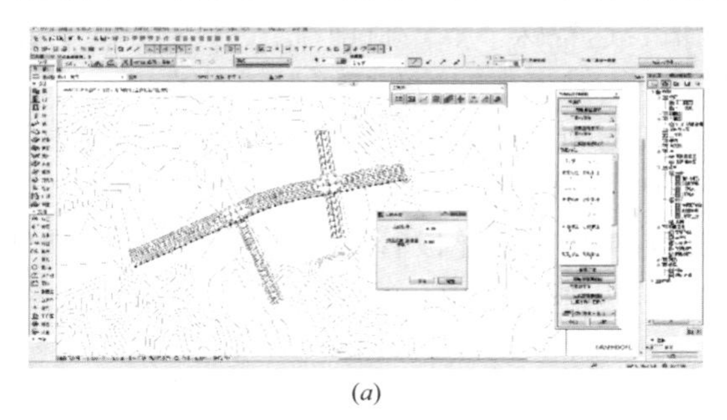

(a)

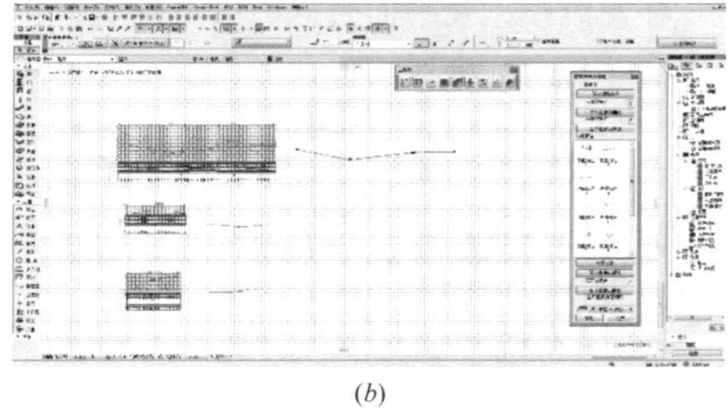

(b)

图 10-34　软件中管廊纵断线设计应用

(a) 起始高程；(b) 纵断线

因此，管廊纵断线编辑器模块在功能上主要分为以下 6 种子功能：

(1) 判断项目文件是否加载 GDL 图库构件；

(2) 获取多义线信息；

(3) 按定长水平分割多义线并求得分割点坐标；

(4) 获取平面线 GDL 图库构件信息；

(5) 生成纵断线 GDL 图库构件；

(6) 放置功能标注 GDL 图库构件。

功能流程图如图 10-35 所示。

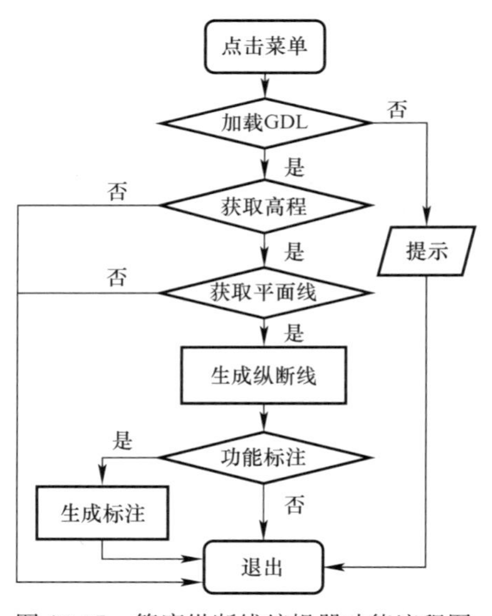

图 10-35　管廊纵断线编辑器功能流程图

设计人员在项目文件的 2D 平面内对道路专业提供的道路纵断线进行偏移。后台程序将设计人员偏移得到的多义线信息进行接收并转换成符合 API 开发的数据类型。整合并进行分割多义线的计算，将计算结果传递给 GDL 编译器。设计人员还可以在项目文件的 2D 平面内用鼠标点击需要放置功能标注的位置坐标，后台程序将设计人员点击鼠标得到的坐标信息接收并转换成符合 API 开发的数据类型传递给 GDL 编译器。管廊平面线模型可以被后台程序读取，在读取过程中该模型再次被分解成符合 API 开发的数据类型，并将数据传递给 GDL 编译器。GDL 编译器将传递来的数据和 GDL 脚本共同编译，实现管廊纵断线模型、功能标注模型的生成。数据流图如图 10-36 所示。

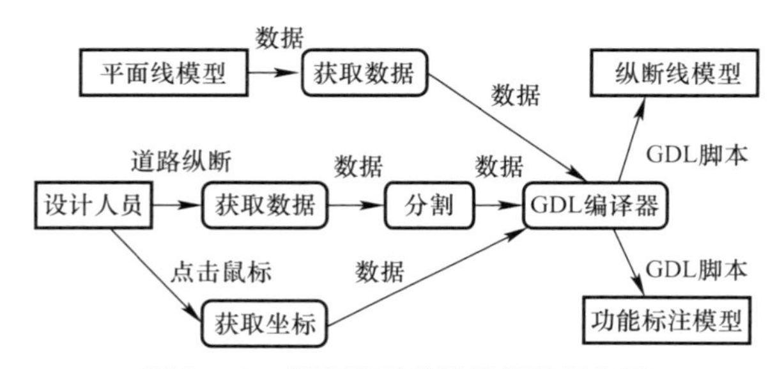

图 10-36　管廊纵断线编辑器数据流图

7. 综合管廊模型生成器

通过选取已经编辑好的管廊标准段、管廊平面线、管廊纵断图，自动生成管廊三维模型。在三维模型及平面表达中以特殊颜色色块来表达特殊节点，目前统计中包含 11 种组合功能，各个标准段均可在平面或三维中选取，改变其参数变为相应的特殊节点。

在布设单条综合管廊时，以相邻两桩号点的间距为长度，根据选取的管廊标准段中舱体与管线的相对位置，循环生成管廊标准段舱体和内部的管线，同时根据平面线和纵断线结合而成的三维路径进行舱体和管线的连接，最后对特殊功能段管廊进行特殊显示。软件中节点设计应用如图 10-37 所示。

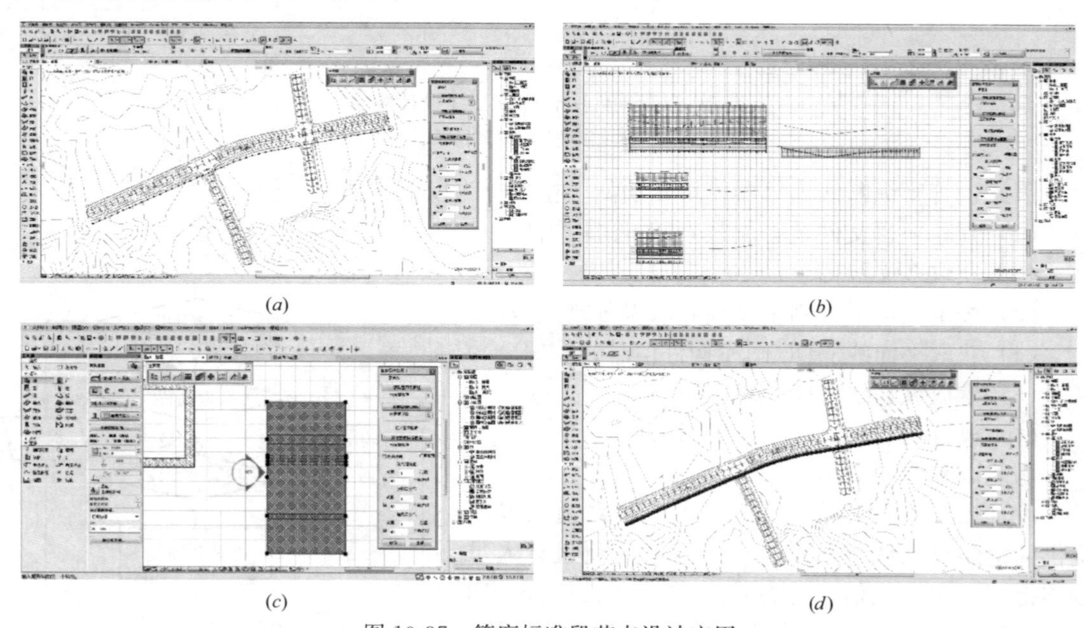

(*a*)　(*b*)　(*c*)　(*d*)

图 10-37　管廊标准段节点设计应用

(*a*) 选取平面线；(*b*) 选取纵断线；(*c*) 选取截面；(*d*) 标准段模型

因此，管廊模型生成器模块在功能上主要分为以下 8 种子功能：

(1) 判断项目文件是否加载 GDL 图库构件；

(2) 获取平面线 GDL 图库构件信息；

(3) 计算各标准段在平面图上的角度和标准段连接处的角度关系；

(4) 获取纵断线和相应的功能标注 GDL 图库构件信息；

(5) 计算特殊功能段的桩号；

(6) 获取管廊标准段舱体和内部管线 GDL 图库构件信息；

(7) 计算舱体与管线的相对位置；

(8) 单条综合管廊的布设。

功能流程图如图 10-38 所示。

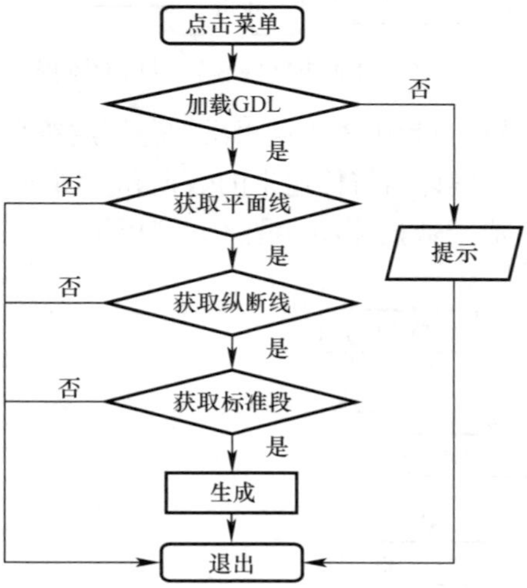

点击菜单
加载GDL
否
是
获取平面线
否
是
提示
获取纵断线
否
是
获取标准段
否
是
生成
退出

图 10-38　管廊模型生成器功能流程图

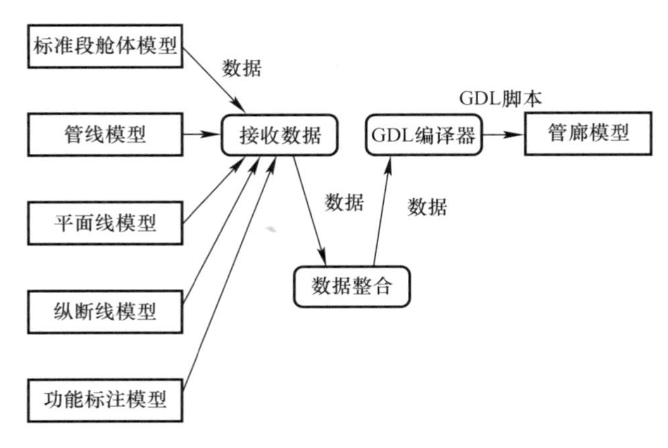

图 10-39　管廊模型生成器数据流图

管廊标准段舱体模型、管线模型、管廊平面线模型、管廊纵断线模型、功能标注模型都可以被后台程序读取，在读取过程中上述模型再次被分解成符合 API 开发的数据类型。计算管线模型和管廊标准段舱体模型的相对位置信息，计算管廊平面线模型和管廊纵断线模型的数据关系以及功能标注对应桩号的位置信息，整合上述数据信息并将数据传递给 GDL 编译器。GDL 编译器将传递来的数据和 GDL 脚本共同编译，实现管廊模型的生成。数据流图如图 10-39 所示。

8. 综合管廊交叉节点设计

在综合管廊设计过程中交叉节点的设计往往是设计中的难点，管廊交叉口管线排布空间关系复杂，在此正体现了 BIM 三维设计的优势。但是设计人员往往不知从何处下手，在综合管廊设计平台软件设计中提供辅助设计手段。在管廊的交叉节点处，手动删除重叠部分，通过选取至少 3 个相交管管廊标准段，通过交叉口设计功能获取标准段的三维信息，生成管廊交叉节点三维草模，通过 ArchiCAD 转换成变形体来辅助设计人员进行设计。其中包含多种管廊交叉形式以供设计人员参考选择，如图 10-40 所示。管廊 BIM 设计平台上设置了多种样式的交叉节点，只需根据设计需求选取其中的样式即可自动生成节点模型，如图 10-41 所示。

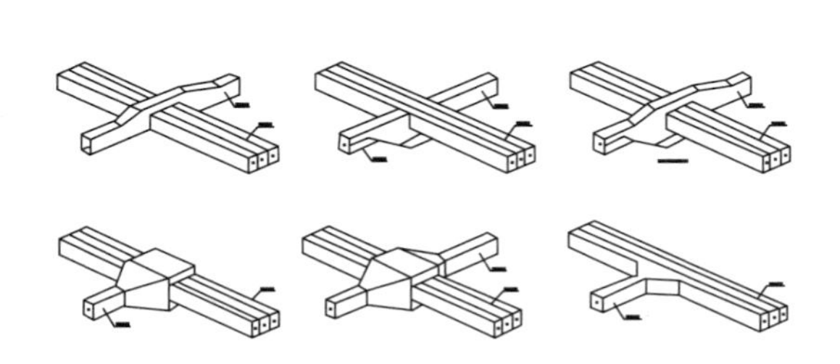

图 10-40　综合管廊交叉形式

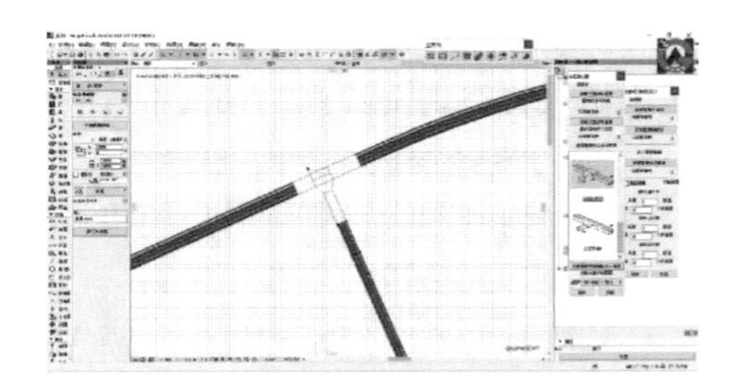

图 10-41　软件中交叉节点设计应用

因此，管廊交叉节点编辑器模块在功能上主要分为以下 4 种子功能：

（1）判断项目文件是否加载 GDL 图库构件；

（2）获取主、支管廊信息；

（3）计算交叉节点中心点坐标；

（4）生成管廊交叉节点 GDL 图库构件。

功能流程图如图 10-42 所示。

主管廊模型和支管廊模型都可以被后台程序读取，在读取过程中上述模型再次被分解成符合 API 开发的数据类型。计算主管廊模型和支管廊模型的相对位置信息，计算管廊交叉节点中心点的位置信息，整合上述数据信息并将数据传递给 GDL 编译器。GDL 编译器将传递来的数据和 GDL 脚本共同编译，实现管廊交叉节点模型的生成。数据流图如图 10-43 所示。

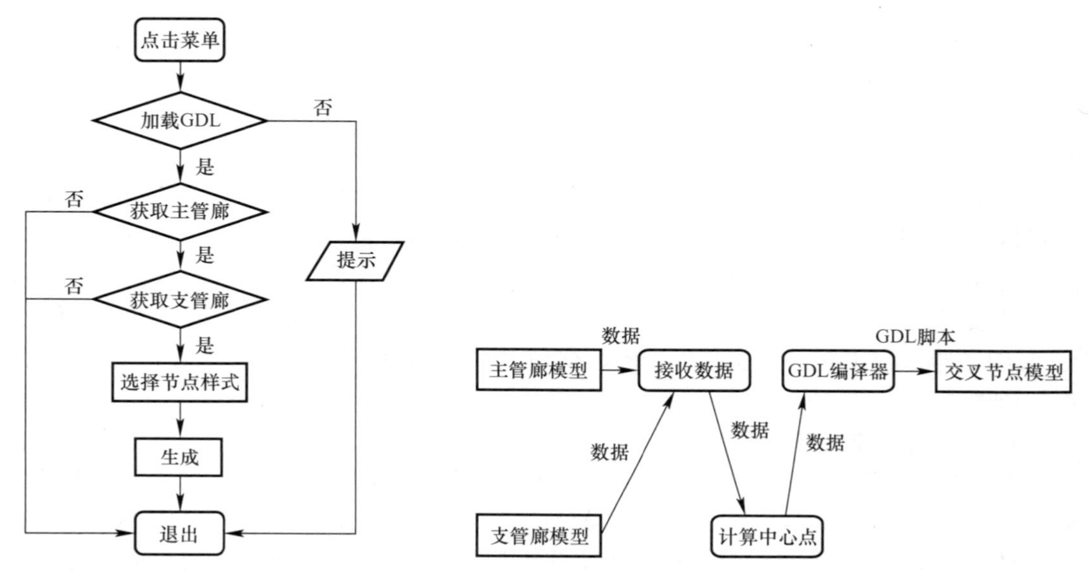

图 10-42　管廊交叉节点编辑器功能流程图

图 10-43　管廊交叉节点编辑器数据流图

10.3.4　工程应用案例

1. 项目介绍

本工程是 2015 年苏州市成为地下综合管廊试点城市后第一条开工建设的综合管廊，廊内收纳了高低压电力电缆、通信线缆、给水管线、燃气管线，并在此基础上，示范段增加压力污水管线，全线同时预留中水管线位置及蒸汽舱室，其建设规模在国内首屈一指。

2. 项目设计难点

（1）国内刚刚大力开展管廊建设，规范图集尚未完善；

（2）设计人员设计经验不足；

（3）管廊特殊节点结构复杂，需考虑强制性规范多；

（4）大型管廊收纳管线多、舱室多，要求很高的空间逻辑思维；

（5）传统二维图纸无法准确简单表达设计思路，制图困难；

（6）施工单位往往对图纸理解不到位；

（7）管廊将与地铁、人防工程等地下基础设施结合设计，城市地下空间规划难。

3. 项目应用设计流程

通过获取标准截面编辑器中的设计数据以及在设计过程中生成的平面图和纵断面图，

获取各个桩点的三维信息，通过开发的综合管廊 GDL 构件自动生成包含管廊及管道信息的三维地下管廊模型。再通过辅助工具，最终快速完成施工图出图。

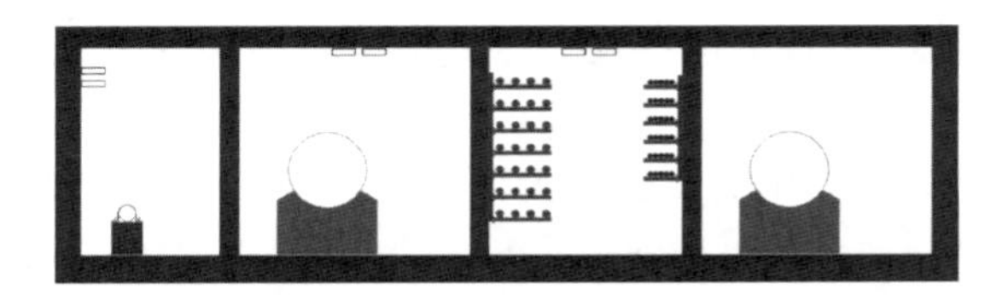

图 10-44　管廊的截面

以部分厂区管廊设计为例，首先对管廊的截面进行设计，如图 10-44 所示；其次按照桩号对管廊进行平面线敷设，如图 10-45、图 10-46 所示；再通过道路纵向设计对管廊的纵断线进行设计，如图 10-47 所示；然后通过选取已设计的截面、平面线、纵断线通过模型生成按钮自动生成管廊模型，如图 10-48 所示；但生成的模型中交叉口设计存在不足，需利用交叉口插件对管廊进行进一步完善，如图 4-49 所示，最终生成了部分厂区的效果图。

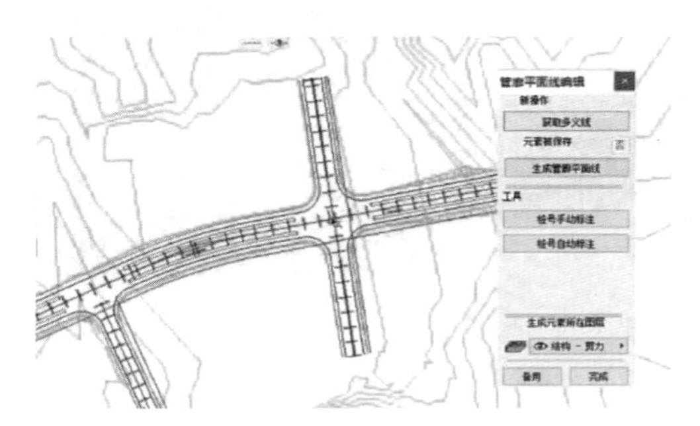

图 10-45　管廊平面线

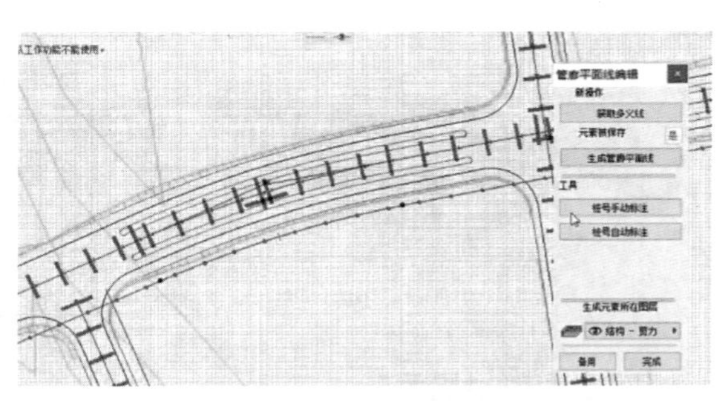

图 10-46　管廊按桩号分布的平面线

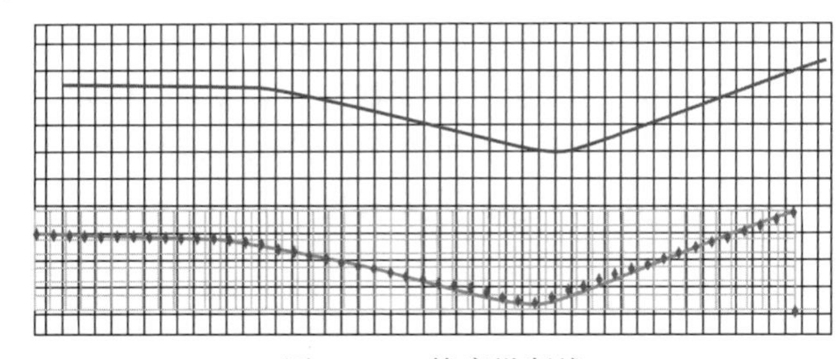

图 10-47　管廊纵断线

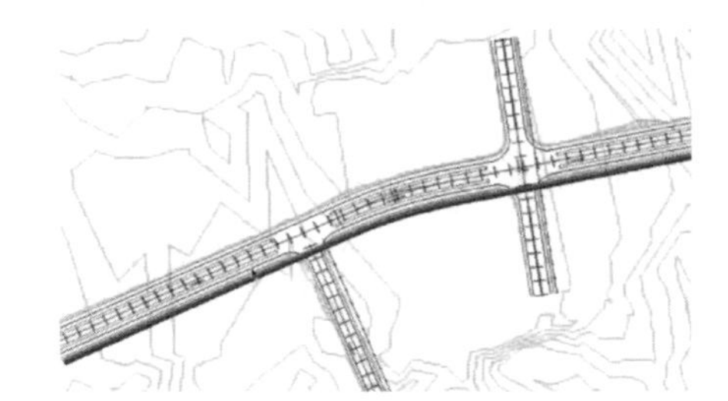

图 10-48　自动生成管廊模型

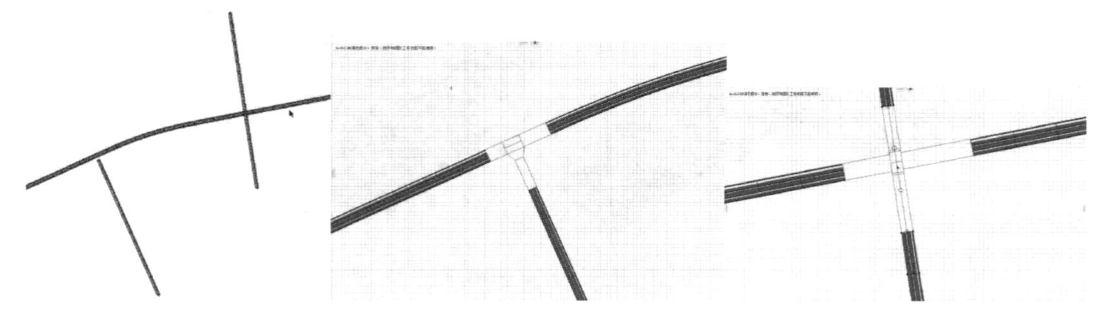

图 10-49　交叉口完善

10.3.5　应用效果

1. 设计难点效果展示

在综合管廊内，各管线沿管廊底板、侧壁及顶板敷设。在管廊交叉口处，各管线在平面及竖向发生交叉，管线交叉时须保证管线间的最小垂直净距及管廊内人员通行的要求，同时还须满足各管线的最小转弯半径要求。所以，交叉口设计既是管廊设计的重点更是难点。应用管廊 BIM 设计平台对交叉口进行设计，效果如图 10-50、图 10-51 所示。

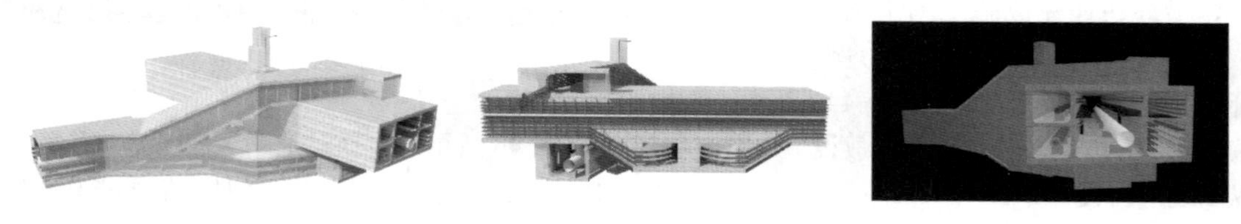

图 10-50　干线管廊支线管廊交叉口（丁字）透视图

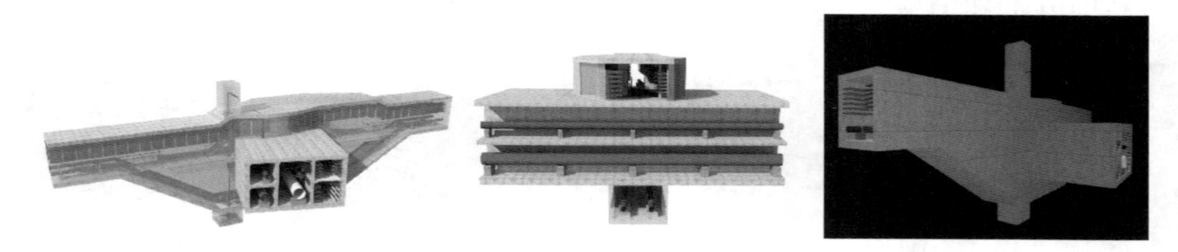

图 10-51　干线管廊支线管廊交叉口（十字）透视图

2. 出图效果展示

应用管廊 BIM 设计平台，模型建成后可随意剖切，实时生成相应剖立面图，并与模型同步更新，极大减轻设计人员工作量的同时，也保证了图纸的准确性。出图时施工图展示方式多样化，除了原始的平面、剖面、立面图外，还增加了三维轴测图，如图 10-52 所示，便于施工人员理解。管道系统图以 3D 文档形式表现，在满足施工图纸要求的同时，简单直观，一目了然。以干线管廊支线管廊交叉口节点为例，在模型基础上深化管廊二维元素，达到施工图标准，如图 10-53 所示。

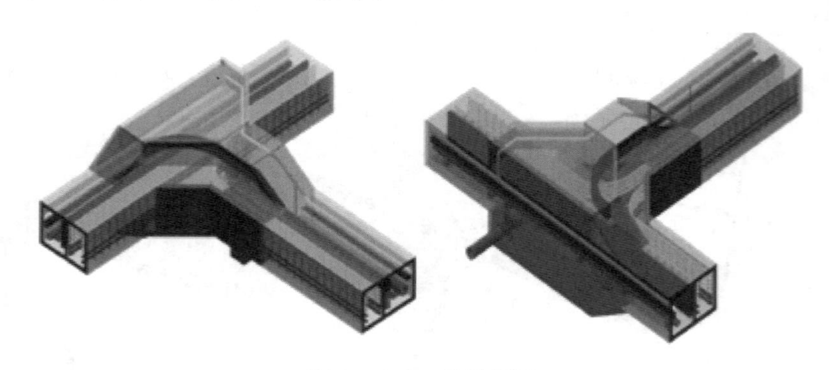

图 10-52　三维轴测图

10.3.6　总结

BIM 作为未来设计的主流方向，其先进的工作方式和高效直观的特点逐渐在设计行业中凸显，其广阔的应用前景让企业意识到，应用三维设计提升竞争力，是设计公司必须经历的转型。

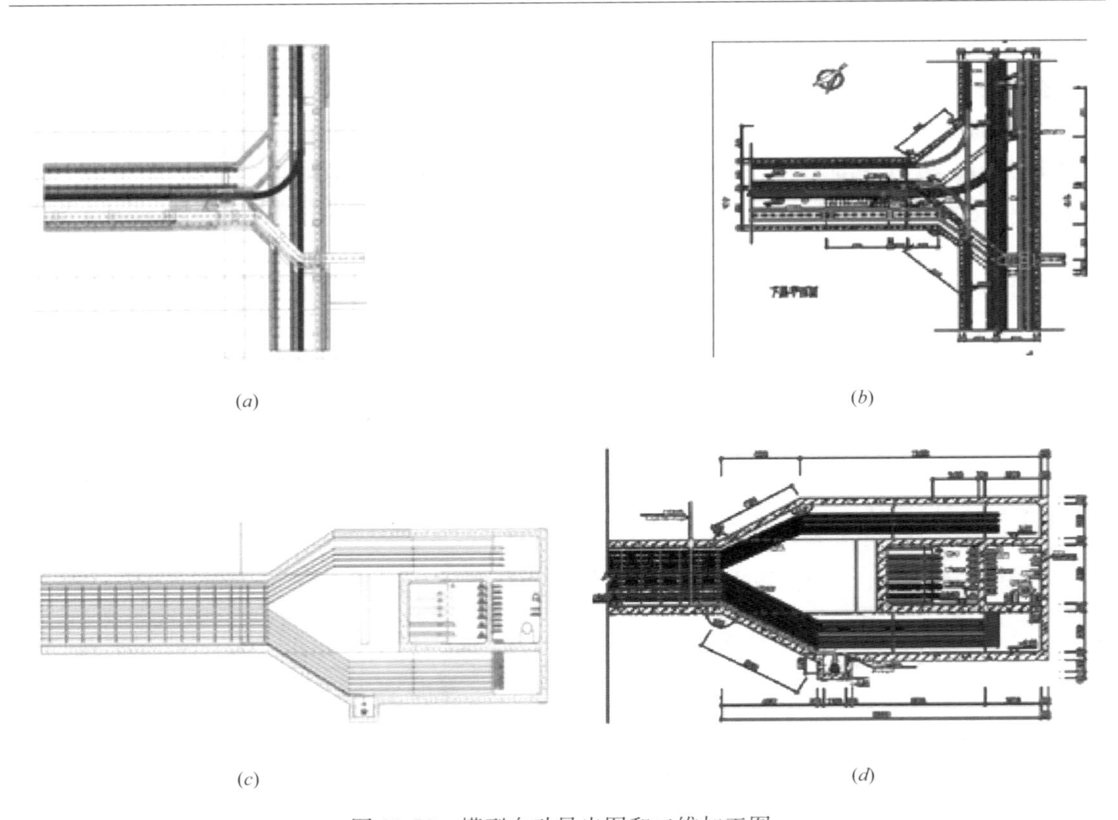

图 10-53　模型自动导出图和二维加工图

(*a*) 模型自动导出平面图；(*b*) 平面施工图（经过二维加工）；(*c*) 模型自动导出剖面图；(*d*) 剖面施工图（经过二维加工）

BIM 技术应用于综合管廊设计，以实现设计过程的可视化、准确化，有助于更加科学合理地开发利用城市地下空间，助力海绵城市建设，进一步集约利用与优化城市地下空间，促进城市经济和社会发展。

BIM 各专业图库构件是高效设计的基础，目前已完成综合管廊三维设计中常用的图库构件。应用参数化设计，完成管廊项目中所需各类设备、设施的设计开发，建立参数化模型，可以使设计者在三维设计中使用到参数化的图库构件，最大限度地减少重复劳动，提高设计效率。快速、便捷、有效地构建与需求相匹配的模型，使设计人员在三维设计中形成标准化设计。

为推动管廊工程设计业务的可持续发展，基于 ArchiCAD 平台，针对实际的设计需要进行了系统的需求分析，遵循符合管廊设计人员设计习惯的原则，开发了一套管廊 BIM 设计平台。此平台需求分析分别从系统的体系结构和各功能模块等方面阐述了系统的设计内容，并在其间穿插了功能流程图和数据流图等内容，以便更好地表现系统中的数据控制和操作；最后对系统各个功能模块的实现进行了必要的介绍，并给出了功能模块主要用户界面的实现效果。

管廊 BIM 设计平台的二次开发涉及的功能主要包括：原始坐标转换器功能模块、管廊标准段编辑器功能模块、管廊平面编辑器功能模块、管廊纵断线编辑器功能模块、管廊模型生成器功能模块以及管廊交叉节点编辑器功能模块。

管廊BIM设计平台能够对所设计管廊进行数据化表格化编译，使设计人员快速地进行道路初步设计方案的展示，将管廊和管线综合通过可逆的模拟施工完整表现出来，使得复杂的管廊形式由抽象到具体，直观地发现碰撞点，消除二维图纸错误，节省绘制任意桩号处断面图、多节点剖面图等的时间，并根据需要反映局部断面信息，方便各专业沟通，从而提高设计质量，减少设计时间，便于业主理解，对管廊BIM设计推广起到至关重要的作用。

随着项目的不断增多及设计的深入，该平台还存在一定的不足，后续会根据设计人员的需求不断改进管廊BIM设计平台，提高管廊BIM设计质量。

10.4 明挖隧道参数化建模软件

10.4.1 总体概况

明挖隧道参数化建模软件开发总体概况，见表10-5。

明挖隧道参数化建模软件开发总体概况　　表10-5

内容	描述
设计单位	上海市城市建设设计研究总院（集团）有限公司
软件平台	欧特克（Autodesk）
软件名称	Revit Dynamo
功能描述	明挖隧道参数化建模

10.4.2 开发必要性

隧道建设是项系统工程，需要多阶段、各专业的协同工作，尤其在方案研究期间更是一个工程本身与周边环境相互妥协的过程，在设计过程中往往涉及道路线位、结构断面、施工工艺等多方面的调整，具有方案体量大、设计周期短的特点。传统的二维设计存在信息传递不通畅、设计意图不明确等弊端，而近年来在市政领域中得到快速发展的BIM技术，虽然已在明挖隧道工程中积累了部分成功应用案例，在工程各阶段起到了重要作用，但其建模方法复杂、周期长、模型不易修改等问题制约了BIM技术在明挖隧道领域的充分应用。

针对现状问题，结合明挖隧道自身的设计逻辑，利用Dynamo可视化编程工具等手段开展参数化建模研究，对优化BIM建模与应用具有重要意义。

10.4.3 明挖隧道结构形式

明挖隧道横断面的设计以充分利用空间为原则，满足地道正常运营、故障检修、事故安全疏散等多种工况的功能要求。横断面设计主要考虑隧道建筑限界、设置设备空间以及安全疏散方式等。通常，结构以洞口为界可分为敞开段与暗埋段两类，此处以暗埋段为例，如图10-54所示。

根据平面线位布置，隧道暗埋段可采用单层双室、单层单室等混凝土现浇框架结构形式。其中，结构净空一般由建筑限界、道路铺装层厚度等条件确定；结构净宽则与道路宽度、道路等级等因素有关；而结构顶板、底板、侧墙等构件厚度需由结构覆土、跨度、抗浮等多种因素综合确定。此外，为防止产生应力集中，在结构构件连接处往往进行角部加腋处理。

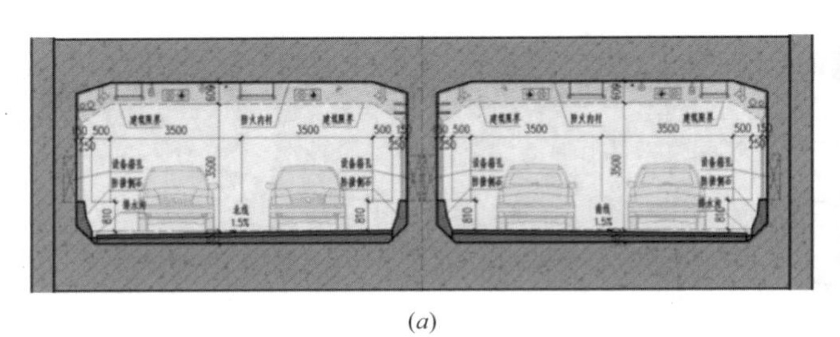
(a)

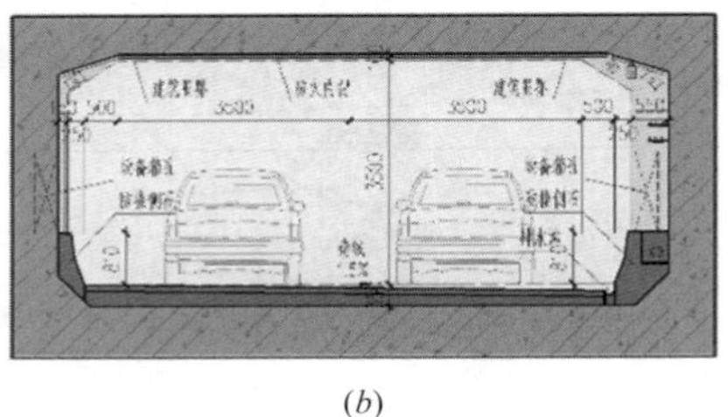
(b)

图 10-54　暗埋段示意图
(a) 单层双室；(b) 单层单室

10.4.4　常规明挖隧道建模过程

选用 Autodesk 公司的 Revit 软件作为隧道结构 BIM 模型的建模工具。该软件在建筑设计领域被广泛应用，内置有楼板、梁、柱、墙体等多种建筑构件。为在 Revit 中建立隧道结构，需将建模过程拆分为顶板及底板建模、侧墙及中隔墙建模、腋角建模 3 个主要部分。

1. 顶板及底板建模

结构顶板、底板采用楼板功能进行建模，楼板外边线由变形缝、侧墙外边线确定。为将隧道的纵坡信息赋予顶板、底板，需在楼板中添加“坡度箭头”，并根据道路对应桩号处的高程、道路铺装层厚度等信息计算得出箭头两端的偏移值。另外，仍需在类型编辑中定义板件名称、厚度、材料等信息。

2. 侧墙及中隔墙建模

隧道的侧墙、中隔墙可利用结构墙功能来建模，由于道路纵坡导致顶板、底板存在倾角，墙体需额外通过顶部、底部附着的方式改变侧墙形状。同时，考虑到道路渠化引起的断面变化，同一节段内的墙体有时需分段建模。

3. 腋角建模

隧道的主要构件建模完成后，通过结构梁功能进行腋角、侧石等次要构件的建模。合并后完成最终的隧道明挖段结构模型。

10.4.5　软件功能

为便于程序的长期更新与调试，将程序分为数据输入、数据处理及建模输出三部分。数据输入部分即拾取上节中所涉及的所有设计参数，此处不再赘述。数据处理部分需要着重解决以下 3 个任务：

(1) 三维路线的拟合

需对道路平面、纵断面线型进行离散化处理，找到某特定桩号点所对应的标高，由此得到一组三维点阵，再依次连接各点形成三维道路线。在道路设计中，其平、纵曲线包含直线、圆弧线及缓和线 3 种类型，理论上拟合而成的三维线型应是光滑连续的。若在

Dynamo 中采用 NurbsCurve. ByPoints 方法生成曲线，其默认阶数为 3 阶，即划分密度适当时其精度已能较好地满足常规设计的需求，如图 10-55 所示。

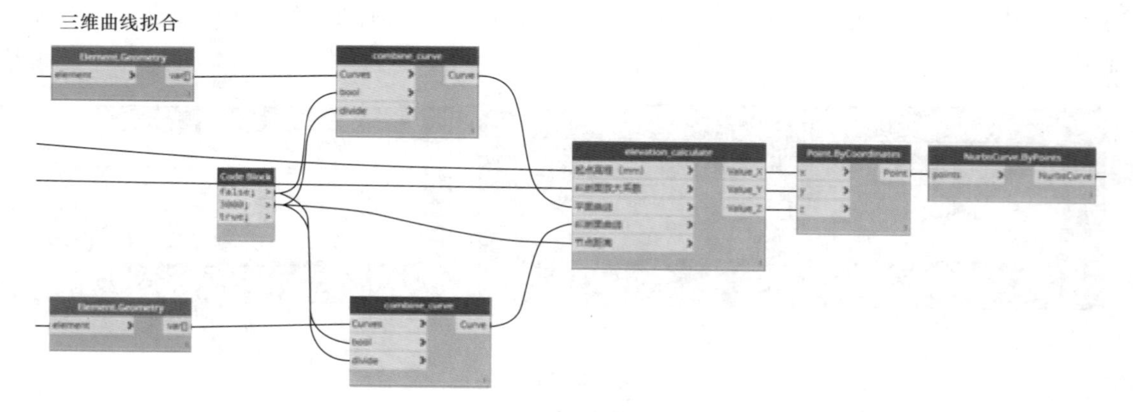

图 10-55　三维路线拟合模块结构

（2）隧道宽度计算

隧道的变宽处理需要将参数化轮廓族及边线距离计算两者结合来实现，其中实际距离的量测可采用 Geometry. DistanceTo 方法，将所有特征点处的距离值打包为一个数组，以此驱动族参数。

（3）Revit 中元素的参数设置

在 Dynamo 中修改 Revit 构件参数的方法是 Element. SetParameterByName，但由于在 Revit 中每个实例（FamilyInstance）都从属于一个族（FamilyType），因此在应用该节点前首先要明确自己所要修改的是类型参数还是实例参数。例如，断面的腋角尺寸在一个项目中通常是固定值，定义为类型参数，而断面宽度在不同桩号处存在变化，定义为实例参数，那么前者在 Dynamo 中应导入 FamilyType 进行赋值，后者则要对 FamilyInstance 进行赋值。从建模逻辑角度出发，本程序遵循先修改类型参数后修改实例参数的原则。

建模输出部分的主要任务是将 Dynamo 中建立好的实体模型导入 Revit 中作为项目模型保存。常用的导入方法有两种，分别是 FamilyType. ByGeometry 和 ImportInstance. ByGeometries，前者可定义导入后的模型类型（Category）并赋予材质、参数等信息，后者导入后仅显示为导入符号，没有后续应用的价值，因此推荐采用 FamilyType. ByGeometry 节点。

10. 4. 6　参数化建模功能实现

常规的明挖隧道结构建模虽然具有重复性的特点，但一方面该建模思路与结构断面设计的思路并不相符，另一方面单一的划分方式也不利于后期结构工程量统计、施工模拟等应用需求。因此，本软件在隧道结构设计流程的基础上，使用 Dynamo+Python 进行二次开发，形成基于 Dynamo 的明挖隧道参数化建模插件，用以提升建模效率及质量。

1. 建模流程

明挖隧道结构可以看成是一个以道路三维曲线作为导线、由不同桩号处断面放样而成的带状几何体，由此思路设计的参数化建模流程如图 10-56 所示。

在程序中拾取 CAD 道路平面、纵断面线，自动生成空间道路曲线；在特定位置处创建截面；根据道路线型、截面处道路宽度等对截面进行空间旋转、尺寸调整；在完成截面定义后，根据节段划分的要求分别连接各截面形成结构实体；最后分别将各节段实体创建为族，赋予信息后导入项目文件形成最终模型。

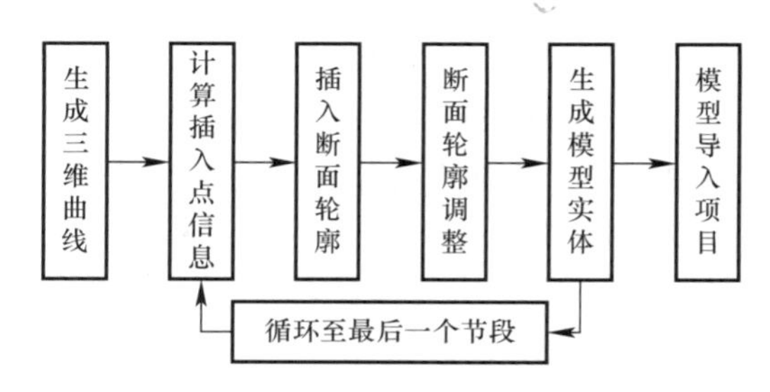

图 10-56　明挖隧道参数化建模流程图

2. 数据准备

为满足建模过程的参数化要求，程序运行之前应具备必要的设计信息，主要包括道路平纵曲线、轮廓族、结构设计参数表三部分。

（1）道路平纵曲线

将道路中心线、道路侧石线、道路纵断面线导入 Revit 项目文件中。

道路中心线、道路纵断面线提供了某一桩号处的平面坐标及高程信息，用于断面轮廓插入点的空间定位。同时，由于断面轮廓具有 4 个自由度，在明确插入点后仍需与插入点处中心线的法线方向对齐。由于道路断面可能存在匝道、渠化等情况，结构净跨并不能简单地以等宽度来处理，因此需导入道路侧石线用以确定结构侧墙内边线及结构净跨。

（2）轮廓族

实体模型在 Dynamo 中采用 Solid. ByLoft 方法构建，该方法需导入 Curve 元素进行放样操作，同时考虑到参数化设计的要求，需在 Revit 中事先定义一组参数化的隧道断面轮廓族，并配合相关设计参数实现联动功能。轮廓族也需在程序运行前一并加载至项目文件中。

（3）结构设计参数表

在 Excel 内输入节段划分、构件厚度、铺装厚度、腋角尺寸等结构设计所需的信息，如图 10-57 所示。程序运行时将读取表内信息，尺寸参数通过数组运算后可驱动轮廓族的变化，而在实体模型建立后可将文字信息与模型关联，实现模型信息的批量输入。

	A	B	C	D	E	F	G	H	I	J	K	L	M	N	O	P	Q	R
1	节段号	长度	起始桩号	结束桩号	左侧墙厚度(m)	右侧墙厚度(m)	顶板厚度(m)	底板厚度(m)	起始点铺装层厚度(mm)	终止点铺装层厚度(mm)	起始点结构净空(m)	终止点结构净空(m)	顶部腋角高度	顶部中隔墙腋角宽度	顶部侧墙腋角宽度	底部腋角高度	底部中隔墙腋角宽度	底部侧墙腋角宽度
2	A01	30	655	685	0.8	0.8	0.8	0.8	350	350	5.5	5.5	300	900	900	500	500	500
3	A02	30	685	715	0.8	0.8	0.8	0.8	350	350	5.5	5.5						
4	A03	30	715	745	1	1	1	1	350	350	5.5	5.5						
5	A04	30	745	775	1	1	1	1	350	350	5.5	5.5						
6	A05	30	775	805	1	1	1	1	350	350	5.5	5.5						
7	A06	30	805	835	1	1	1	1	350	350	5.5	5.5						
8	A07	30	835	865	1	1	1	1	350	350	5.5	5.5						
9	A08	30	865	895	1	1	1	1	350	350	5.5	5.5						
10	A09	30	895	925	1	1	1	1	350	350	5.5	5.5						
11	A10	30	925	955	1	1	1	1	350	350	5.5	5.5						
12	A11	30	955	985	1	1	1	1	350	350	5.5	5.5						
13	A12	30	985	1015	1	1	1	1	350	350	5.5	5.5						

图 10-57　结构设计参数表

上述三类文件准备齐全并在 Dynamo 中拾取后，即可运行程序并等待自动生成模型。

10.4.7　应用案例

在设计信息完整无误的情况下，程序运行后将自动完成建模工作，对每一个节段分别进行命名并赋予材质，模型如图 10-58 所示。

当平面线位、结构板厚、节段划分等设计参数发生更改后，只需将对应的数据更新并再次运行程序即可完成模型的更新，显著地提升了明挖隧道的建模效率，同时也规避了建模过程中产生的人为错误，为模型的校核工作提供了极大的便利。另外，由于建模过程中较少涉及 Revit 环境下的手动建模操作，设计人员仅需关注道路线型、结构设计参数等设计信息，如图 10-59 所示，因此大幅度降低了 BIM 操作门槛，对于隧道工程的 BIM 正向设计也有着积极意义。

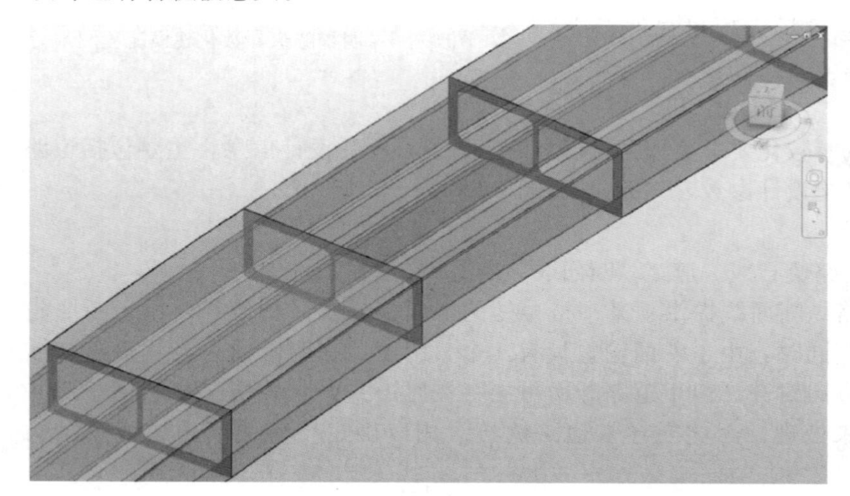

图 10-58　程序运行结果

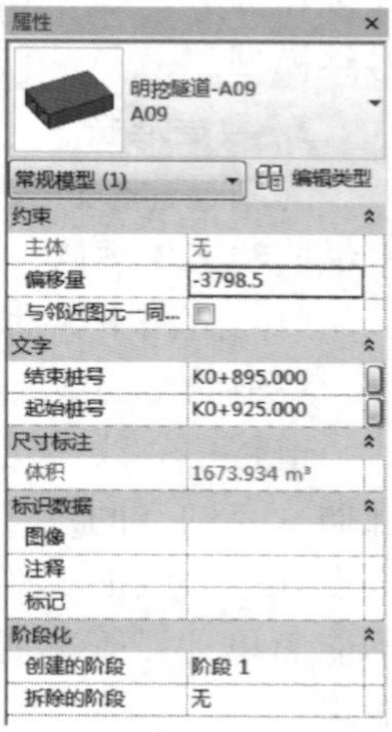

图 10-59　节段属性信息

10.4.8　应用效果

（1）基于明挖隧道结构的常规设计流程，建立了隧道结构参数化建模的流程与方法。

（2）利用 Dynamo 将 CAD 图纸、Revit 族与 Excel 表格等多种设计参数载体相结合，完成了明挖隧道参数化建模的插件开发，并对程序中重要功能的实现方法进行了研究、比选，给出了较优的实现路径。

（3）试验表明，参数化建模程序能够有效提升建模效率，规避建模过程中的人为错误，并对 BIM 正向设计的推动有着积极影响。

10.5　地下管线与地质资料三维信息管理系统

10.5.1　总体概况

地下管线与地质资料三维信息管理系统开发总体概况，见表 10-6。

地下管线与地质资料三维信息管理系统开发总体概况　　表 10-6

内容	描述
设计单位	深圳市市政设计研究院有限公司
软件平台	Esri
软件名称	ArcGIS
功能描述	地下管线与地质资料三维信息

10.5.2 开发必要性

随着地铁建设进程的加速，由地铁施工引起的沿线管线改迁工程规模越来越大，随之而来的地下管线资料的管理和应用问题日益突出。在传统的管线资料管理模式下，图文表格不统一，分类统计、检索速度慢，不利于综合分析，存在较多弊端。采用人工方式管理，资料更新维护效率低下，导致资料的现势性较差。这些因素不但为管线施工频出事故埋下了隐患，也不可避免地给地铁工程建设带来了损失。此外，地铁建设积累了大量的地质资料，用传统的图表也不能完全表达地质信息的空间分布及岩层和结构面间的位置关系。

为了实现地下管线和地质资料一并整理验收、归档和重复利用，有必要建立一套先进可靠的、基于标准坐标系的地下管线与地质资料三维信息管理系统。

10.5.3 设计思路

根据项目需求，首先从各方权属部门收集图纸、文档等各种数据，在经过核验、处理之后，建立系统数据库。数据包括基础地理数据（遥感影像、地形数据DEM、建筑物、道路、地名、水系）、管线数据、钻孔数据、安保监测数据（监测数据分为基坑数据和线路数据两类）、地铁数据（地铁站点、地铁站外轮廓、地铁站出入口、地铁中心线、地铁轨道线、地铁隧道模型、地铁站模型）、岩土勘察数据（各种相关CAD图、报告文档、检测表、岩芯照片）、孤石数据、（孤石点、孤石模型），它们都包括沉降数据、位移数据、测点数据、工点数据等。此外还有事件数据和缺陷数据。

建立系统的空间数据库，包括管线数据、基础地理数据、钻孔数据、岩土工程勘察资料、安保区数据和三维模型六大类。管线数据包括管井和管线拓扑。基础地理数据包括地形、地表影像、地名、交通。钻孔数据包括钻孔点和土层数据。岩土工程勘察资料包括相关文档、AutoCAD、图表和影像。安保区数据包括基坑监测数据和线路监测数据，对沉降和位移进行的监测。三维模型包括地表建筑三维模型、地铁站三维模型、地铁隧道三维模型、钻孔三维模型、地层三维模型和管线三维模型。

采用当前先进的GIS技术、空间数据库技术及三维技术对地铁沿线的管线、地质信息与数据实施综合管理；它以地理空间数据库、三维模型库为基础，以地理模型分析方法为手段组成一个共享平台，对地铁沿线各类信息资源及数据进行采集、管理、分析和有机地集成；以GIS作为基础，以统一坐标系作为参考，构成一个具有空间性和动态性的地铁资料数据库的管理系统。

系统分为应用层、服务层、数据层三层。应用层对应系统的模块定义（三维数据、综合管线、设备、图层管理等）。服务层包括功能接口服务、数据接口服务，功能接口服务提供包括钻孔生成地层模型、三维剖切、智能搜索、剖面图形处理、复杂模型分割、坐标转换等服务；数据接口服务包括各类数据的查询、插入、更新等。数据层利用ArcSDE存储管理各种空间数据和属性数据。服务层调用数据层的数据。应用层调用服务层并展示数据。系统数据包括全深圳地表影像数据、各种基础地理矢量数据、工程地质钻孔数据、工程勘察文档、安保区范围的地下综合管线、安保区检测和工程数据。另外还有标志建筑、地铁隧道、站点、地下管线、岩土工程地层等三维模型数据。

10.5.4 软件实现功能

1. 平面图管理

平面图管理包括GIS图形基本操作、地图定位、书签管理、智能搜索4部分内容。

(1) GIS图形基本操作包括放大、缩小、平移、全图、上一视图、下一视图、刷新、清屏、导出9部分。运用这些基本操作工具能对平面图进行任意比例、任意位置的浏览，并能刷新和清除平面图上绘制的矢量数据以及把当前屏幕显示的地图导出成文件。

(2) 地图定位是将目标地物在地图上高亮显示。

(3) 书签管理可在地图上任意位置添加书签和移除书签，并且可为每个书签定义快捷键，用户可通过快捷键或双击书签快速定位到书签位置，以方便用户的需要。

(4) 智能搜索类似于网络上的搜索引擎，它能系统地管理所有对象，包括地物对象以及地铁专业数据，如地名、建筑物、道路、管线、钻孔等都能进行搜索匹配。

2. 地下管线

地下管线包括数据录入、数据编辑、查询统计和管线分析4部分内容。

(1) 数据录入是将标准格式的地下管线数据导入到本系统中。

(2) 数据编辑是在地图上对管线进行编辑操作。包括新增管线、移动管井、删除管井、删除节点、属性编辑，方便用户对地下管线的编辑操作。其中对管井进行移动，当有管道段连接时，管道段也跟随移动；并可以修改相应属性信息。移动管井的操作可以进一步保证数据的准确性。

(3) 查询统计是在地图上选择一条或多条管线，可以查看其属性信息，如编号、管井高程、管井类型、管线类型、节点类型、地面高程、管径、材质以及与其他管线点距离等信息，如图10-60所示。并将这个区域内管线的类型、数量以及长度都以柱状图的形式方便地统计出来，还可以生成统计报表，将其输出。

图10-60 属性信息查询

（4）管线分析包括管线剖面分析和碰撞分析。管线剖面分析分为纵剖面分析和横剖面分析，生成纵剖面图和横剖面图，如图 10-61 所示。从纵剖面图上可以看到这条管线的埋深情况、管线分布的地层情况以及该管线与相邻隧道之间的关系，还可以查看它带纹理的剖面图。从横剖面图上可以看到管线在地层中与其他管线和隧道的位置情况，方便用户在发生爆管等事故时，查询此管线与周围管线的相互关系，辅助事故抢修预案的生成。

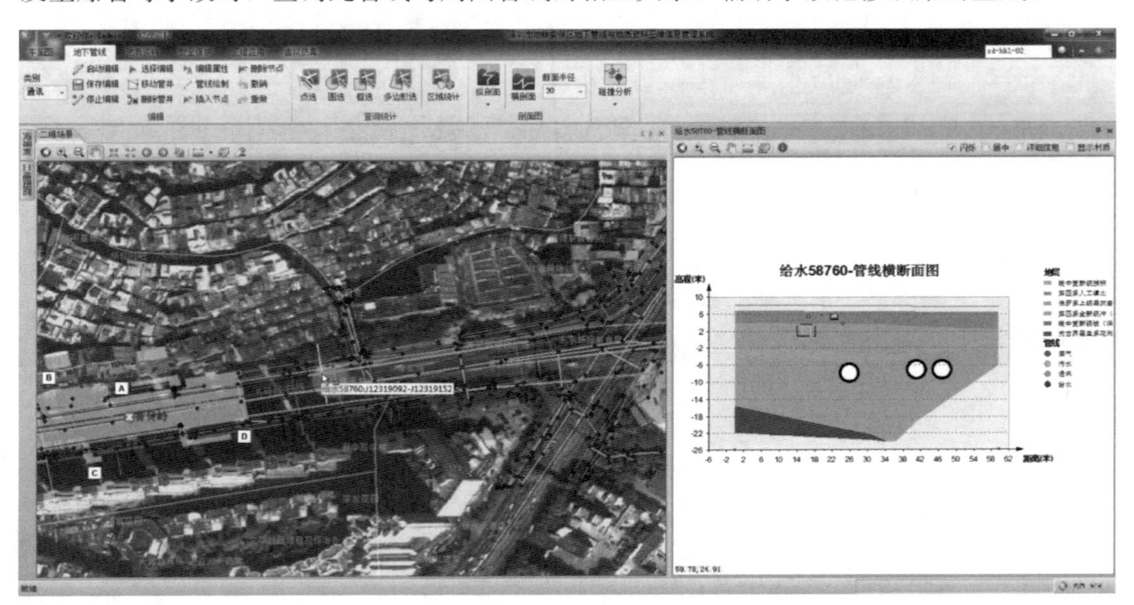

图 10-61　管线纵剖面图

3. 地质资料

地质资料包括钻孔查询、剖面图生成、地质体生成、岩土工程勘察报告管理 4 部分内容。

（1）钻孔查询是在地图上选择一个或多个钻孔，可以查看其属性信息，如钻孔的编号、所属线路、工程名称以及钻孔的分层信息等，同时还可以查看其柱状图。通过柱状图可以了解钻孔所在地层的分层情况、层底深度等，并可对其进行打印输出。柱状图是根据钻孔资料实时分析生成的。

（2）剖面图生成是在地图上选择钻孔，生成剖面图。在钻孔剖面图窗口，可以对此图进行放大、缩小、平移、坐标量测以及查看各个地质体属性等操作。

（3）地质体生成是在地图上选择一个区域，双击生成地质体，可以看到这个区域内的地质体情况，包括地上建筑物、地下管线、隧道等，如图 10-62 所示。

（4）岩土工程勘察报告管理是系统用独立数据库收录了各个区间或站点的岩土工程勘察报告，方便用户更好地了解各个地层、土壤、水质等的原始情况，如图 10-63 所示。岩土工程勘察报告里面包含了各个岩土层的地质、水质、土壤条件等全部的原始资料，可以查看岩土照片、土壤概况 word 文档、旁压实验 excel 表以及 CAD 格式的纵、横断面图。管理员可以上传文件，点击上传文件，可以选择文件格式，支持文档、图片等多种格式。此功能能够方便管理员完善、丰富数据资料，相当于将众多的资料以系统的方式进行管理，在某种意义上实现了地铁线路档案管理的部分功能。

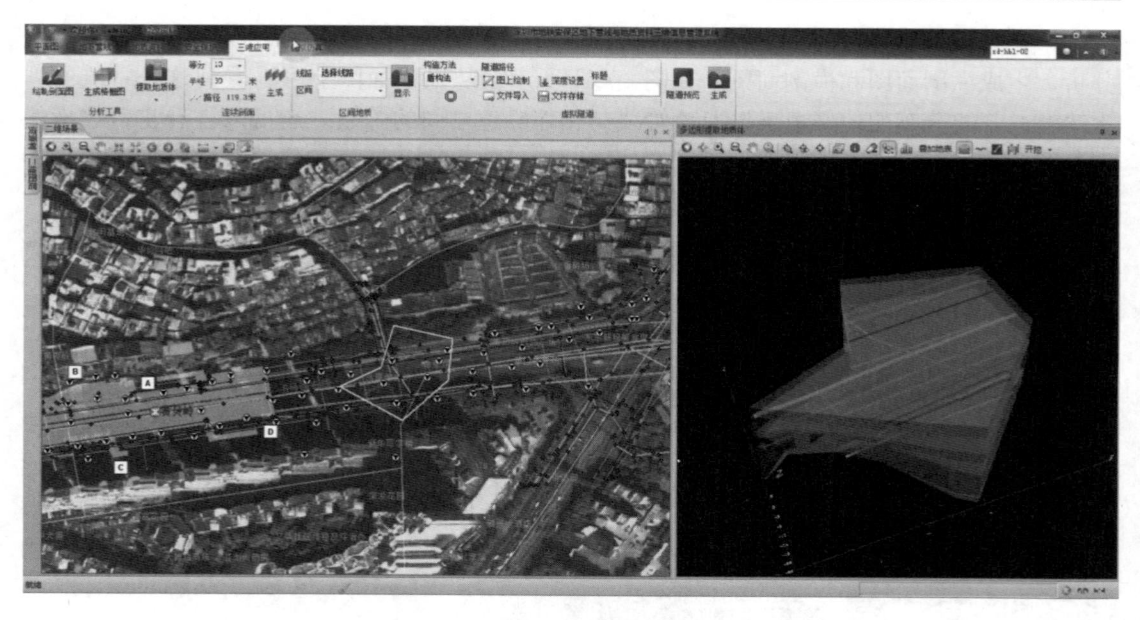

图 10-62　地质体生成

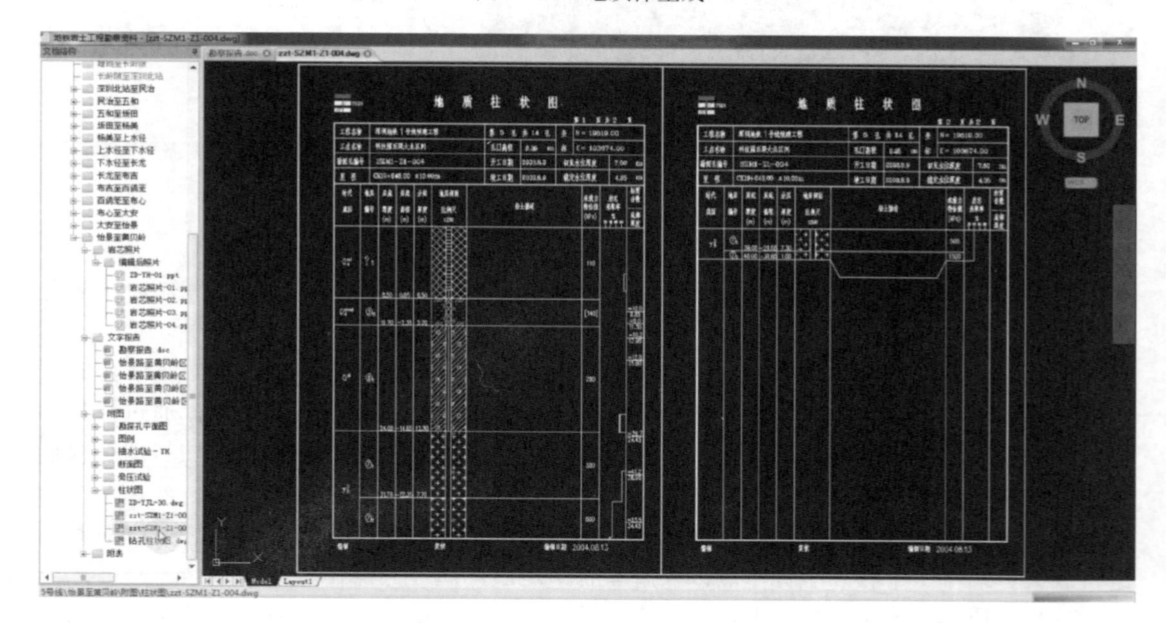

图 10-63　岩土工程勘察报告

4. 安保工程管理

安保工程管理包括基坑监测、隧道监测、缺陷管理 3 部分内容。

（1）基坑监测是对基坑进行新增、管理、查询等操作。新增基坑，首先在基坑工程设计审批表中填写基坑的详细属性信息，如项目名称、建设单位全称、申请人、项目负责人、联系方式、工程概况等；然后读取界址点坐标，导入基坑界址点。也可上传附件，对基坑信息进行更加具体的描述。管理基坑除了新增基坑，也可对基坑信息进行编辑、删除操作。基坑管理是在基坑查询中选择一条记录，查询该条记录的属性信息，并编辑其基本属性；若记录有错，可以对其进行删除。基坑查询可查询某个日期范围内基坑的详细信息。测点管理可对测点进行管理，包括新增、删除、导入、显示/隐藏变形曲线图，如图 10-64 所示。

（2）隧道监测是查询每个测点的具体属性信息，如工点名称、所属线路、上/下行、工点所在区间以及每个测点的最大变形值等。查看各个测点的沉降变形曲线图或位移变形曲线图，对图表可以进行复制、导出等操作。

（3）缺陷管理是对缺陷进行新增、管理、查询等操作。缺陷的详细信息包括缺陷标题、等级、发生日期、处理日期、所属线路、上/下行、发生的里程，可对缺陷进行具体描述；还可查看缺陷的处理状态，可以上传附件对其具体描述。实现新增缺陷，对缺陷信息进行编辑、删除操作。查询某个日期范围内缺陷的详细信息。查询条件包括所属线路、上/下行、等级、日期范围。

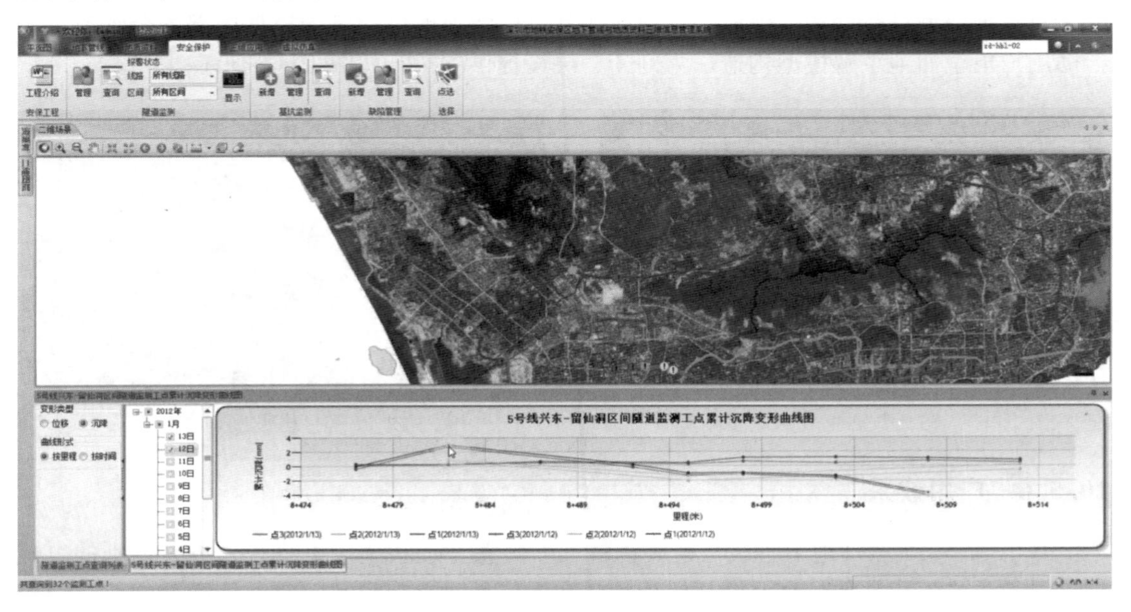

图 10-64　基坑监测

5. 三维应用

三维应用包括生成栅格图、区间地质、虚拟隧道、任意绘制剖面图、虚拟仿真地铁站 5 部分内容。

（1）生成栅格图是在地图上绘制一个井字形区域，双击即可查看此区域内的栅格图，它能直观地显示地下管线的埋藏情况以及各个管段之间的距离、管线与地层的关系。

（2）区间地质是将一个区间内的地质体的三维模型提取出来，包括地下管线、隧道、钻孔、地上建筑物等地质体。

（3）虚拟隧道是在地图上选择两个点，直接将这两个点之间的虚拟隧道情况在地图上表现出来，设计或规划新的地铁线路时，方便用户以此为参考依据。

（4）任意绘制剖面图是在地图上任意选择两个点即可查看这两个点之间的剖面图，方便用户查询任意地层底下所埋设的管线情况、地铁隧道情况、隧道构造方法等信息。

（5）虚拟仿真地铁站是对地铁站进行高度仿真，直观地呈现各个地铁站的三维模型以及地铁站内各个设施的情况。

10.5.5 工程应用案例

1. 整理数据

根据项目需求，收集处理各种数据，建立系统数据库。这些数据包括基础地理数据、管线数据、钻孔数据、安保监测数据、地铁数据、岩土勘察数据、孤石数据。

2. 钻孔数据自动生成地层模型

根据钻孔数据的分布提取钻孔的区域数据，将钻孔生成的不规则三角网的范围控制在区域范围内。根据地层层序生成每个地层。利用将复杂化的模型简单化划分分割的方法建立地层模型，使得生成的模型被 ArcGIS 判定为闭合，生成的地质体模型如图 10-65 所示。

3. 模型剖切

对三维模型进行剖切，生成的剖面或切片可以清晰地显示三维模型内部各个细节，能帮助用户更全面地了解模型构造，为判断、决策提供支持，如图 10-66 所示。

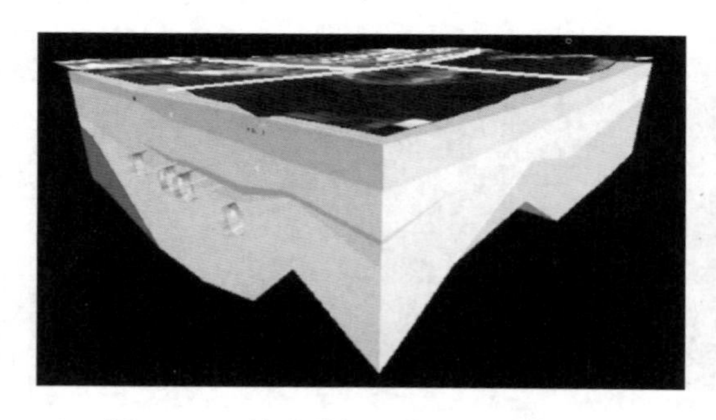

图 10-65 钻孔数据生成的地质体模型

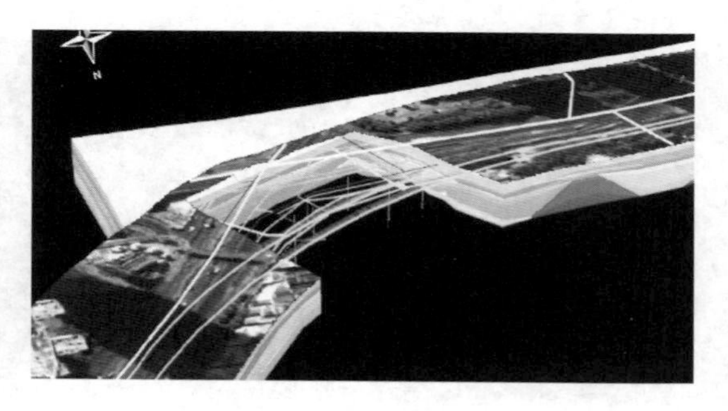

图 10-66 模型剖切查看

10.5.6 应用效果

基于 ArcGIS 软件地下管线与地质资料三维信息管理系统以更直观、更易识别的方式把大量相关或不相关的信息及资料以地理空间为依托建立起相互间有一定联系的信息与资源，从而在信息资源管理方面寻求一个更有效的管理方法。系统上线后将在地下管线管理、地质资料整合和地铁安保等方面实现较大提升。

1. 地下管线管理方面

系统实施前，在传统的管线资料管理模式下，图文表格不统一，分类统计、检索速度慢，不利于综合分析，存在较多弊端。采用人工方式管理，资料更新维护效率低下，导致资料的现势性较差。这些因素不但为管线施工频出事故埋下了隐患，也不可避免地给地铁工程建设带来了损失。

系统实施后，通过数字化的形式获取、存储、管理、分析、设计、查询、输出、更新管网信息，并对管线数据进行全面的整合和提升，为获取现实性强、数据精确、属性全面和逻辑关系清晰的管线基础数据打下了基础。形成了一个实时动态的数据交换与三维显示平台，实现了管网信息的动态管理和数据共享，为管理层管理复杂的管网数据提供了新的方法，为设计人员进行管网设计提供了便利，同时满足地铁管理需要。

2. 地质资料整合方面

系统实施前，地铁建设积累了大量的地质资料。用传统的图表不能完全表达地质信息的空间分布及岩层和结构面间的位置关系。

系统实施后，建立地铁沿线的地质三维可视化信息管理系统，能逼真地反映地铁沿线岩土层的空间分布情况以及地下主要地质结构全貌，为地质工作者分析研究工程地质现象和发现掌握岩土体结构规律，提供了一种新的研究手段和方法。建立可视化信息管理系统，可对庞大的地质数据进行高效管理，实现快速查询分析，还可避免不必要的重复勘察工作。

3. 地铁安保方面

系统实施前，存在地铁安保区范围难以确定、安保区范围内工程资料离散等问题。

系统实施后，可准确、快捷、直观地表达地铁沿线各种信息、资源、数据，为地铁建设、安保、防灾、抢险、环境保护提供了决策的基础依据和有力的支持。

参考文献

[1] 住房城乡建设部工程质量安全监管司. 市政公用工程设计：文件编制深度规定（2013年版）[M]. 北京：中国城市出版社，2014.
[2] 上海市住房和城乡建设管理委员会. 上海市建筑信息模型技术应用指南（2017版）[EB/OL]. https://weku.baidu.com/view/221ec10e30126edb6f1aff00bed5b9f3f90f7203.html.
[3] 张吕伟，蒋力俭. 中国市政设计行业BIM指南 [M]. 北京：中国建筑工业出版社，2017.
[4] 上海市政工程设计研究总院（集团）有限公司. 市政给水排水工程BIM技术 [M]. 北京：中国建筑工业出版社，2018.
[5] 上海市政工程设计研究总院（集团）有限公司. 市政道路桥梁工程BIM技术 [M]. 北京：中国建筑工业出版社，2018.
[6] 上海市政工程设计研究总院（集团）有限公司. 市政隧道管廊工程BIM技术 [M]. 北京：中国建筑工业出版社，2018.
[7] 筑龙BIM网. http://bim.zhulong.com/.
[8] 中国BIM门户网. http://www.chinabim.com/.
[9] 中国BIM培训网. http://www.bimcn.org/.